Hans-Jürgen van Raay / Andreas Block / Ingo Scheid / Petra Uhlemann

Naturwissenschaftliche Grundlagen

Mathe, Physik, Chemie und Bio für Grüne Berufe

2. Auflage

AF874536

AGRIMEDIA

Autoren

Anja Altvater-Frowein, Peter-Behrens-Schule, Darmstadt

Dr. Andreas Block, Michelsenschule, Hildesheim

Thomas Joppich, ZDS – Zentralfachschule der Deutschen Süßwarenwirtschaft, Solingen

Jennifer Ratjen, Berufliche Schule für Dienstleistung, Gewerbe und Gestaltung, Bremerhaven

Ingo Scheid, Dienstleistungszentrum Ländlicher Raum (DLR) Rheinhessen-Nahe-Hunsrück, Bad Kreuznach

Nicole Schmitt, Berufsschule Wels 1, Wels, Österreich

Petra Uhlemann, Berufliches Schulzentrum, Wurzen

Hans-Jürgen van Raay, Berufskolleg Kleve des Kreises Kleve

1. Auflage 2018
2. Auflage 2025

Bibliografische Information der Deutschen Nationalbibliothek
Die Deutsche Nationalbibliothek verzeichnet diese Publikation in der Deutschen Nationalbibliografie; detaillierte bibliografische Daten sind im Internet über http://dnb.dnb.de abrufbar.

ISBN 978-3-86263-221-3

Alle in diesem Buch enthaltenen Angaben, Daten, Ergebnisse usw. wurden nach bestem Wissen erstellt und mit größtmöglicher Sorgfalt überprüft. Dennoch sind inhaltliche Fehler nicht völlig auszuschließen. Daher erfolgen die Angaben und Hinweise ohne jegliche Verpflichtung oder Garantie des Verlages, der Herausgeber oder der Autoren. Diese übernehmen deshalb keinerlei Haftung.

Das Werk einschließlich aller seiner Teile ist urheberrechtlich geschützt. Jede Verwertung außerhalb der engen Grenzen des Urheberrechtsgesetzes ist ohne Zustimmung des Verlages unzulässig und strafbar. Das gilt besonders für Vervielfältigungen, Übersetzungen, Mikroverfilmungen und Einspeicherung und Verarbeitung in elektronischen Systemen.

©2025 ERLING Verlag GmbH & Co. KG
mail@erling-verlag.com · www.erling-verlag.com
Projektmanagement: Dr. Anita Heidenfelder
Lektorat: Dr. Anita Heidenfelder, Nicole Schulze-Wons, Roland Schröder (Mathe), Jennifer Dörschelln (Chemie)
Satz/Layout: Anna-Lena Wahl, Nils Helge Putzier
Gedruckt in der Europäischen Union
Der Inhalt dieses Buches ist auf säurefreiem, alterungsbeständigem Papier gedruckt, hergestellt aus chlorfrei gebleichtem Zellstoff aus FSC-zertifiziertem Holz.

Einführung

Bei einer Feldspritze muss kurzfristig eine Pumpe ausgetauscht werden – wie wird berechnet, ob die Leistung der Ersatzpumpe ausreicht? Mit welchem Energieträger hat die Gewächshausheizung den höchsten Gesamtwirkungsgrad: Strom oder einer der Primärrohstoffe Gas, Öl oder Holz? Warum werden der Silage Milchsäurebakterien zugesetzt? Wieso platzen reife Früchte am Baum auf, wenn es während der Kirschenernte regnet?

Dies ist nur ein sehr kleiner, beispielhafter Ausschnitt an möglichen, zum Teil sehr komplexen Zusammenhängen und Fragen, wie man sie während der Ausbildung in einem der Grünen Berufe beinah täglich erlebt und zu beantworten lernt. Sie sind von besonderer Bedeutung für das Verständnis der Zusammenhänge in diesem von der Natur geprägten Umfeld. Der Arbeitsalltag erfordert solide Kenntnisse des gesamten Spektrums an naturwissenschaftlichen Grundlagen.

Idee und Konzept zu diesem Lehrbuch sind unmittelbar aus dem Unterricht in den Berufsschulen entstanden und wurden von Fachlehrern entsprechend umgesetzt. Das Buch schließt eine wichtige Lücke, damit die Ausbildung für Schüler, Lehrer und auch Ausbilder zu einem Erfolg wird. Also keine Angst, noch ist kein Meister vom Himmel gefallen. Wer in Berufsschule und Betrieb gut aufpasst sowie die Grundlagen dieses Buchs verinnerlicht, wird das im Beruf geforderte Wissen und Können im Rahmen der Ausbildung sicher erlangen.

In diesem Buch werden folgende Lernhilfen verwendet:

- Am Anfang der jeweiligen Unterkapitel werden zunächst Beispiele genannt, wofür das erlernte Wissen konkret von Bedeutung ist, um die fachliche Brücke zur beruflichen Praxis zu schlagen.
- Wichtige Begriffe im Text, die an anderer Stelle im Buch genauer erklärt werden, sind entsprechend hervorgehoben und mit Seitenverweisen am Rand versehen.
- Am Ende der Kapitel sind Aufgaben und Übungen zu finden, mit denen man seinen persönlichen Wissensstand ermitteln und sich auf die Prüfung vorbereiten kann

Ein großer Dank richtet sich an die Autoren Hans-Jürgen van Raay, Dr. Andreas Block, Ingo Scheidt und Petra Uhlemann sowie die Mitautoren Jennifer Ratjen, Thomas Joppich, Nicole Schmitt und Anja Altvater-Frowein. Dank für das sorgfältige Fachlektorat gebührt ferner Dr. Anita Heidenfelder, Jennifer Dörschelln, Roland Schröder und Nicole Schulze-Wons. Für eine bessere Lesbarkeit setzen wir im Buch auf das generische Maskulinum. Sämtliche Bezeichnungen gelten gleichermaßen für alle Geschlechter.

Wir sind sicher, dass dieses Werk zu einem besseren Verständnis der wichtigen und durchaus spannenden Grundlagen von Mathe, Physik, Chemie und Biologie führt. Für Korrekturen, Verbesserungsvorschläge und sonstige Hinweise sind wir stets aufgeschlossen und dankbar.

1 Mathematik

1.1 Bruchrechnen

Wofür brauchen das ...?

- **Landwirte:** Ein Landwirt hat sich überlegt, $\frac{3}{5}$ seiner Flächen mit Getreide zu bestellen. $\frac{1}{6}$ davon sind Dauergrünland. Wie viel Fläche verbleibt noch?
- **Tierwirte:** In einem Milchviehbetrieb werden täglich ca. $\frac{3}{4}$ l Dippmittel verbraucht. Reicht der Vorrat noch für fünf Tage?

1.1.1 Arten von Brüchen

Ein Bruch besteht aus Zähler, Bruchstrich und Nenner. Bei dem Bruch $\frac{1}{8}$, oder auch »ein Achtel«, z. B. ist die 1 der Zähler und die 8 der Nenner. Der Nenner gibt an, in wie viele Teile ein Ganzes geteilt wird; der Zähler gibt an, wie viele Teile davon vorhanden bzw. ausgewählt sind.

Man kann sich das als einen ganzen Kuchen vorstellen, der in acht gleich große Stücke geteilt wird (Abb. 1-1). Ein Stück wird ausgewählt; dieses landet auf einem Teller und ist damit dort »vorhanden«. Der Besitzer des Tellers hat sich $\frac{1}{8}$ des Kuchens gesichert.

Der echte Bruch

Häufig kann man nicht den ganzen Kuchen bekommen, sondern nur ein *Bruch*stück des Ganzen. Daher leitet sich die Bezeichnung *Bruch* für diese Darstellungsform ab. Bei dem Bruch $\frac{1}{8}$ oder ein Achtel spricht man von einem echten Bruch. Bei einem echten Bruch ist der Zähler (hier 1) kleiner als der Nenner (hier 8). Häufig gibt man sich mit nur einem Stück des Kuchens nicht zufrieden, sondern isst noch ein zweites oder drittes Stück, bekommt also am Ende $\frac{2}{8}$ oder $\frac{3}{8}$ des Ganzen – und manchmal sogar mehr.

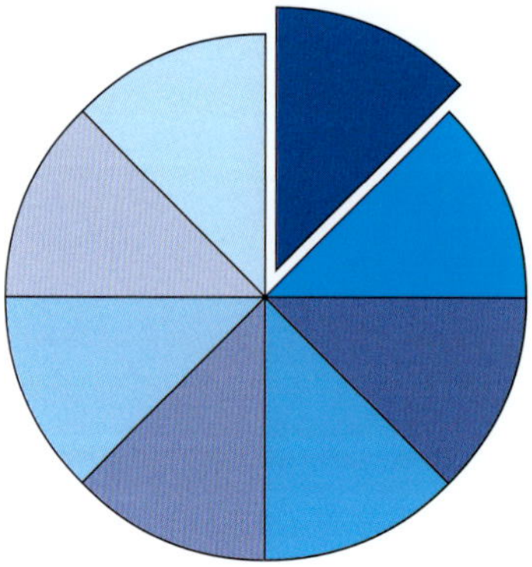

Abb. 1-1: $\frac{1}{8}$ Stück eines Kuchens

Der unechte Bruch

Kaum jemand schafft es, alle acht Stücke zu essen. Das wären dann $\frac{8}{8}$ oder eben ein Ganzes. Es kommt aber durchaus vor, dass in einem Café an einem Nachmittag mehr als ein Ganzes verkauft wird. Nachdem alle acht Stücke des ersten Kuchens verkauft wurden, wird ein zweiter Kuchen gleicher Art und gleicher Größe angeschnitten und ebenfalls in acht Teile geteilt. Der nächste Gast erhält das erste Stück davon.

Somit wurde mehr als ein ganzer Kuchen verkauft, nämlich $\frac{9}{8}$. Bei dem Bruch $\frac{9}{8}$ spricht man von einem unechten Bruch, da der Zähler größer als der Nenner ist. In der Tat kann man auch nicht sagen, dass die Gäste des Cafés nur ein Bruchstück gegessen hätten.

Die gemischte Zahl

Die Menge der Kuchenstücke, die verkauft wurden, lässt sich auch anders ausdrücken. Man kann sagen, dass es sich um einen ganzen Kuchen und $\frac{1}{8}$ mehr handelt. Dann lautet die Angabe $1\frac{1}{8}$ Kuchen und man spricht von einer gemischten Zahl.

1.1.2 Erweitern und Kürzen von Brüchen

Hat man es mit mehreren Brüchen zu tun, können diese verschiedene Nenner haben, wie z. B. $\frac{8}{12}$ und $\frac{1}{3}$. Man nennt diese beiden Brüche **ungleichnamige Brüche**.

Für einige Berechnungen mit Brüchen ist es nötig, dass diese die gleichen Nenner haben. Das ist z. B. bei $\frac{1}{7}$ und $\frac{6}{7}$ der Fall, weil beide den Nenner 7 besitzen. Man nennt sie **gleichnamige Brüche**.

Es ist in jedem Fall möglich, zwei oder mehrere Brüche, die nicht die gleichen Nenner haben, gleichnamig zu machen. Dazu müssen ein oder mehrere der Brüche etwas verändert werden. Das ist möglich durch Malnehmen (**Multiplizieren**) oder Teilen (**Dividieren**) von Zähler und Nenner eines Bruchs, ohne etwas dabei zu verfälschen. Wichtig dabei ist, dass Zähler und Nenner in derselben Weise verändert werden, also mit derselben Zahl malgenommen oder durch dieselbe Zahl geteilt werden.

Sollen $\frac{8}{12}$ und $\frac{1}{3}$ gleichnamig gemacht werden, muss man sich zunächst für einen Nenner entscheiden, den beide Brüche haben sollen: 3 oder 12. Dieser Nenner heißt **Hauptnenner**.

Wenn man sich für 12 als Hauptnenner entscheidet, muss man den Zähler und den Nenner des Bruchs $\frac{1}{3}$ jeweils mit 4 malnehmen. Die Rechnung sieht so aus:

$$\frac{1 \cdot 4}{3 \cdot 4} = \frac{4}{12}$$

Das heißt **Erweitern**. $\frac{1}{3}$ ist genauso viel wie $\frac{4}{12}$ (Abb. 1-2). Man erhält die beiden Brüche $\frac{8}{12}$ und $\frac{4}{12}$ – gleichnamige Brüche.

Wenn man sich für 3 als Hauptnenner entscheidet, sind Zähler und Nenner des Bruchs $\frac{8}{12}$ jeweils durch 4 zu teilen:

$$\frac{8:4}{12:4} = \frac{2}{3}$$

Diese Rechnung heißt **Kürzen**. Man erhält hier die beiden Brüche $\frac{2}{3}$ und $\frac{1}{3}$ (Abb. 1-2). Es sind ebenfalls gleichnamige Brüche.

In den meisten Fällen ist der Hauptnenner zweier oder mehrerer Brüche nicht ganz so leicht zu erkennen wie im obigen Beispiel. Bei den beiden Brüchen $\frac{5}{7}$ und $\frac{7}{11}$ z. B. muss man sich behelfen, indem man das **kleinste gemeinsame Vielfache** der beiden Nenner 7 und 11 sucht, also die kleinste Zahl, die sich durch 7 und 11 teilen lässt und dabei eine ganze Zahl ergibt.

Es gibt eine einfache Methode, um einen gemeinsamen Nenner zu finden. Man nimmt die beiden Zahlen mal:

$$7 \cdot 11 = 77$$

77 ist also eine Zahl, die sich durch 7 und 11 teilen lässt und damit als gemeinsamer Nenner infrage kommt. Da sich keine kleinere Zahl finden lässt, die durch 7 und 11 teilbar ist, ist 77 auch der gesuchte Hauptnenner.

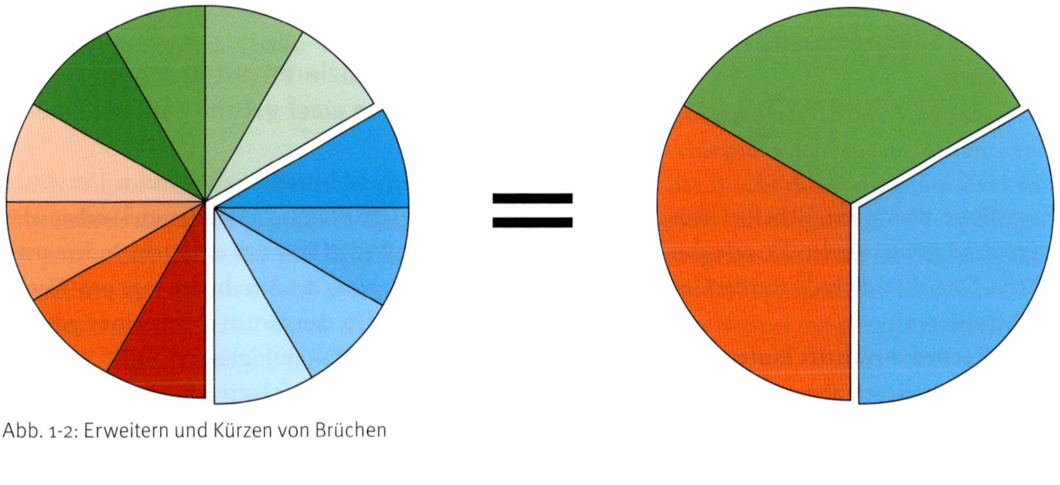

Abb. 1-2: Erweitern und Kürzen von Brüchen

Tab. 1-1: Anwendung von Rechenzeichen beim Umrechnen von Formeln

Rechenzeichen in der Formel	Rechenzeichen beim Umstellen
+	–
–	+
·	:
:	·

(l/min) damit an den Düsen ausgebracht werden können. Dazu muss sie die Formel nach P_D umstellen.

Zunächst erinnert sich Marlene an das Waagemodell. Es besagt, dass bei einer Gleichung immer auf beiden Seiten des Gleichheitszeichens dasselbe gemacht werden muss, damit das Gleichgewicht nicht gestört wird.

Um eine Größe von einer anderen, mit der sie zu verrechnen ist, zu trennen, muss immer das Gegenteil von dem gemacht werden, was in der Formel vorgesehen ist (Tab. 1-1). Marlene notiert sich die Formel unterhalb der Waage und formt so lange um, bis P_D alleine steht (Abb. 1-3).

Marlene hat dabei darauf geachtet, dass Punkt- vor Strichrechnung geht, d. h., sie hat – ganz im Sinne des jeweiligen Gegenteils – zuerst die Strich- und dann die Punktverknüpfung aufgelöst. Die umgestellte Formel lautet demnach:

$$P_D = \frac{P_P - P_R}{z}$$

Bei der Eingabe in den Taschenrechner muss dann natürlich $P_P - P_R$ in Klammern stehen:

$$P_D = \frac{(P_P - P_R)}{z}$$

Umstellen von Gleichungen:

- Was auf der einen Seite des Gleichheitszeichens gemacht wird, muss auch auf der anderen Seite gemacht werden. Es gilt das Waagemodell (Abb. 1-3).
- Das Vertauschen der beiden Seiten ist immer möglich.
- Um eine Rechenoperation aufzulösen, muss immer das Gegenteil von dem getan werden, was diese Rechenoperation vorsieht (Tab. 1-1).
- Strichrechenverknüpfungen werden zuerst aufgelöst, es sei denn, sie stehen in Klammern.

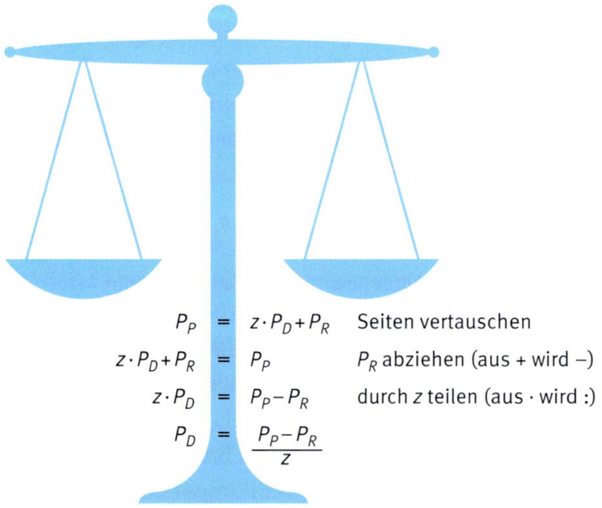

Abb. 1-3: Das Waagemodell zum Umstellen von Formeln

1.3 Potenzen und Wurzeln

Wofür brauchen das ...?

Landwirte: In einer Agrarzeitschrift liest der Auszubildende Mike, dass in Gärresten aus Biogasanlagen gefährliche Clostridien enthalten sein können. Als Zahl werden 10^2 bis 10^4 KBE/ml genannt. KBE bedeutet laut des Textes Kolonien bildende Einheiten. Was aber bedeuten 10^2 und 10^4, fragt sich Mike?

1.3.1 Potenzen mit der Basis 10

Bei Ausdrücken wie 10^2 und 10^4 spricht man von Potenzen. Eine Potenz besteht aus der Basis, hier ist das in beiden Fällen die Zahl 10, und dem Exponenten; im vorliegenden Beispiel sind das die Zahlen 2 und 4. Der Exponent wird auch Hochzahl genannt. Gesprochen werden diese Zahlen 10 hoch 2 und 10 hoch 4. Ausgeschrieben sähe das dann so aus:

$$\text{Potenz} = \text{Basis}^{\text{Exponent}}$$

Der Exponent sagt aus, wie oft die Basis mit sich selbst malgenommen wird. Bei 10^2 ist das zweimal, bei 10^4 viermal. Mike rechnet also:

$$10^2 = 10 \cdot 10 = 100$$

$$10^4 = 10 \cdot 10 \cdot 10 \cdot 10 = 10\,000$$

In 1 ml Gärrest befinden sich demnach 100 bis 10 000 Kolonien bildende Einheiten Clostridien. Aber warum, so überlegt Mike, schreibt der Autor nicht gleich 100 und 10 000 anstatt 10^2 und 10^4? Ganz einfach, erklärt ihm sein Kollege Peter, weil die Schreibweise kürzer ist!

Dasselbe geht, wie Peter weiter erklärt, auch bei sehr kleinen Zahlen. Hier erscheint der Exponent dann mit einem Minuszeichen davor, z. B. 10^{-3} und 10^{-5}, was man auch als $\frac{1}{10^3}$ und $\frac{1}{10^5}$ schreiben kann. Er fordert Mike auf, diese Potenzen auszurechnen:

$$10^{-3} = \frac{1}{10^3} = \frac{1}{10 \cdot 10 \cdot 10} = \frac{1}{1000} = 0{,}001$$

$$10^{-5} = \frac{1}{10^5} = \frac{1}{10 \cdot 10 \cdot 10 \cdot 10 \cdot 10} = \frac{1}{100\,000} = 0{,}00001$$

Peter gibt Mike noch eine Hilfestellung an die Hand: Wenn die Basis 10 ist, kann man sich eine 1 denken

$1 =$	001,000		
$10^2 =$	100,000	= 100	(Komma um zwei Stellen nach rechts)
$10^4 =$	10 000,000	= 10 000	(Komma um vier Stellen nach rechts)
$10^{-3} =$	000,001	= 0,001	(Komma um drei Stellen nach links)
$10^{-5} =$	000,000 010	= 0,000 01	(Komma um fünf Stellen nach links)

Abb. 1-4: Auflösen von Potenzen mit der Basis 10

und das Komma um so viele Stellen verschieben, wie dem Exponenten entsprechen. Ist der Exponent positiv, wird das Komma nach rechts verschoben, ist der Exponent negativ, wird das Komma nach links verschoben! Mike probiert das sofort aus und notiert die in Abbildung 1-4 dargestellten Rechnungen.

Super!, freut sich Mike, aber was ist, wenn bei der Basis 10 der Exponent 0 ist, also bei 10^0, hakt er nun nach. Nun, antwortet Peter, bei jeder Basis gilt, dass das Ergebnis dann 1 ist, also z. B. $10^0 = 1{,}46^0 = 1$ und $5000^0 = 1$.

1.3.2 Potenzschreibweise

Peter erzählt weiter: Häufig werden sehr große und sehr kleine Zahlen in Potenzschreibweise angegeben. Zum Beispiel legt das Licht pro Sekunde ca. 300 000 000 m zurück und ein Virus hat einen Durchmesser von ca. 0,000 000 1 m aber solch große oder kleine Zahlen sind unpraktisch und können auf einem Taschenrechner oft gar nicht angezeigt werden. Deshalb werden sie in der Regel in Potenzschreibweise angegeben.

Statt 300 000 000 m findet man für die Lichtgeschwindigkeit häufig in Büchern $3 \cdot 10^8$ m. Statt 0,000 000 1 m wird für den Virusdurchmesser $1 \cdot 10^{-7}$ m geschrieben. Aber wie löst man das jetzt auf, fragt sich Mike. Ganz einfach, sagt Peter: Indem man die Zahl nimmt, mit der malgenommen wird, und das Komma um den Exponent nach rechts (positiver Exponent) oder links (negativer Exponent) verschiebt!

Mike probiert es: Bei

$$3 \cdot 10^8$$

verschiebt er das gedachte Komma der Zahl 3 um acht Stellen nach rechts:

$$3 \cdot 10^8 = 3{,}0 \cdot 10^8 = 300\,000\,000$$

Er erhält tatsächlich die Zahl 300 000 000. Für den Virusdurchmesser schreibt er für $1 \cdot 10^{-7}$ die 1 und verschiebt das gedachte Komma um sieben Stellen nach links:

$$1 \cdot 10^{-7} = 1{,}0 \cdot 10^{-7} = 0{,}000\,000\,1$$

Stimmt! Mike ist zufrieden!

1.3.3 Potenzen mit anderen Basen

Was für Potenzen mit der Basis 10 erläutert wurde, gilt ganz allgemein für jede andere Basis auch. Allerdings entfallen dabei die Kommahilfen und es muss in jedem Fall gerechnet werden. Der Exponent sagt auch hier aus, wie oft die Basis mit sich selbst multipliziert wird. Es gilt also ganz allgemein:

$$7^4 = 7 \cdot 7 \cdot 7 \cdot 7 = 2\,401$$

$$19^3 = 19 \cdot 19 \cdot 19 = 6\,859$$

Auch das Berechnen von Potenzen mit negativem Exponenten folgt denselben Regeln:

$$8^{-2} = \frac{1}{8^2} = \frac{1}{8 \cdot 8} = \frac{1}{64} = 0{,}015\,625$$

$$3^{-6} = \frac{1}{3^6} = \frac{1}{3 \cdot 3 \cdot 3 \cdot 3 \cdot 3 \cdot 3} = \frac{1}{729} = 0{,}00137172$$

1.3.4 Wurzeln

Peter und Mike haben sich mit Potenzen befasst. Dabei wird eine Zahl mit sich selbst so oft malgenommen, wie es der Exponent vorschreibt. Es gibt aber auch häufig den Fall, dass eine Zahl gegeben ist und eine andere gesucht wird, die mit sich selbst malgenommen zu der gegebenen Zahl führt. Das nennt man Wurzelziehen.

Ein Beispiel: Ist 4 die gegebene Zahl, wäre 2 die Zahl, die mit sich selbst malgenommen 4 ergibt. Man schreibt: Die Wurzel von 4 ist 2 oder unter Verwendung des √-Zeichens:

$$\sqrt{4} = 2$$

Entsprechend wäre die Wurzel von 9 die 3, die Wurzel von 16 die 4 usw. Mathematisch geschrieben:

$$\sqrt{9} = 3$$

(weil $3 \cdot 3 = 9$), und

$$\sqrt{16} = 4$$

(weil $4 \cdot 4 = 16$).

Bei diesen Beispielen wurde die zweite Wurzel bzw. die Quadratwurzel gesucht, d. h. die Zahl, die einmal mit sich selbst malgenommen zum Ergebnis führt. Man könnte auch so schreiben:

$$\sqrt[2]{4} = 2$$

Jedoch schreibt man die 2 in der Regel nicht hin. Anders sieht es aus, wenn man nicht die Quadratwurzel sucht, sondern die dritte, vierte oder eine andere Wurzel, also eine Zahl, die entsprechend häufiger mit sich selbst malgenommen werden muss, um die gewünschte Zahl auszudrücken. Dann schreibt man z. B:

$$\sqrt[3]{8} = 2$$

weil $2 \cdot 2 \cdot 2 = 8$ ist, oder

$$\sqrt[4]{256} = 4$$

weil $4 \cdot 4 \cdot 4 \cdot 4 = 256$ ist.

1.3.5 Potenzen in Formeln

Potenzen kommen auch in Formeln vor. Jan erinnert sich an seinen letzten Fahrschulunterricht. Die S. 68 Fahrlehrerin hat erklärt, dass der Bremsweg eines Autos bei einer Geschwindigkeit von 10 km/h bei ca. 2 m liegt und sich dann in Abhängigkeit von S. 65 der Geschwindigkeit quadratisch erhöht (Tab. 1-2).

Diesen Zusammenhang hat sie folgendermaßen auf ein Whiteboard geschrieben: Bremsweg = Geschwindigkeit^2.

Jan weiß noch, wie er dann den Bremsweg bei 100 km/h ausgerechnet hat: Die Geschwindigkeit wird von 10 km/h auf 100 km/h verzehnfacht. Also hatte er $10^2 = 100$ gerechnet. Damit wusste er, dass der Bremsweg auf ca. 100 m ansteigt.

1.3.6 Potenzen bei Einheiten

Auch bei Einheiten tauchen Potenzen auf, etwa S. 29 bei der Angabe von Flächen (Quadratmeter = m^2) S. 35 oder Volumen (Kubikmeter = m^3). Das gilt auch für alle daraus abgeleiteten Einheiten, z. B. Quadratkilometer (km^2) oder Kubikdezimeter (dm^3).

1.3.7 Rechengesetze

Es kommt bei Berechnungen gelegentlich vor, dass Potenzen oder Wurzeln malgenommen, geteilt, zusammengerechnet oder voneinander abgezogen werden müssen. Die dabei geltenden Besonderheiten werden an Beispielen deutlich gemacht.

Rechnen mit Potenzen

Multiplizieren und Dividieren

Potenzen, die miteinander malgenommen werden sollen und dieselbe Basis haben, können zusammengefasst werden, indem die Exponenten zusammengerechnet werden. Das vereinfacht manchmal die Berechnung, wie folgendes Beispiel zeigt:

$$3^3 \cdot 3^2 = 3^{3+2} = 3^5 = 243$$

Dementsprechend kann eine Potenz, die durch eine andere Potenz mit derselben Basis geteilt werden soll, mit dieser zusammengefasst werden, indem man die Exponenten voneinander abzieht. Auch dadurch kann die Berechnung vereinfacht werden:

$$3^3 : 3^2 = 3^{3-2} = 3^1 = 3 \text{ oder } \frac{3^3}{3^2} = \frac{27}{9} = 3$$

Addieren und Subtrahieren

Für das Addieren und Subtrahieren von Potenzen gibt es diese Möglichkeit des Zusammenfassens leider nicht, wie die beiden folgenden Beispiele verdeutlichen:

$$3^3 + 3^2 = 27 + 9 = 36, \text{ aber } 3^{3+2} = 3^5 = 243$$

$$3^3 - 3^2 = 27 - 9 = 18, \text{ aber } 3^{3-2} = 3^1 = 3$$

Tab. 1-2: Zusammenhang zwischen Geschwindigkeit und Bremsweg

Geschwindigkeit (km/h)	Geschwindigkeitserhöhung im Vergleich zu 10 km/h	Bremsweg (m)	Bremswegverlängerung im Vergleich zu 1 m
10		1	
20	das Doppelte	4	das Vierfache
40	das Vierfache	16	das 16-Fache
80	das Achtfache	64	das 64-Fache
160	das 16-Fache	256	das 256-Fache

Rechnen mit Wurzeln

Multiplizieren und Dividieren

Stehen in einer Wurzel Zahlen, die miteinander malgenommen werden sollen, können diese getrennt werden, um die Berechnung zu vereinfachen. Umgekehrt können aber auch zwei Wurzeln, die miteinander malgenommen werden sollen, zusammengefasst werden. Folgendes Beispiel zeigt das Multiplizieren:

$$\sqrt{9 \cdot 16} = \sqrt{144} = 12 \text{ und } \sqrt{9} \cdot \sqrt{16} = 3 \cdot 4 = 12$$

Wird in einer Wurzel eine Zahl durch eine andere geteilt, so können auch diese beiden Zahlen getrennt werden, wie folgendes Beispiel zeigt:

$$\sqrt{\frac{16}{4}} = \sqrt{4} = 2 \text{ und } \frac{\sqrt{16}}{\sqrt{4}} = \frac{4}{2} = 2$$

Addieren und Subtrahieren bei Wurzeln

Für das Addieren und Subtrahieren bei Wurzeln gibt es diese Möglichkeit des Trennens oder Zusammenfassens leider nicht. Das verdeutlichen die beiden folgenden Beispiele:

$$\sqrt{9+16} = \sqrt{25} = 5, \text{ aber } \sqrt{9} + \sqrt{16} = 3+4 = 7$$

$$\sqrt{16-4} = \sqrt{12} = 3{,}46, \text{ aber } \sqrt{16} - \sqrt{4} = 4-2 = 2$$

So geht Potenzrechnen:

- Eine Potenz besteht aus Basis und Exponent (bzw. Hochzahl):
  Potenz = Basis^{Exponent}
- Eine Zahl (oder eine Variable) hoch 0 ist gleich 1:
  $4^0 = 1$
- Die Basis wird so oft mit sich selbst malgenommen, wie es der Exponent vorschreibt.
- Ist der Exponent negativ, kann man den Ausdruck als Bruch schreiben:
  $4^{-2} = \frac{1}{4^2}$
- Bei einer Wurzel wird die Zahl gesucht, die mit sich selbst malgenommen zur gegebenen Zahl führt.
- Werden Potenzen multipliziert oder dividiert, kann man sie zusammenfassen:
  $3^3 \cdot 3^2 = 3^{3+2} = 3^5$
  und
  $3^3 : 3^2 = 3^{3-2} = 3^1 = 3$
- Wird in einem Wurzelausdruck multipliziert oder dividiert, kann man die Wurzeln auftrennen:
  $\sqrt[2]{4 \cdot 9} = \sqrt[2]{4} \cdot \sqrt[2]{9} = 2 \cdot 3 = 6$
  und
  $\sqrt{\frac{16}{4}} = \frac{\sqrt{16}}{\sqrt{4}} = \frac{4}{2} = 2$

1.4 Geometrische Grundlagen

1.4.1 Längenteilungen

Wofür brauchen das …?

- **Tierwirte:** An einer Grundstücksabgrenzung sollen Zaunpfähle so gesetzt werden, dass sich an den Enden jeweils derselbe Abstand wie zwischen zwei Pfählen ergibt. Außerdem sind an den Pfählen Isolatoren mit gleichen Abständen einzuschrauben.
- **Landwirte:** Die neue Feldspritze hat ein 36-m-Gestänge. Wie oft muss der zu behandelnde Schlag überfahren werden?

Der Tierwirt Marco soll für die Grundstücksabgrenzung zur Landstraße hin einen Zaun anbringen und dazu elf Zaunpfähle mit 1,50 m Höhe setzen. Die gesamte Strecke ist 72 m lang. An den Anfangspunkt und den Endpunkt möchte sein Chef später große Eisenmasten setzen und die Drähte dort befestigen.

Marco überlegt zunächst, in welchem Abstand er die Zaunpfähle setzen muss. Er erinnert sich, dass es hierbei um eine Längenteilung geht und dass es dabei zwei verschiedene Fälle gibt (Abb. 1-5):

1. Der Abstand vom ersten und letzten zu setzenden Zaunpfahl zum jeweiligen Ende des Zauns ist genauso groß wie der Abstand zwischen zwei Zaunpfählen.
2. Der Abstand vom ersten und letzten zu setzenden Zaunpfahl bis zum jeweiligen Ende des Zauns unterscheidet sich von den Abständen zwischen zwei Zaunpfählen.

Schnell ist Marco klar, dass es sich hier um Fall 1 handelt, denn die Endpunkte des geplanten Zauns wird sein Chef, der Landwirt, setzen, und dazwischen muss Marco die elf Zaunpfähle in gleichem Abstand zu den Endpunkten und zueinander setzen.

Um diesen Abstand zu berechnen, nutzt er folgende Formel und setzt die entsprechenden Werte ein:

$$t = \frac{l}{n+1}$$

mit $t =$ Teilung, also der jeweilige Abstand in m,
$l =$ Teilungslänge, hier die Gesamtstrecke von 72 m,
$n =$ Anzahl der zu ersetzenden Pfähle, hier also 11.

$$t = \frac{72\,\text{m}}{11+1} = 6\,\text{m}$$

Marco will also 6 m vom Anfangspunkt entfernt den ersten und dann in jeweils 6 m Abstand immer den nächsten Pfahl setzen. Nach dem zweiten Pfahl wird er sich unsicher und überprüft seine Rechnung. Er überlegt sich, wie viele Stücke jeweils zwischen zwei zu setzenden Pfählen (n) sowie dem Anfangs- und dem Endpunkt liegen. Diese Anzahl der Stücke wird Teilezahl (z) genannt. Mit folgender Formel ermittelt er einen Wert von 12:

$$z = n + 1 = 11 + 1 = 12$$

Mit dem Abstand von 6 m errechnet er die Gesamtstrecke:

$$l = 6\,\text{m} \cdot 12 = 72\,\text{m}$$

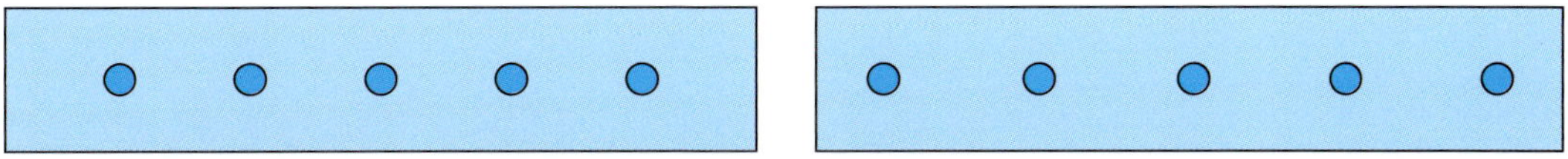

Abb. 1-5: Zwei Möglichkeiten der Längenteilung mit unterschiedlichen Abständen zu den Endpunkten: entweder gleich groß wie zwischen den Pfählen (links) oder mit anderem Abstand (rechts)

So hat er sich vergewissert, dass seine Vorgehensweise korrekt ist.

An jedem Zaunpfahl soll Marco vier Isolatoren einschrauben. Nachdem er den letzten Pfahl gesetzt hat, macht er sich also an die Isolatoren. Diese sollen auch in gleichem Abstand zueinander eingeschraubt werden. Jedoch ist es nicht erforderlich, dass auch der Abstand zum Boden und zur Oberkante eines Pfahls gleich groß ist. Er entscheidet sich, zur Oberkante nur 5 cm Abstand zu lassen und zum Boden 25 cm.

Da es sich hier um Fall 2 handelt (Abb. 1-5 rechts), bestimmt Marco zunächst die verbleibende Länge:

$$150\,\text{cm} - 5\,\text{cm} - 25\,\text{cm} = 120\,\text{cm}$$

Auch in die Formel für den Abstand der Isolatoren zueinander ist der Randabstand einbezogen:

$$t = \frac{l - a_1 - a_2}{n - 1}$$

mit t = die Teilung, also der Abstand zwischen zwei Isolatoren,

l = die Teilungslänge, also die Gesamtlänge von 150 cm,

a = der Randabstand, hier 5 cm + 25 cm,

n = die Anzahl der zu verschraubenden Isolatoren, also 4.

Marco rechnet:

$$t = \frac{150\,\text{cm} - 5\,\text{cm} - 25\,\text{cm}}{4 - 1} = 40\,\text{cm}$$

Auch hier überprüft Marco seine Rechnung. Die Anzahl der Teilungen bestimmt er mit folgender Formel:

$$z = n - 1, \text{ also } z = 4 - 1 = 3.$$

Dreimal den Abstand von 40 cm ergibt 120 cm. Marco ist sich nun sicher, den richtigen Abstand errechnet zu haben.

Merke:

Bei der **Bestimmung von Längenteilungen** gibt es verschiedene Fälle:

Fall 1: Der Randabstand ist gleich der Teilung.

Fall 2: Der Randabstand ist nicht gleich der Teilung.

Die zu verwendenden Formeln sind in Tabelle 1-3 zusammengefasst.

Tab. 1-3: Arten der Längenteilung und zu verwendende Formeln mit t = Teilung (Abstand), l = Teilungslänge, a = Randabstand, n = Teilstrichanzahl (z. B. Pfähle), z = Teilezahl

Art der Längenteilung	Ermittlung der Teilung	Ermittlung der Teilezahl
Fall 1	$t = \frac{l}{n+1}$	$z = n + 1$
Fall 2	$t = \frac{l - a_1 - a_2}{n - 1}$	$z = n - 1$

1.4.2 Flächen- und Umfangsberechnungen

Wofür brauchen das …?

- **Pferdewirte:** Der Boden einer Pferdebox soll zweimal mit Schutzfarbe gestrichen werden. Wird ein Farbeimer dafür ausreichen?
- **Landwirt:** Ein neues Fahrsilo soll gebaut werden. Wie viel Fläche ergibt dies bei der geplanten Länge und Breite? Aufgrund der Bodenverhältnisse muss rundum ein Fundament gegossen werden. Wie lang muss es sein?
- **Fachkräfte Agrarservice:** Für die Weizenbestellung muss die Größe eines Schlags errechnet werden. Daraus lässt sich die zu beschaffende Saatgutmenge ermitteln. Wie kommt man aber vom Längenmaß Meter auf das Flächenmaß Hektar?

Flächen haben im Gegensatz zu Längen eine zweite Dimension, denn es kommt zusätzlich zu einer Länge noch eine Breite hinzu. Die Einheiten von Flächenangaben tragen Quadrat im Namen, z. B. Quadratmeter (m^2), Quadratzentimeter (cm^2), Quadratmillimeter (mm^2) oder auch Quadratkilometer (km^2). Daneben gibt es noch historisch überlieferte Flächenangaben wie z. B. Hektar (ha).

Geometrische Flächen

Quadrat

Der angehende Pferdewirt Hendrik soll den Boden einer Pferdebox mit einer braunen Schutzfarbe zweimal streichen. Auf dem Farbeimer steht, dass der Inhalt für 30 m^2 Fläche reicht. Hendrik möchte abschätzen, ob er mit einem Eimer Farbe die Fläche komplett streichen kann. Dazu berechnet er die Flächengröße.

Die Pferdebox ist 4 m breit und 4 m lang, stellt er beim Messen fest. Sie hat also eine quadratische Grundfläche. Bei Quadraten haben alle Seiten die gleiche Länge und alle Ecken 90°-Winkel. Hendrik skizziert diese Fläche auf ein Blatt, wobei jedes Kästchen die Seitenlänge 1 m darstellt (Abb. 1-6).

Wenn Hendrik nun die einzelnen Quadratmeter abzählt, kommt er auf 16 m^2. Aber er weiß, dass er das auch berechnen kann, und zwar mit folgender Formel:

$$A = l \cdot l \text{ bzw. } A = l^2$$

Das l steht für die Seitenlänge, die bei der Pferdebox 4 m beträgt. Die Rechnung lautet demnach:

$$A = (4\text{ m})^2 = 4^2\text{ m}^2 = 16\text{ m}^2$$

Da der Farbeimer für 30 m^2 reicht, kann Hendrik die Fläche also einmal komplett streichen. Für das zweite Mal reicht die Farbe leider nicht ganz.

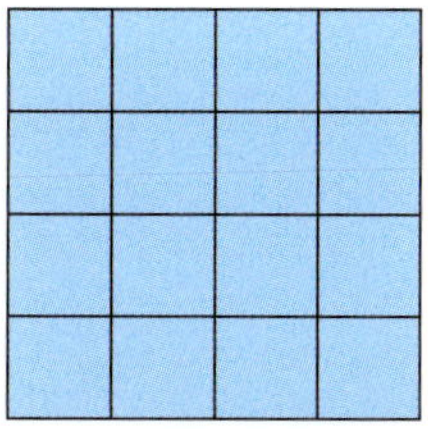

Abb. 1-6: Skizze einer quadratischen Pferdebox mit einer Seitenlänge von 4 m; ein Teilquadrat entspricht 1 m × 1 m

Rechteck

Das neue Fahrsilo für Biogasmais auf dem Ausbildungsbetrieb von Marie soll 11 m lang und 6 m breit werden. Der Chef bittet Marie, die Fläche auszurechnen. Sie fertigt zunächst eine Skizze an (Abb. 1-7).

Abb. 1-7: Skizze eines rechteckigen Fahrsilos; ein Teilquadrat entspricht 1 m × 1 m

Durch Malnehmen der Seitenlängen kann Marie die Fläche bestimmen, aber bei einer Rechteckfläche hat sie es mit zwei verschiedenen Seitenlängen zu tun, nämlich mit der Länge l und der Breite b. Die Ecken haben aber wie beim Quadrat 90°-Winkel.

Marie zählt auf ihrer Skizze die Anzahl der einzelnen Quadrate ab und kommt auf 66 Stück. Aus ihrer Formelsammlung entnimmt sie die für Rechtecke gültige Formel

$$A = l \cdot b$$

Das l steht für die Länge des Silos, das b für die Breite. Marie rechnet:

$$A = 11\,\text{m} \cdot 6\,\text{m} = 66\,\text{m}^2$$

Die geplante Silofläche beträgt also 66 m^2.

Nun muss noch die Länge des benötigten Fundaments berechnet werden. Dafür muss Marie den Flächenumfang ermitteln. Es handelt sich dabei um eine Längenangabe.

Marie überlegt, dass sie einmal um die neue Fläche herum laufen könnte. Dann würde sie zweimal an einer langen Seite laufen und zweimal an einer kurzen Seite. Die einzelnen Strecken, die sie abgelaufen wäre, müsste Marie am Ende zusammenrechnen. Sie würde rechnen:

$$11\,\text{m} + 6\,\text{m} + 11\,\text{m} + 6\,\text{m} = 34\,\text{m}$$

Stattdessen bedient sie sich der Formel für den Umfang U, die sie aus dem Berufsschulunterricht kennt, und setzt die Werte ein:

$$U = 2 \cdot (l + b)$$

$$U = 2 \cdot (11\,\text{m} + 6\,\text{m}) = 2 \cdot 17\,\text{m} = 34\,\text{m}.$$

Die Länge des Fundaments beträgt demnach 34 m.

Parallelogramm

Der Lohnunternehmer Horstmann soll einen Schlag mit Weizen bestellen. Er beauftragt seine Auszubildende Miriam damit, die Saatgutmenge zu ermitteln. Miriam betrachtet den Schlag auf einer Karte. Er liegt zwischen einer Landstraße und einer parallel dazu verlaufenden Eisenbahnstrecke. Zwischen Landstraße und Eisenbahnstrecke liegt eine Entfernung von 180 m.

Auf der linken Seite bildet ein schräg verlaufender Bach die Grenze, auf der rechten Seite ein Feldweg, der parallel zum Bach verläuft und, entlang des Straßenrands gemessen, von diesem 260 m entfernt beginnt (Abb. 1-8).

Miriam kennt diese Form und weiß, dass es sich um ein Parallelogramm mit der Länge l (260 m) und der Breite b (180 m) handelt.

Wenn sie das Feld aufzeichnen und mit einer waagrechten Mittellinie versehen würde, könnte sie die untere linke Ecke »abschneiden« und oben links anfügen (Abb. 1-9). Dasselbe könnte sie mit der oberen rechten Ecke machen und diese unten rechts anfügen, sodass aus dem Parallelogramm ein Rechteck mit gleich großer Fläche entstünde.

Diese Fläche könnte Miriam mit der Formel für Rechtecke mit l und b berechnen, und genau l und b kennt Miriam. Die Formel zur Berechnung des Parallelogramms lautet also ebenfalls

$$A = l \cdot b.$$

Miriam rechnet:

$$A = 260\,\text{m} \cdot 180\,\text{m} = 46\,800\,\text{m}^2$$

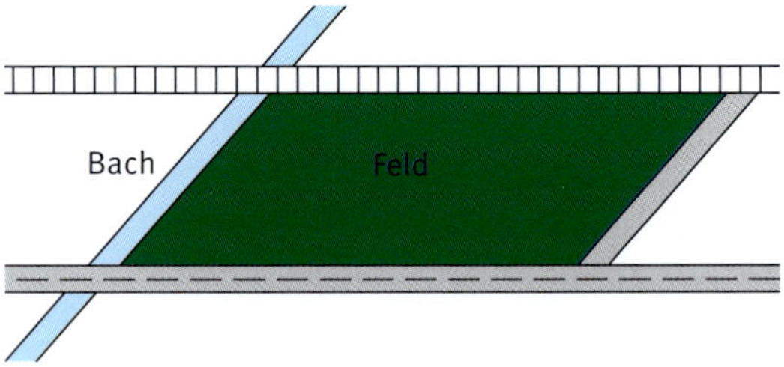

Abb. 1-8: Skizze des Grundstücks, das die Form eines Parallelogramms hat

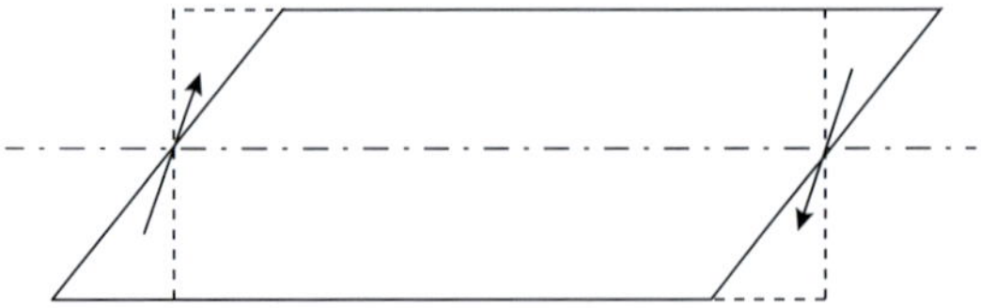

Abb. 1-9: Durch Verschieben der Ecken ergibt sich aus einem Parallelogramm ein Rechteck gleich großer Fläche

Der Schlag in der Form eines Parallelogramms ist also 46 800 m² oder 46,68 ha groß.

Trapez

Ralf lernt der Beruf des Garten- und Landschaftsbauers. Für eine Ausstellung bereitet er mit seinem Ausbilder die Anlage eines Blumenbeets am Eingang zur Fußgängerzone seiner Heimatstadt vor (Abb. 1-10).

Er soll ermitteln, wie groß die Fläche ist, damit sein Chef die Anzahl Pflanzen bestimmen kann, die dort gepflanzt werden können. Er misst den Abstand der beiden parallelen Seiten mit 7 m. Die vordere, längere Seite ist 9 m lang, die hintere, kürzere Seite 6 m. Die Form erkennt er als Trapezform.

Ralf weiß, dass man aus einem Trapez gedanklich ein Rechteck mit gleichem Flächeninhalt machen könnte. Dazu müsste man die oberen Dreiecke ab der Mittellinie abschneiden und sie unterhalb der Mittellinie anfügen (Abb. 1-11). Dann erhielte man ein Rechteck, dessen kurze Seiten genau dem Abstand entsprächen, den Ralf als Abstand zwischen den beiden parallelen Seiten schon mit 7 m gemessen hat.

Die beiden langen Seiten des entstandenen Rechtecks haben eine Länge, die genau in der Mitte zwischen der kurzen vorderen und der langen hinteren Seite liegt, also genau in der Mitte zwischen 6 m und 9 m. Diese Länge beträgt 7,5 m, aber den Wert berechnet Ralf lieber mit der Formel und findet sich bestätigt:

$$l_{Mitte} = \frac{l_{lang} + l_{kurz}}{2} = \frac{9\,m + 6\,m}{2} = 7{,}5\,m$$

Ralf kennt auch die Formel, um sofort den Flächeninhalt bestimmen zu können, und verwendet sie zur Berechnung der Fläche:

$$A = \frac{l_{lang} + l_{kurz}}{2} \cdot b = \frac{9\,m + 6\,m}{2} \cdot 7\,m = 52{,}5\,m^2$$

Es sind also Pflanzen für insgesamt 52,5 m² zu bestellen.

Dreieck

Lars Chef will die Zufahrt zur Maschinenhalle pflastern lassen. Sie verbindet die Straße mit dem Tor der Halle. Der Lohnunternehmer beauftragt Lars, die Fläche zu ermitteln, damit er die Kosten für die Pflastersteine überschlagen kann.

Die zu pflasternde Fläche ist dreieckig. Entlang der Straße ist sie 11 m lang; bis an die Spitze an der hinteren Ecke der Maschinenhalle ragt sie 16 m ins Grundstück hinein. Lars skizziert sich die Fläche auf (Abb. 1-12) und zeichnet zusätzlich das Dreieck mit der entsprechenden Bemaßung (Abb. 1-13).

Aus einem Dreieck entsteht ein Rechteck mit der doppelten Flächengröße, wenn man von zwei Ecken aus parallele Linien bis zur Spitze zieht und diese

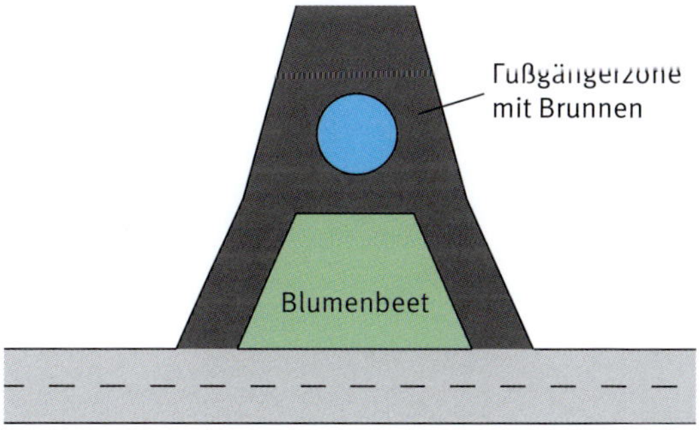

Abb. 1-10: Skizze des trapezförmigen Blumenbeets

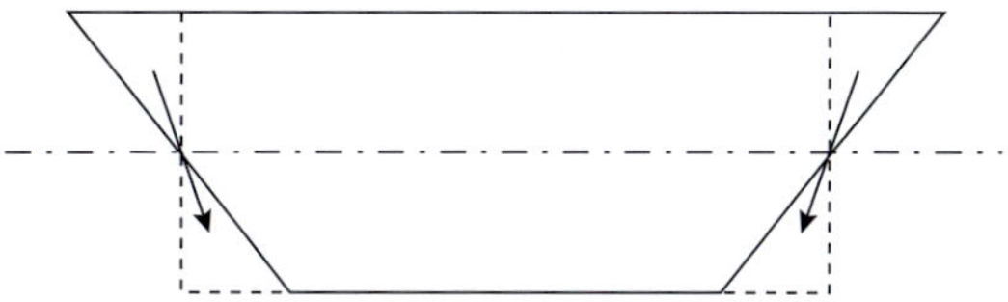

Abb. 1-11: Durch Verschieben der Ecken ergibt sich aus einem Trapez ein Rechteck gleich großer Fläche

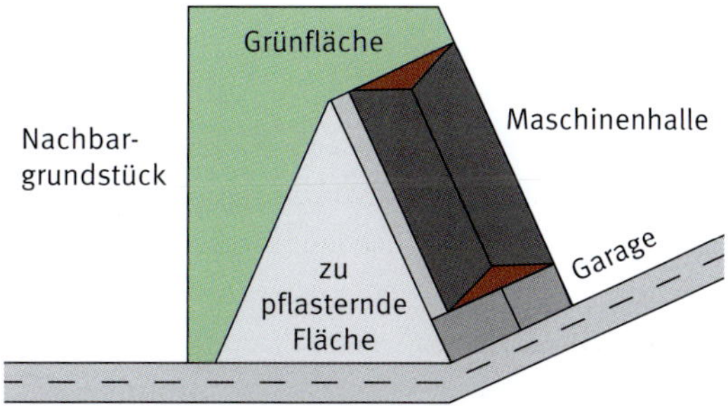

Abb. 1-12: Skizze der zu pflasternden Fläche

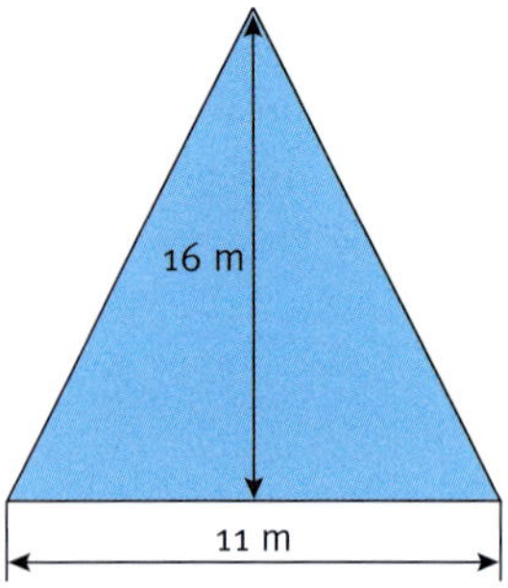

Abb. 1-13: Skizze des Dreiecks mit Bemaßung

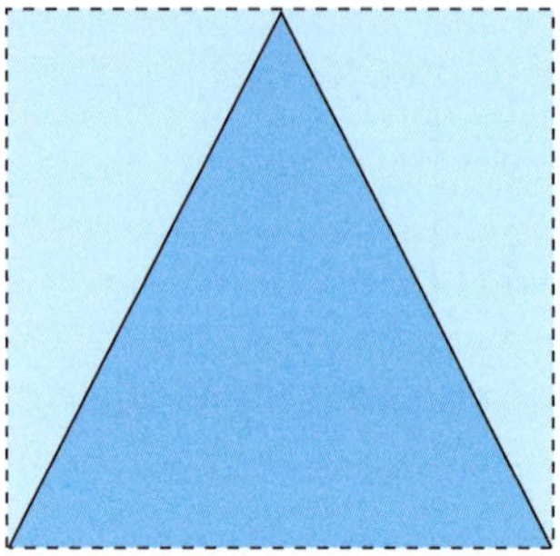

Abb. 1-14: Aus einem Dreieck lässt sich ein Rechteck mit der doppelten Flächengröße ableiten

dann mit einer weiteren Linie verbindet (Abb. 1-14). Deshalb braucht Lars nur den Flächeninhalt des so entstandenen Rechtecks zu berechnen und diesen durch zwei zu teilen.

Sofort fällt ihm die Formel zur Berechnung einer Dreiecksfläche wieder ein:

$$A = \frac{l \cdot b}{2}$$

Dabei beschreibt *l* die Länge (11 m) und *b* das Maß von der Grundlinie zur Spitze, also 16 m. Lars achtet darauf, dass *b* senkrecht zu *l*, also im 90°-Winkel steht. Er setzt die Daten ein und rechnet:

$$A = \frac{11\,\text{m} \cdot 16\,\text{m}}{2} = 88\,\text{m}^2$$

Die Fläche beträgt also 88 m².

Kreis

Landwirt Franke denkt über eine Kreisberegnung nach. Der geplante Schlag ist mit 421 m Länge und 400 m Breite gut geeignet. Er will nun wissen, wie viel Fläche der Regner erfassen würde. Außerdem interessiert ihn der Umfang der Fläche.

Patricia, seine Auszubildende soll beides berechnen. Sie weiß, wie Fläche und Umfang eines Kreises bestimmt werden, wenn der Durchmesser *d* (400 m) bekannt ist. Für die Flächenberechnung verwendet sie folgende Formel:

$$A = \frac{d^2 \cdot \pi}{4}$$

π – gesprochen Pi – steht für die so genannte Kreiszahl. Das ist ein mathematische Konstante mit sehr vielen Kommastellen; vereinfacht gilt 3,14.

Häufig wird zur Berechnung des Kreises auch das Maß Radius *r* verwendet. Der Radius entspricht der Hälfte des Durchmessers.

$$d = 2r$$

Patricia setzt den Durchmesser ein und rechnet:

$$A = \frac{(400\,\text{m})^2 \cdot \pi}{4} = \frac{400^2\,\text{m}^2 \cdot \pi}{4} = 125\,663{,}71\,\text{m}^2$$

Weil Quadratmeter in der Landwirtschaft unüblich sind, rechnet sie das Ergebnis schnell noch in Hektar um (125 663,71 m² : 10 000) und kommt auf 12,57 ha.

Für die Berechnung des Kreisumfangs kennt Patricia folgende Formel:

$$U = d \cdot \pi$$

Sie setzt auch hier den Durchmesser ein und rechnet:

$$U = 400\,\text{m} \cdot \pi = 1256{,}64\,\text{m}$$

Umrechnen von Flächeneinheiten

Häufig ist es nötig, Flächenmaße umzurechnen. Der Auszubildender Lars, hat nun die Fläche der Zufahrt zur Maschinenhalle bestimmt, die gepflastert werden soll (Abb. 1-12). Sie ist 88 m² groß. Nun soll er für seinen Chef ausrechnen, wie viele

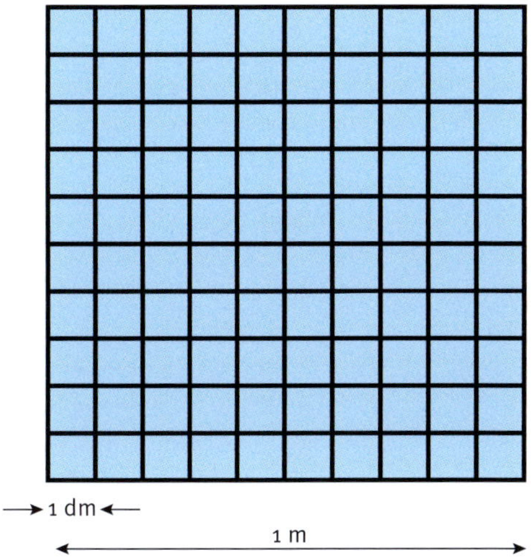

Abb. 1-15: 1 m² entspricht 100 Quadraten mit je 1 dm²

Pflastersteine benötigt werden. Jeder Pflasterstein hat eine Fläche von 60 cm².

Dazu muss er die Fläche der Zufahrt durch die Fläche eines Pflastersteins teilen. Die Rechnung sähe folgendermaßen aus:

$$\text{Anzahl der Pflastersteine} = \frac{\text{Fläche der Hofeinfahrt}}{\text{Fläche eines Pflastersteins}}$$

oder

$$n = \frac{A_{Hof}}{A_{Stein}}$$

Bei n und A handelt es sich um die Formelzeichen für Anzahl und Fläche. Lars weiß aber, dass man zwei Werte nur teilen kann, wenn sie dieselbe Einheit haben. Er muss also aus Quadratzentimetern (cm²) Quadratmeter (m²) machen – oder umgekehrt.

Um sich zu vergewissern, skizziert er eine einfache Quadratfläche, deren Seitenlänge l 1 m darstellen soll. 1 m entspricht 10 dm, 100 cm oder 1 000 mm.

Eine Fläche mit der Größe 1 m² misst 1 m · 1 m. In Quadratdezimetern (dm²) ausgedrückt, entspricht die Fläche schon 10 dm · 10 dm, also 100 dm². Und wenn Lars die Fläche in Quadratzentimetern angeben möchte, lautet die Rechnung 100 cm · 100 cm = 10 000 cm².

Das hatte Lars sich schon mal anders gemerkt: Eine Quadratfläche von 1 m² lässt sich mit 100 Quadraten auslegen, deren Fläche jeweils 1 dm² groß ist (Abb. 1-15) oder mit 10 000 Quadraten, deren Fläche 1 cm² groß ist usw.

Nun ist Lars sich wieder sicher: Um die Fläche der Hofauffahrt in Quadratzentimeter (cm²) angeben zu können, muss er die 88 m² mit 10 000 malnehmen. Er rechnet:

$$A_{Hof} = (88 \cdot 10\,000)\,\text{cm}^2 = 880\,000\,\text{cm}^2$$

Abschließend berechnet er die Anzahl der Pflastersteine:

$$n = \frac{880\,000\,\text{cm}^2}{60\,\text{cm}^2} = 14\,666{,}67$$

Da es keine 0,67 Pflastersteine zu kaufen gibt, rundet Lars die Zahl auf 14 667 auf.

Er ahnt schon, dass sein Chef damit nicht ganz auskommen wird, denn erfahrungsgemäß müssen immer mal wieder Pflastersteine zerteilt werden, um zu passen.

Merke:

Beim **Umrechnen der Einheiten** von Flächen gilt:

1 km² = 1 000 000 m²

1 ha = 10 000 m²

1 m² = 100 dm² = 10 000 cm² = 1 000 000 mm²

Flächen berechnen

Zur Berechnung des Flächeninhalts und des Umfangs der meisten Flächen gibt es Formeln, mit denen das Ergebnis leicht zu ermitteln ist. In Tabelle 1-4 sind die Flächen, die am häufigsten vorkommen, und die entsprechenden Formeln zusammengestellt.

Tab. 1-4: Die wichtigsten Formeln zur Flächenberechnung: A = Fläche, U = Umfang, l = Länge, b = Breite, d = Durchmesser, r = Radius

Name	Skizze	Formel zur Flächenberechnung	Formel zur Umfangsberechnung
Quadrat	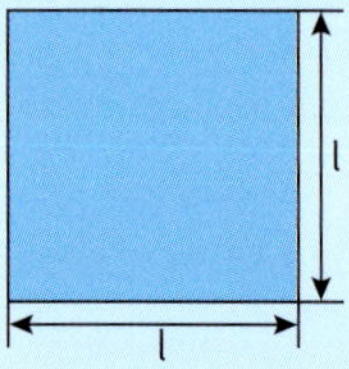	$A = l \cdot l = l^2$	$U = 4 \cdot l$
Rechteck	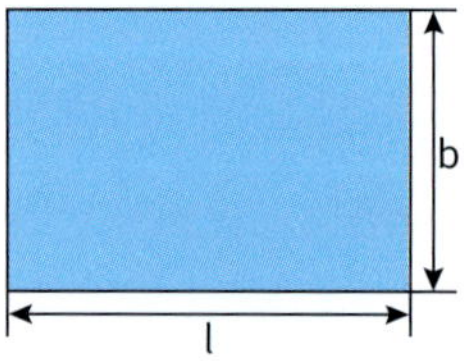	$A = l \cdot b$	$U = 2 \cdot (l + b)$
Parallelogramm	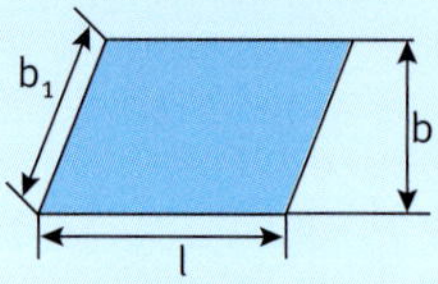	$A = l \cdot b$	$U = 2 \cdot (l + b_1)$
Trapez	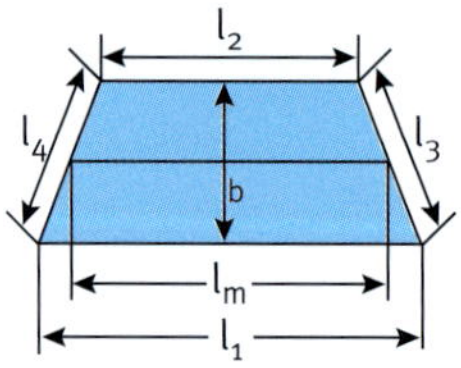	$A = \frac{l_1 + l_2}{2} \cdot b$	$U = l_1 + l_2 + l_3 + l_4$
Dreieck	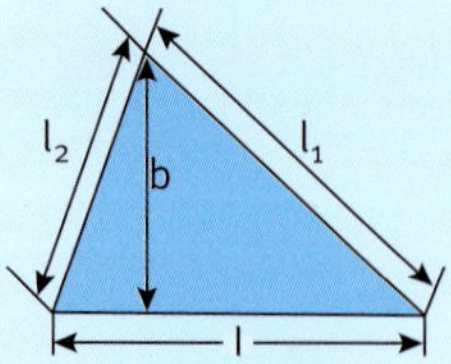	$A = \frac{l \cdot b}{2}$	$U = l_1 + l_2 + l_3$
Kreis	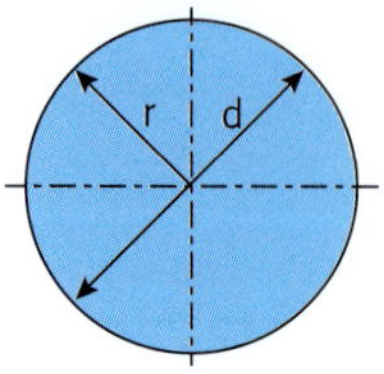	$A = \frac{d^2 \cdot \pi}{4}$ $A = \pi \cdot r^2$	$U = d \cdot \pi$

1.4.3 Volumen- und Oberflächenberechnungen

Wofür brauchen das ...?

- **Landwirte:** Für den Hofladen soll die Spezialität des Betriebs, selbst hergestellte Kräuterbonbons, in würfelförmige Geschenkkartons verpackt werden. »Reicht das Volumen aus?«, fragt sich Steffen, der Auszubildende.
- **Tierwirte:** Das Güllelager auf einem landwirtschaftlichen Betrieb muss innen neu beschichtet werden. Michael soll die Oberfläche berechnen, damit sein Chef die Schutzfarbe kaufen kann.
- **Gärtner:** Die Auszubildende Linda soll einen Pflanztrog in der Zufahrt zur Gärtnerei mit Erde auffüllen, die sie im hinteren Bereich der Gärtnerei holen muss. Lohnt es sich, dafür die größere Schaufel an den Traktor anzubauen?

Geometrische Körper

Würfel

Für den Hofladen soll die Spezialität des Betriebs, selbst hergestellte Kräuterbonbons, in würfelförmige Geschenkkartons verpackt werden. Die Kantenlänge des Würfels liegt bei 12,5 cm. Die vorgesehene Menge füllt einen 2-l-Messbecher aus. »Reicht das Volumen aus?«, fragt sich Steffen, der Auszubildende.

Steffen macht sich eine Skizze des Würfels (Abb. 1-16). Seine Chefin erklärt ihm, dass 1 l genauso viel ist wie 1 dm³.

Bei der Formel zur Berechnung des Volumens ist Steffen sich sicher:

$$V = l \cdot l \cdot l = l^3$$

Er rechnet 12,5 cm um in Dezimeter (dm), setzt die Werte ein und rechnet:

$$V = l \cdot l \cdot l = 1{,}25\,\text{dm} \cdot 1{,}25\,\text{dm} \cdot 1{,}25\,\text{dm} = 1{,}953\,\text{dm}^3$$

Steffen erschrickt. Wenn seine Rechnung stimmt, dann ist das Volumen ziemlich knapp. Er überprüft seine Rechnung deshalb noch einmal:

$$V = (1{,}25\,\text{dm})^3 = 1{,}25^3 \cdot \text{dm}^3 = 1{,}953\,\text{dm}^3$$

Das Ergebnis bleibt das Gleiche: Steffen beschließt, mit seiner Chefin darüber zu sprechen.

Quader

Das Güllelager auf einem landwirtschaftlichen Betrieb muss innen neu beschichtet werden. Michael lernt Tierwirt und soll die Oberfläche berechnen, damit sein Chef die Schutzfarbe kaufen kann.

Zunächst misst Michael Länge, Breite und Höhe des Raums aus und skizziert ihn auf. Er ist 3 m lang, 1 m breit und 2 m hoch (Abb. 1-17).

Michael überlegt sich, dass die Oberfläche insgesamt aus sechs einzelnen Flächen besteht, die rechteckig sind. Außerdem sind immer zwei der

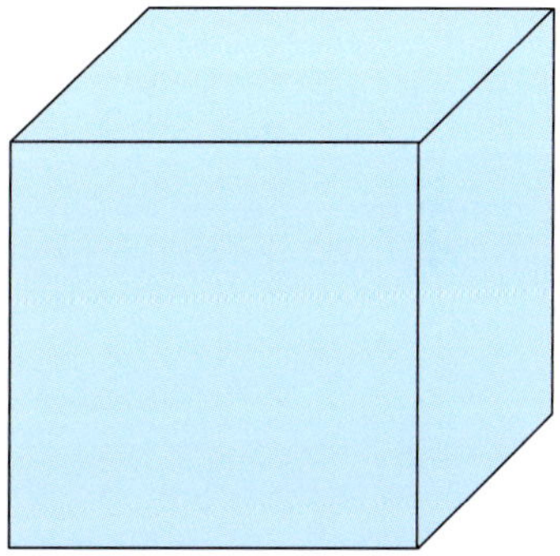

Abb. 1-16: Skizze eines Würfels: Alle Kanten sind gleich lang

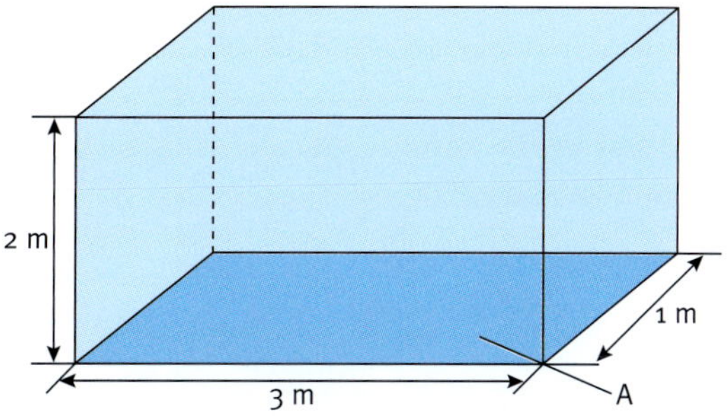

Abb. 1-17: Skizze des Güllelagers mit Bemaßung

Flächen gleich groß. Zur Verdeutlichung schreibt er sich die einzelnen Formeln zur Berechnung der verschiedenen Flächen auf:

- Die Fläche von Bodens und Decke kann er jeweils mit dieser Formel bestimmen:

$$A_B = A_D = l \cdot b$$

oder einfacher in einem Schritt:

$$A_B + A_D = 2 \cdot l \cdot b$$

Er markiert diese Formel mit (1).

- Für die Flächen von Vorder- und Rückseite notiert er die Formel

$$A_V = A_R = l \cdot h.$$

In einem Rechenschritt lautet sie

$$A_V + A_R = 2 \cdot l \cdot h.$$

Diese Formel nennt Michael (2).

- Schließlich notiert er für die beiden Flächen der Kopfenden links und rechts:

$$A_l = A_r = h \cdot b.$$

In einem Schritt ergibt sich

$$A_l + A_r = 2 \cdot h \cdot b.$$

Hier schreibt er eine (3) daneben.

Nun fasst er die Formeln zu einer langen Formel zusammen und erhält:

$$A = A_O = 2 \cdot l \cdot b + 2 \cdot l \cdot h + 2 \cdot h \cdot b$$

Weil die 2 immer wieder vorkommt, klammert Michael sie aus, wodurch er die folgende Formel erhält:

$$A_O = 2 \cdot (l \cdot b + l \cdot h + h \cdot b)$$

Er setzt nun die einzelnen Abmessungen ein und rechnet:

$$\begin{aligned} A_O &= 2 \cdot (3\text{ m} \cdot 1\text{ m} + 3\text{ m} \cdot 2\text{ m} + 2\text{ m} \cdot 1\text{ m}) \\ &= 2 \cdot (3\text{ m}^2 + 6\text{ m}^2 + 2\text{ m}^2) \\ &= 2 \cdot 11\text{ m}^2 \\ &= 22\text{ m}^2 \end{aligned}$$

Michael kann seinem Chef berichten, dass er Schutzfarbe für 22 m^2 besorgen muss.

Zylinder

Die Gärtnerauszubildende Linda soll einen zylinderförmigen Pflanztrog in der Zufahrt zur Gärtnerei mit Erde auffüllen, die sie im hinteren Bereich der Gärtnerei, etwa 2 km entfernt, holen muss. Am Betriebstraktor ist die kleine Schaufel montiert, in die etwa 3 m^3 Schüttgut passen. Eine größere Schaufel steht in der Werkstatt und könnte angebaut werden.

Linda überlegt, ob sich die Umrüstung lohnen würde, und möchte daher ausrechnen, wie viel Erde sie transportieren muss. Sie misst 4 m Durchmesser und 1,20 m Höhe (Abb. 1-18).

Sie überlegt, wie sie das Volumen berechnen könnte: die kreisförmige Grundfläche berechnen und diese mit der Höhe malnehmen! Sie notiert sich die Formel

$$V = A \cdot h$$

und da sie die Grundfläche A mit

$$A = \frac{d^2 \cdot \pi}{4}$$

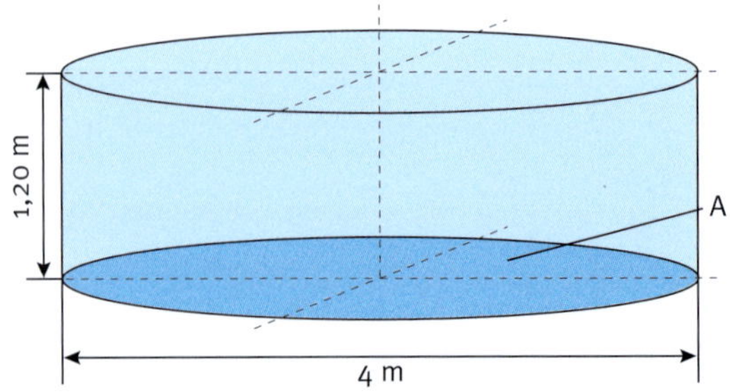

Abb. 1-18: Skizze des zylinderförmigen Pflanztrogs mit Bemaßung

berechnen kann, ersetzt sie diese gleich in der Formel. So erhält sie:

$$V = \frac{d^2 \cdot \pi}{4} \cdot h$$

Linda rechnet:

$$V = \frac{(4\,\text{m})^2 \cdot \pi}{4} \cdot 1{,}2\,\text{m} = \frac{4^2\,\text{m}^2 \cdot \pi}{4} \cdot 1{,}2\,\text{cm} = \frac{16\,\text{m}^2 \cdot \pi}{4} \cdot 1{,}2\,\text{m}$$

$$= 12{,}57\,\text{m}^2 \cdot 1{,}2\,\text{m} = 15{,}08\,\text{m}^3$$

Linda überlegt sich, dass sie also etwa fünfmal fahren müsste, wenn sie mit der kleinen Schaufel am Trecker fährt, und beschließt, die große Schaufel anzubauen.

Pyramide

Der Garten- und Landschaftsbauer Neumann erhält den Auftrag, die Parkanlage vor der neuen Kunsthalle zu gestalten. Er möchte mittig vor dem Hauptgebäude einen Hügel in Pyramidenform aufschütten und diese bepflanzen.

Herr Neumann bittet seine beiden Auszubildenden Lisa und Max in sein Büro und erklärt ihnen seine Idee. Zusammen sollen die beiden sowohl den Bedarf an Erde als auch an Saatgut für die Oberflächen bestimmen. Lisa erstellt eine Skizze der Pyramide und notiert sich die entsprechenden Daten, die ihr Chef ihnen genannt hat (Abb. 1-19).

Lisa erkennt, dass die zu bepflanzende Oberfläche aus vier Dreiecken besteht, von denen jeweils zwei gleich groß sind, nämlich das vordere und das hintere einerseits, A_l genannt, und die beiden Seitendreiecke andererseits, A_b genannt. Da die rechteckige

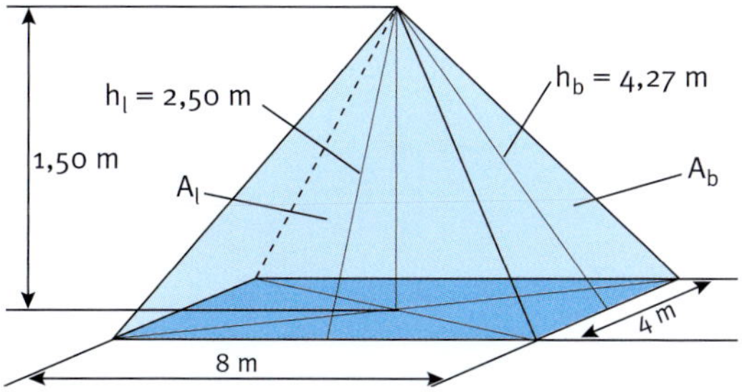

Abb. 1-19: Skizze des pyramidenförmigen Erdhügels mit Bemaßung

Grundfläche nicht bepflanzt werden muss, braucht diese nicht mit eingerechnet zu werden.

Die Formel zur Berechnung einer Dreiecksfläche ist ihr bekannt. Sie lautet:

$$A = \frac{l \cdot b}{2}$$

Bei der Pyramide gibt es aber zwei Grundseiten, nämlich *l* und *b*. Deshalb muss Lisa je zwei Dreiecksflächen berechnen und diese dann zusammenzählen. Sie erhält folgende Formel:

$$A_O = 2 \cdot \frac{l \cdot h_l}{2} + 2 \cdot \frac{b \cdot h_b}{2} = l \cdot h_l + b \cdot h_b$$

Lisa setzt die Daten ein und rechnet:

$$A_O = 8\,\text{m} \cdot 2{,}50\,\text{m} + 4\,\text{m} \cdot 4{,}27\,\text{m} = 37{,}08\,\text{m}^2$$

Damit kennt Lisa schon mal die zu bepflanzende Oberfläche der Pyramide – wohlgemerkt ohne Grundfläche. Für die Berechnung der benötigten Erde greift sie auf die Volumenformel für Pyramiden aus ihrer Formelsammlung zurück. Sie lautet:

$$V = \frac{l \cdot b \cdot h}{3}$$

Lisa setzt die Abmessungen in die Formel ein und rechnet:

$$V = \frac{8\,\text{m} \cdot 4\,\text{m} \cdot 1{,}5\,\text{m}}{3} = 16\,\text{m}^3$$

Kegel

Der Vorratsbehälter der Futtermischanlage im Ausbildungsbetrieb von Max, angehender Landwirt in einem Milchviehbetrieb, muss außen neu gestrichen werden. Er besitzt eine Kegelform zum Auslauf hin. Da der Behälter keinen Deckel hat, braucht er die Grundflächen nicht zu berücksichtigen. Max skizziert einen der Kegel auf und trägt die Maße ein, die er gemessen hat: 2,5 m hoch, 3,0 m Durchmesser und 0,92 m Seitenhöhe h_s (Abb. 1-20).

Für die Oberflächenberechnung findet Max folgende Formel:

$$A_O = \frac{d^2 \cdot \pi}{4} + \frac{d \cdot \pi \cdot h_s}{2}$$

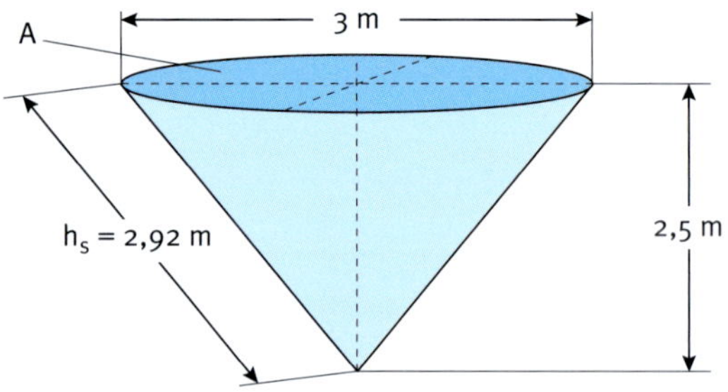

Abb. 1-20: Skizze des Vorratsbehälters mit Bemaßung

Dabei kann er den ersten Teil weglassen, weil er sich auf die Grundfläche bezieht. Ein Deckel ist jedoch nicht vorhanden. Er setzt die Maße in den zweiten Teil der Formel ein und rechnet:

$$A_O = \frac{3\,\text{m} \cdot \pi \cdot 2{,}92\,\text{m}}{2} = 13{,}76\,\text{m}^2$$

Weil er schon dabei ist und es ihn plötzlich interessiert, berechnet er auch gleich noch das Volumen des Kegels. Dafür schreibt sich Max die folgende Formel heraus:

$$V = \frac{A \cdot h}{3}$$

Mit $A = \frac{d^2 \cdot \pi}{4}$ folgt:

$$V = \frac{\frac{d^2}{4} \cdot \pi \cdot h}{3} = \frac{d^2 \cdot \pi \cdot h}{4 \cdot 3} = \frac{d^2 \cdot \pi \cdot h}{12}$$

Er setzt die Daten ein und rechnet:

$$V = \frac{(3\,\text{m})^2 \cdot \pi \cdot 2{,}5\,\text{m}}{12} = \frac{3^2\,\text{m}^2 \cdot \pi \cdot 2{,}5\,\text{m}}{12} = \frac{70{,}69\,\text{m}^3}{12}$$
$$= 5{,}89\,\text{m}^3$$

Kugel

Die Hofkäserei eines Ziegenbetriebs hat Frischkäsekugeln mit einem Kräutermantel im Angebot. Ein Großkunde bestellt 500 Kugeln mit einem Durchmesser von jeweils 3 cm (Abb. 1-21). Ines, die Auszubildende, soll bestimmen, wie viel Frischkäsemasse und wie viel Kräutermischung benötigt werden. Ein Beutel Kräutermischung reicht für 2 300 Stück der üblicherweise hergestellten Kugeln mit 6 cm Durchmesser.

Ines berechnet zunächst das Volumen einer Frischkäsekugel. Dazu nimmt sie die Formel für das Kugelvolumen, setzt den Durchmesser einer Kugel ein und rechnet:

$$V = \frac{d^3 \cdot \pi}{6} = \frac{(3\,\text{cm})^3 \cdot \pi}{6} = \frac{3^3\,\text{cm}^3 \cdot \pi}{6} = 4{,}71\,\text{cm}^3$$

Für die Kugeln werden 500 · 4,71 cm^3 Frischkäse benötigt; das sind 2 355 cm^3.

Um die benötigte Kräutermenge zu bestimmen, rechnet Ines nun die Oberfläche der Kugeln mit 3 cm und 6 cm Durchmesser aus. Dazu nimmt sie folgende Formel:

$$A_O = d^2 \cdot \pi$$

Sie setzt auch hier den Durchmesser ein und rechnet:

$$A_O = (3\,\text{cm})^2 \cdot \pi = 3^2\,\text{cm}^2 \cdot \pi = 28{,}27\,\text{cm}^2$$

$$A_O = (6\,\text{cm})^2 \cdot \pi = 6^2\,\text{cm}^2 \cdot \pi = 113{,}10\,\text{cm}^2$$

Durch Malnehmen mit der Anzahl kann Ines daraus schließen, ob ein Beutel Kräutermischung ausreicht. Sie berechnet also den Umfang für die 500 kleinen Kugeln:

$$U_{gesamt} = 500 \cdot 28{,}27\,\text{cm}^2 = 14\,135\,\text{cm}^2$$

Und 300 große:

$$U_{gesamt} = 300 \cdot 113{,}10\,\text{cm}^2 = 33\,930\,\text{cm}^2$$

Für den Auftrag muss die Hofkäserei 2 355 cm^3 Frischkäsemasse und etwa einen halben Beutel Kräutermischung einplanen.

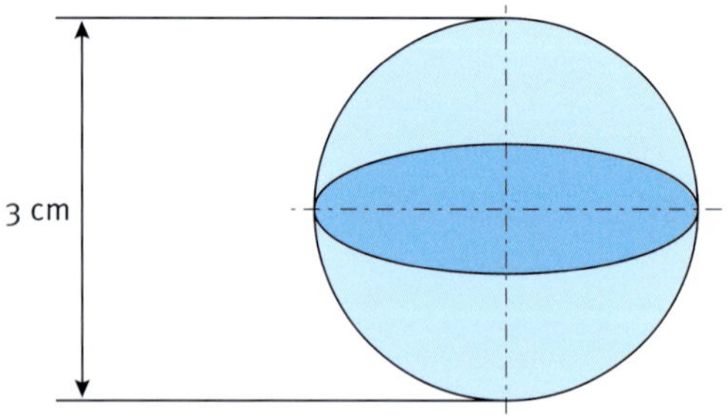

Abb. 1-21: Skizze einer Frischkäsekugel mit Bemaßung

Merke: Körper berechnen

Zur Berechnung von Volumina und Oberflächen der wichtigsten Körper werden die in Tabelle 1-5 zusammengestellten Formeln verwendet.

Tab. 1-5: Die wichtigsten Formeln zur Berechnung von Körpern: *V* = Volumen, *A* = Fläche, *U* = Umfang, *l* = Länge, *b* = Breite, *h* = Höhe, *d* = Durchmesser

Name	Skizze	Formel zur Volumenberechnung	Formel zur Oberflächenberechnung
Würfel	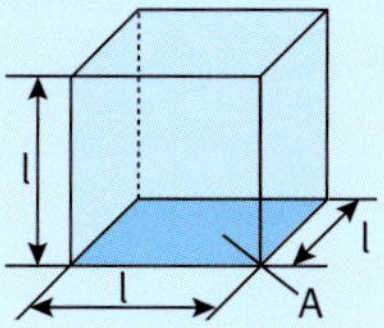	$V = l \cdot l \cdot l = l^3$	$A_o = 6 \cdot l \cdot l = 6 \cdot l^2$
Quader	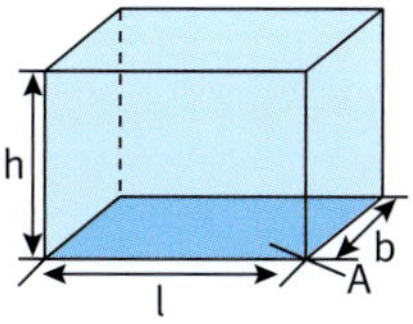	$V = A \cdot h = l \cdot b \cdot h$	$A_o = 2 \cdot (l \cdot b + l \cdot h + h \cdot b)$
Zylinder	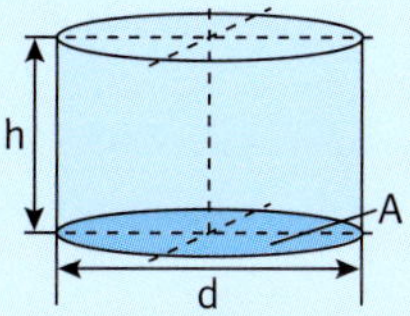	$V = A \cdot h = \frac{d^2 \cdot \pi}{4} \cdot h$	$A_o = 2 \cdot \frac{d^2 \cdot \pi}{4} + d \cdot \pi \cdot h$
Pyramide	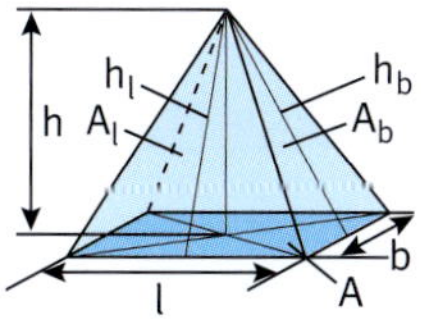	$V = \frac{l \cdot b \cdot h}{3}$	$A_o = l \cdot b + l \cdot h_l + b \cdot h_b$
Kegel	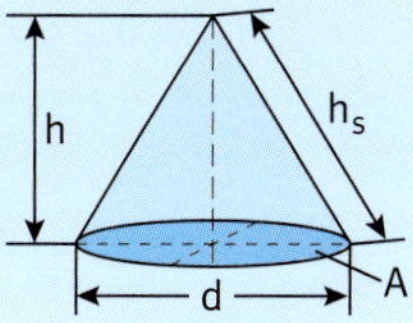	$V = \frac{A \cdot h}{3} = \frac{d^2 \cdot \pi \cdot h}{12}$	$A_o = \frac{d^2 \cdot \pi}{4} + \frac{d \cdot \pi \cdot h_s}{2}$
Kugel	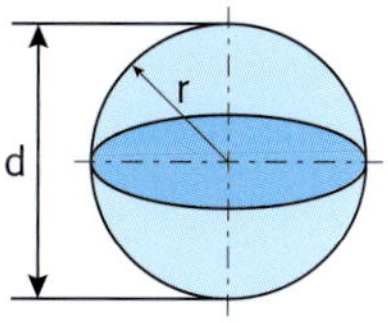	$V = \frac{d^3 \cdot \pi}{6}$	$A_o = d_2 \cdot \pi$

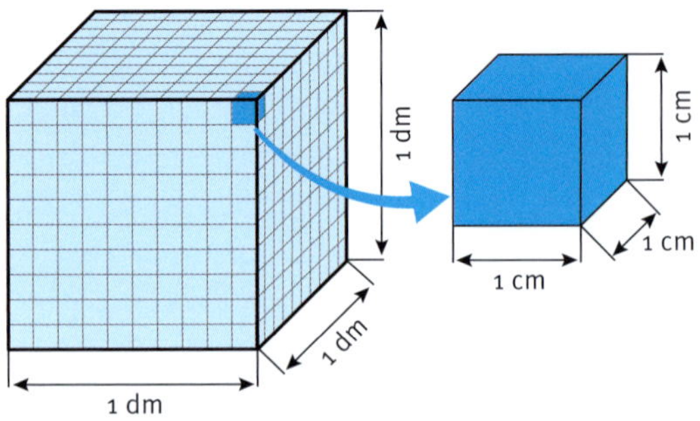

Abb. 1-22: Skizze eines Würfels mit der Kantenlänge 1 dm, jeweils aufgeteilt in zehnmal 1 cm

Umrechnen von Volumeneinheiten

Häufig ist es sinnvoll oder notwendig, zwischen verschiedenen Volumenangaben umzurechnen. Bei Ines in der Hofkäserei müssen beispielsweise 2 355 cm^3 Frischkäsemasse eingeplant werden. Dieses Volumen könnte auch in anderen Einheiten beschrieben werden.

Das hat sich auch Ines überlegt. Aber wie rechnet man die Einheiten korrekt um? Sie fertigt die Skizze eines Würfels an, der die Kantenlänge 1 dm hat (Abb. 1-22). Das Volumen beträgt damit:

$$V = l^3 = (1\ \text{dm})^3 = 1^3 \cdot \text{dm}^3 = 1\ \text{dm}^3$$

Sowohl in der Länge als auch in der Breite und der Höhe könnte sie nun jeden Dezimeter in 10 cm teilen. Das heißt, dass die Kantenlänge jeweils 10 cm beträgt. Das Volumen beträgt damit in Zentimeter:

$$V = l^3 = (10\ \text{cm})^3 = 10^3\ \text{cm}^3 = 1000\ \text{cm}^3$$

Anders ausgedrückt, überlegt sich Ines, könnte sie einen Würfel mit der Kantenlänge von 1 dm mit 1 000 Würfeln mit der Kantenlänge von 1 cm füllen. Dasselbe gilt für das Verhältnis von Kubikmillimeter (mm^3) und Kubikzentimeter (cm^3) sowie für das Verhältnis von Kubikdezimeter (dm^3) und Kubikmeter (m^3).

Schließlich, so weiß Ines, entspricht das Volumen von 1 dm^3 genau 1 l. Sie berechnet nun das Volumen des Frischkäses, der verarbeitet werden muss.

$$V = 2\,355\ \text{cm}^3 = \frac{2\,355}{1000}\ \text{dm}^3 = 2{,}355\ \text{dm}^3 = 2{,}355\ \text{l}$$

Merke:

Beim **Umrechnen der Einheiten** von Volumen gilt:

$1\ \text{m}^3 = 1\,000\ \text{dm}^3 = 1\,000\,000\ \text{cm}^3 = 1\,000\,000\,000\ \text{mm}^3$

$1\ \text{l} = 1\ \text{dm}^3 = 100\ \text{cl} = 1\,000\ \text{ml}$

$1\ \text{hl} = 100\ \text{l}$

1.5 Dreisatz

Die Dreisatzrechnung ist ein mathematisches Verfahren, um aus drei gegebenen Werten einen vierten unbekannten Wert zu berechnen, der mit den anderen Größen im Verhältnis steht. Bevor die Auszubildende Jessica jedoch mit der Aufstellung eines Dreisatzes beginnen kann, muss sie die Zuordnung beziehungsweise die Gesetzmäßigkeit der Größen verstehen.

1.5.1 Proportionaler Dreisatz

Wofür brauchen das ...?

- **Landwirte:** Ein Mähdrescher erntet ein 6 ha großes Getreidefeld in drei Stunden ab. Wie viele Stunden werden für ein 5 ha großes Feld benötigt?
- **Tierwirte:** Bei der Überprüfung der Futtervorräte werden 25 Säcke Kälberpellets gezählt. Durchschnittlich werden im Betrieb 3,7 Säcke pro Woche benötigt. Wie lange reicht der Futtervorrat noch?

Proportionalität

Das Wort Proportionalität schreckt Jessica erst einmal ab. Dabei begegnet gerade diese ihr nicht nur in der Berufsschule immer wieder, sondern auch beim Einkaufen, beim Tanken oder eben bei der Arbeit.

Proportionalität bedeutet Verhältnismäßigkeit: Man spricht hierbei also von Zahlen oder Größen, die in einem Verhältnis zueinander stehen. Dieser Zusammenhang zwischen den Zahlen kann sich durch die Gesetzmäßigkeit »je mehr, desto mehr« beziehungsweise »je weniger, desto weniger« auszeichnen.

Merke:

Bei Proportionalität handelt es sich um die Zuordnungen **»je mehr, desto mehr«** beziehungsweise **»je weniger, desto weniger«**, wobei sich beide Größen immer gleichmäßig verändern.

Kauft Jessica beispielsweise Kartoffeln, besteht folgender Zusammenhang: »Je **mehr** Kartoffeln ich kaufe, desto **mehr** zahle ich.« Eine Proportionalität besteht jedoch auch, wenn folgendes Verhältnis aufgestellt wird: »Je **weniger** Liter Benzin ich tanke, desto **weniger** Geld muss ich zahlen.« Wichtig bei den proportionalen Zuordnungen ist, dass sich beide Größen immer in die gleiche Richtung verändern.

Von der Proportionalität zum geraden (proportionalen) Dreisatz

Im Supermarkt kostet eine 2,0-l-Flasche Limonade 2,49 € und eine Flasche mit lediglich 0,75 l ist im Angebot mit 0,70 € ausgezeichnet. Aus Erfahrung weiß Jessica, dass die größeren Packungen im Preis-Leistungs-Verhältnis meist besser sind. Sie möchte trotzdem mithilfe des Dreisatzes überprüfen, wie viel 0,75 l in der großen Flasche kosten würden.

Jessica hat somit eine Aufgabe vor sich, bei der drei Größen gegeben sind, aus denen sie eine vierte Größe berechnen will. Solange die Größen miteinander im Verhältnis stehen, kann sie dies über einen Dreisatz erreichen. Durch Überlegungen stellt die Auszubildende fest, dass der Zahlenzusammenhang in diesem Beispiel einer proportionalen Zuordnung unterliegt. Sie verwendet also den **geraden** bzw. **proportionalen Dreisatz**.

Da der Preis und das Volumen in einem proportionalen Verhältnis zueinander stehen, notiert Jessica folgende mathematische Aufgabenstellung: 2,0 l kosten 2,49 €. Wie viel kosten 0,75 l in der 2,0-l-Flasche?

Es gibt verschiedene Möglichkeiten, diesen Zusammenhang mathematisch aufzuschreiben (Tab. 1-6). Das Schema des Dreisatzes ist immer das gleiche. Eingehalten werden sollte hierbei jedoch, dass auf der linken Seite immer die Größe notiert wird, die zweimal gegeben ist, und auf der rechten Seite die gesuchte Größe.

Tab. 1-6: Darstellungsformen beim Dreisatzrechnen

Darstellung mit Pfeilen			Darstellung mit »entspricht«-Zeichen			Darstellung als Kurztabelle	
						Menge (l)	Wert (€)
2,00 l	⇢	2,49 €	2,00 l	≙	2,49 €	2,00	2,49
0,75 l	⇢	? €	0,75 l	≙	? €	0,75	?

In den weiteren Ausführungen in diesem Kapitel wird die Kurztabelle verwendet. Diese verwandelt Jessica durch eine Zwischenzeile in einen klassischen Dreisatz (Tab. 1-7).

Tipp: Die Zwischenzeile geht praktischerweise immer über die Zahl 1, da sich die Faktoren in den weiteren Schritten aus der Zahl 1 sehr leicht bestimmen lassen!

Um den Literpreis zu bestimmen, rechnet Jessica nun 2,00 l : 2. Da Jessica weiß, dass es sich in diesem Beispiel um eine proportionale Zuordnung handelt und sich somit beide Größen immer gleichmäßig verändern, muss sie auch die 2,49 € durch 2 teilen (Tab. 1-8).

Um nun zu wissen, wie viel 0,75 l beim gleichen Literpreis kosten würden, multipliziert Jessica anschließend 1,00 l mit 0,75. Den gleichen Rechenvorgang führt sie schließlich auch auf der anderen Seite durch (Tab. 1-9).

Tab. 1-7: Kurztabelle zur Berechnung eines geraden Dreisatzes

Menge (l)	Wert (€)
2,00	2,49
1,00	?
0,75	?

Tab. 1-8: Schritt 1 bei der Berechnung eines geraden Dreisatzes

	l	€	
:2 ↓	2,00	2,49	↓ :2
	1,00	$\frac{2,49}{2} = 1,245$	
	0,75	?	

Die 0,75 l Limonade in der 2,0-l-Flasche kosten also 0,93 €. Nun kann Jessica erkennen, dass in diesem Fall die 0,75-l-Flasche im Angebot um 0,23 € günstiger ist und sie somit nicht beim Kauf einer größeren Flasche spart.

Merke:

Beim Rechnen mit dem geraden bzw. proportionalen Dreisatz müssen rechts und links immer die gleichen Rechenoperationen durchgeführt werden.

Vorgehensweise:

- Ansatz notieren (dabei auf die Seite achten: rechts steht die gesuchte Größe!),
- Zwischenschritt einfügen und normieren, z. B. auf 1,
- gesuchte Größe berechnen (gleiche Rechenoperationen durchführen!).

Wenn es mal schnell gehen soll, können die Schritte 1 und 2 auch in einer Gleichung zusammengefasst werden. x beschreibt dann die gesuchte Größe:

$$x = \frac{0,75\,l \cdot 2,49\,€}{2\,l} = 0,93\,€$$

Tab. 1-9: Schritt 2 bei der Berechnung eines geraden Dreisatzes

	l	€	
	2,00	2,49	
·0,75 ↓	1,00	1,245	↓ ·0,75
	0,75	$1,245 \cdot 0,75 \approx 0,93$	

1.5.2 Antiproportionaler Dreisatz

Wofür brauchen das ...?

- Landwirte: Bei der Weizenernte werden vier Tage lang drei Mähdrescher eingesetzt. Wie lange würden acht Mähdrescher brauchen?
- Tierwirte: Ein Futtervorrat reicht für fünf Pferde 60 Tage. Wie viele Tage reicht dieser Vorrat für acht Pferde?

Antiproportionalität

Bei der Antiproportionalität gilt der gleiche Grundgedanke wie bei der Proportionalität, nämlich dass die eine Größe im Verhältnis zur anderen steht. Bei der antiproportionalen Zuordnung geschieht die Veränderung jedoch genau entgegengesetzt. Man spricht von den Gesetzmäßigkeiten »**je mehr, desto weniger**« beziehungsweise »**je weniger, desto mehr**«.

Dies ist vor allem bei zu verrichtender Arbeit schön: Soll beispielsweise eine bestimmte Arbeit im Betrieb erledigt werden, für die ein Arbeiter acht Stunden benötigt, kann diese Arbeit von vier Arbeitern mit gleichem Arbeitstempo in einem Viertel der Zeit erledigt werden, also in zwei Stunden.

Auch bei den antiproportionalen Zuordnungen ist es wichtig, dass sich beiden Größen immer gleichmäßig verändern.

Merke:

Bei Antiproportionalität handelt es sich um die Zuordnungen »**je mehr, desto weniger**« beziehungsweise »**je weniger, desto mehr**«, wobei sich beide Größen immer gleichmäßig verändern.

Von der Antiproportionalität zum ungeraden (antiproportionalen) Dreisatz

Der antiproportionale oder ungerade Dreisatz ist prinzipiell genauso aufgebaut wie der gerade Dreisatz, nur müssen die Rechnungen auf den beiden Seiten umgedreht werden. Das wird aus folgendem Beispiel ersichtlich:

Der Auszubildende Tim spart für ein gebrauchtes Auto. Wenn er monatlich 200 € zurücklegt, braucht er 15 Monate. Wie viel Euro muss er monatlich zurücklegen, wenn er nach zwölf Monaten fertig sein möchte?

In diesem Fall liegt eine antiproportionale Zuordnung vor, da mehr Geld zurückgelegt werden muss, wenn weniger Zeit zum Sparen zur Verfügung steht (Abb. 1-23). Tim notiert sich hier folgenden Ansatz (Tab 1-10).

Den zu sparenden Betrag schreibt Tim auf die rechte Seite einer Kurztabelle, da dies die gesuchte Größe ist. Durch eine Zwischenzeile wird der Ansatz wieder in einen klassischen Dreisatz verwandelt, wie in Tabelle 1-11 dargestellt.

Tab. 1-10: Schreibweise in einer Kurztabelle

Monate	Betrag (€)
15	200
12	?

Tab. 1-11: Kurztabelle zur Berechnung eines ungeraden Dreisatzes

Monate	Betrag (€)
15	200
1	?
12	?

Abb. 1-23: Wer mehr spart, kann sich seine Wünsche schneller erfüllen

Tab. 1-12: Schritt 1 bei der Berechnung eines ungeraden Dreisatzes

	Monate	€	
	15	200	
:15	1	$200 \cdot 15 = 3000$	·15
	12	?	

Tab. 1-13: Schritt 2 bei der Berechnung eines ungeraden Dreisatzes

	Monate	€	
	15	200	
	1	3000	
·12	12	$\frac{3000}{12} = 250$	:12

Merke:

Beim Rechnen mit dem ungeraden bzw. antiproportionalen Dreisatz müssen rechts und links immer die umgekehrten Rechenoperationen durchgeführt werden.

Vorgehensweise:

- Ansatz notieren (dabei auf die Seite achten: rechts steht die gesuchte Größe!),
- Zwischenschritt einfügen und normieren, z. B. auf 1,
- gesuchte Größe berechnen (umgekehrte Rechenoperationen durchführen!).

Um den Betrag auszurechnen, der gespart werden müsste, wenn nur ein Monat zur Verfügung stünde, teilt Tim die 15 Monate durch 15. Da es sich nun jedoch um eine antiproportionale Zuordnung handelt, muss der Geldbetrag auf der anderen Seite der Tabelle mit 15 malgenommen (multipliziert) werden (Tab. 1-12).

Um nun zu erfahren, wie viel Geld Tim monatlich zurücklegen muss, wenn er zwölf Monate Zeit zum Sparen hat, muss er die linke Spalte mit 12 multiplizieren. Den umgekehrten Rechenvorgang führt der Auszubildende auf der rechten Seite durch; hier teilt er durch 12 (Tab. 1-13). Hat der Auszubildende Tim nur zwölf Monate Zeit zum Sparen, muss er monatlich 250 € von seiner Ausbildungsvergütung zurücklegen.

1.6 Prozentrechnen

Wofür brauchen das ...?

- **Landwirte:** Ein Betrieb mit 380 Kühen möchte seinen Kuhbestand um 12 % aufstocken. Wie viele Kühe muss der Landwirt zukaufen?
- **Tierwirte:** In einem Betrieb werden täglich 3 456 Ferkel geboren. Davon werden 87 % abgesetzt. Wie viele Ferkel werden abgesetzt?
- **Floristen:** Der Preis für Grünpflanzendünger soll aufgrund von Lieferengpässen um 8 % ansteigen. Wie viel müsste der Dünger dann kosten?

Vom Prinzip des Dreisatzes lässt sich ganz leicht in die Prozentrechnung wechseln, wenn einem die Begriffe der Prozentrechnung geläufig sind: Grundwert, Prozentwert und Prozentsatz. Diese Begriffe werden an folgendem Beispiel deutlich:

In einer Schule sind 75 Schüler in der Abschlussklasse. 60 von ihnen haben bereits eine Zusage für einen Ausbildungsplatz bekommen. Dies entspricht der Aussage, dass 80 % der Schulabsolventen bereits einen Ausbildungsplatz haben.

Die Grundgesamtheit aller Schüler, auf die sich diese Prozentangabe bezieht, sind hier 75 Personen. Diese Angabe nennt man **Grundwert *G***. Alle 75 Schüler zusammen bilden 100 % des Abschlussjahrgangs.

Der Anteil des Jahrgangs, der in diesem Beispiel einen Ausbildungsplatz hat, definiert sich durch 60 von 75 Personen. Dies kann in einem Bruch als $\frac{60}{75}$ dargestellt werden. Als Prozentangabe wäre 80 % aller Absolventen richtig. Diese Angabe nennt man **Prozentsatz *p***.

60 Personen dieses Abschlussjahrgangs haben bereits einen Ausbildungsplatz. Dies ist ein Teil der Grundgesamtheit. Diese Angabe nennt man **Prozentwert *W***. Die Höhe des Prozentwerts richtet sich nach dem angegebenen Prozentsatz. Ist der Prozentsatz wie in diesem Beispiel 80 %, ist der Prozentwert 80 % von 100 % Grundgesamtheit.

Übersichtlich ist dieses Beispiel in Abbildung 1-24 dargestellt. Ist einer dieser drei Werte nicht gegeben oder in einer mathematischen Aufgabenstellung gesucht, gibt es verschiedene Möglichkeiten, diesen zu berechnen.

Merke:

Der **Grundwert *G*** ist die Grundgesamtheit, auf die sich die Angabe bezieht. Diese Grundgesamtheit erhält den Prozentsatz 100 %.

Der **Prozentwert *W*** ist ein Teil des Grundwerts. Er hat immer die gleiche Einheit wie der Grundwert.

Der **Prozentsatz *p*** ist der relative Anteil in Prozent, den der Prozentwert am Grundwert hat.

1.6.1 Grundwertberechnung

Um das in Abbildung 1-24 gezeigte Beispiel fiktiv durchzurechnen, stellt der Auszubildende Leon sich vor, dass in der Aufgabe der Grundwert nicht gegeben ist. Dann würde eine potenzielle Aufgabenstellung lauten:

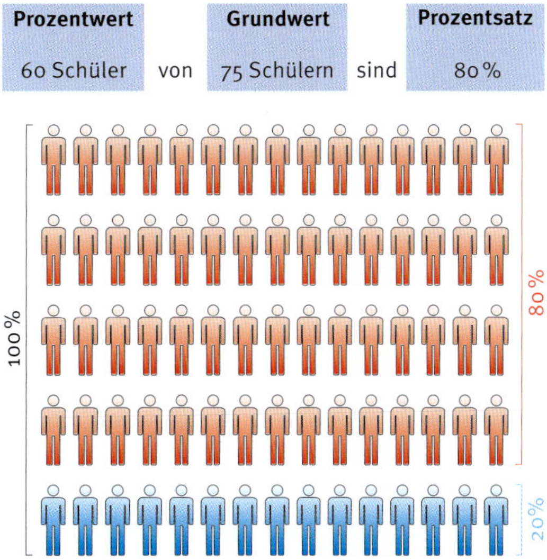

Abb. 1-24: Bedeutung von Prozentwert, Grundwert und Prozentsatz

Tab. 1-14: Darstellung der Aufgabe als Kurztabelle

Anteil (%)	Anzahl Schüler
80	60
1	?
100	?

S. 37 Tab. 1-15: Berechnung des Grundwerts als Dreisatz (links) und Darstellung mit Formelzeichen (rechts)

Berechnung des Grundwerts als Dreisatz		Darstellung als Formelzeichen	
Anteil (%)	Anzahl Schüler	Anteil (%)	Anzahl Schüler
80	60	p	W
1	$\frac{60}{80}=0{,}75$	1	$\frac{W}{p}$
100	$0{,}75 \cdot 100=75$	100	$G=\frac{W \cdot 100}{p}$

»60 Schüler haben bereits einen Ausbildungsplatz. Dies sind 80 % des gesamten Abschlussjahrgangs. Wie viele Personen waren in dem Jahrgang?«

Leon stellt nun zur Lösung einen geraden Dreisatz auf (Tab. 1-14). Durch normieren auf 1 und Berechnen der gesuchten Größe erhält er schließlich den gesuchten Grundwert (Tab. 1-15).

Wie Leon im rechten Teil von Tabelle 1-15 erkennen kann, kann die Grundwertberechnung direkt mit einer Formel durchgeführt werden, die sich aus der Dreisatzrechnung ergibt:

$$G=\frac{W \cdot 100}{p}$$

1.6.2 Prozentwertberechnung

Wäre in dem in Abbildung 1-24 genannten Beispiel der Prozentwert nicht gegeben, müsste Leon aus dem gegebenen Grundwert und dem Prozentsatz den Prozentwert errechnen. Die Fragestellung lautete dann:

»75 Schüler haben ihre Schulausbildung abgeschlossen. 80 % davon haben bereits einen Ausbildungsplatz. Wie viele Personen sind das?«

Der von Leon zur Lösung dieser Aufgabe aufgestellte Dreisatz ist in Tabelle 1-16 notiert, auf 1

Tab. 1-16: Berechnung des Prozentwerts als Dreisatz (links) und Darstellung mit Formelzeichen (rechts)

Berechnung des Prozentwerts als Dreisatz		Darstellung als Formelzeichen	
Anteil (%)	Anzahl Schüler	Anteil (%)	Anzahl Schüler
100	75	100	G
1	$\frac{75}{100}=0{,}75$	1	$\frac{G}{100}$
80	$0{,}75 \cdot 80=60$	W	$W=\frac{G \cdot p}{100}$

normiert und bereits berechnet. Aus dem rechten Teil der Tabelle ergibt sich folgende Formel zur Ermittlung des Prozentwerts *W*:

$$W=\frac{G \cdot p}{100}$$

1.6.3 Prozentsatzberechnung

»75 Schüler haben ihre Schulausbildung abgeschlossen. 60 davon haben bereits einen Ausbildungsplatz. Wie viel Prozent der Absolventen sind das?«

In dieser Aufgabenstellung, die sich aus der Grundaufgabe in Abbildung 1-24 ergibt, ist der Prozentsatz gesucht. In Tabelle 1-17 stellt Leon übersichtlich dar, wie sich die Formel zur Berechnung aus der Dreisatzaufstellung ergibt.

Die Formel zur Ermittlung des Prozentsatzes *p* lautet also folgendermaßen:

$$p=\frac{W \cdot 100}{G}$$

Tab. 1-17: Berechnung des Prozentsatzes als Dreisatz (links) und Darstellung mit Formelzeichen (rechts)

Berechnung des Prozentsatzes als Dreisatz		Darstellung als Formelzeichen	
Anzahl Schüler	Anteil (%)	Anzahl Schüler	Anteil (%)
75	100	75	100
1	$\frac{100}{75}=1{,}\overline{33}$	1	$\frac{100}{G}$
60	$1{,}\overline{33} \cdot 60=80$	W	$p=\frac{W \cdot 100}{G}$

Merke:

Die Formeln der Prozentrechnung lauten:

Grundwert $G = \frac{W \cdot 100}{p}$

Prozentwert $W = \frac{G \cdot p}{100}$

Prozentsatz $p = \frac{W \cdot 100}{G}$

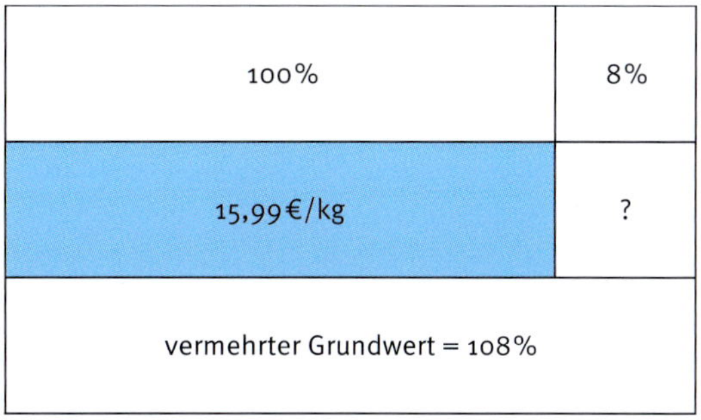

Abb. 1-25: Streifendiagramm zum vermehrten Grundwert

1.6.4 Vermehrter Grundwert

Die Auszubildende Amelie liest in einer Fachzeitschrift für Floristen einen Artikel darüber, dass der Preis für Grünpflanzendünger aufgrund von Lieferengpässen um 8 % erhöht werden muss. Der Preis von 15,99 €/kg steigt also um 8 %. Mithilfe eines Streifendiagramms lässt sich dieser Zusammenhang anschaulich darstellen (Abb. 1-25).

Der ursprüngliche Grundwert von 15,99 €/kg stellt auf dem Streifendiagramm 100 % dar. Durch die Erhöhung des Preises um 8 % wird der Streifen um acht Prozentpunkte verlängert. Es ergibt sich somit ein vermehrter Grundwert von 108 %.

Mit der Formel zur Berechnung des Prozentwerts kann Amelie schnell berechnen, dass der neue Preis nun 17,27 €/kg beträgt:

$$W = \frac{15{,}99\,€/\text{kg} \cdot 108\,\%}{100\,\%} = 17{,}27\,€/\text{kg}$$

Abbildung 1-26 stellt den Zusammenhang grafisch dar.

Amelie überlegt, dass es in der betrieblichen Praxis häufiger vorkommt, dass man vom vermehrten auf den ursprünglichen Grundwert schließen muss. Nach einer Mietpreiserhöhung von 2,5 % muss ihr Chef für die Ladenräume ihres Ausbildungsbetriebs monatlich 440,75 € Miete zahlen. Beim Einsetzen in die Formel muss Amelie nun als Prozentsatz 102,5 % einsetzen, da es sich ja um einen vermehrten Grundwert von 102,5 % handelt:

$$G = \frac{440{,}75\,€ \cdot 100\,\%}{102{,}5\,\%} = 430\,€$$

Ursprünglich betrug die Ladenmiete also 430 €.

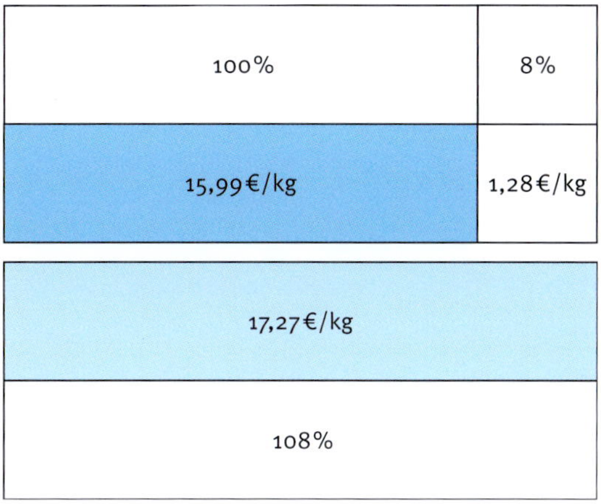

Abb. 1-26: Streifendiagramm zur Berechnung des vermehrten Grundwerts

1.6.5 Verminderter Grundwert

Niklas hat von seinem Mitauszubildenden gehört, dass ein Forstausstatter eine Motorsäge für 699 € wegen Geschäftsaufgabe 32 % billiger verkauft. Er möchte es seinem Chef erzählen und rechnet zuvor noch den nun zu zahlenden Betrag aus.

Die prozentuale Preissenkung bedeutet, dass der Preis nicht mehr 100 % ist, sondern nur noch 100 % minus 32 %, also 68 % des alten Preises beträgt. Der ursprüngliche Grundwert von 699 € stellt auf dem Streifendiagramm 100 % dar (Abb. 1-27).

Durch die Reduzierung des Preises um 32 % wird der Streifen um 32 Prozentpunkte verkürzt. Es ergibt sich somit ein verminderter Grundwert von 68 %.

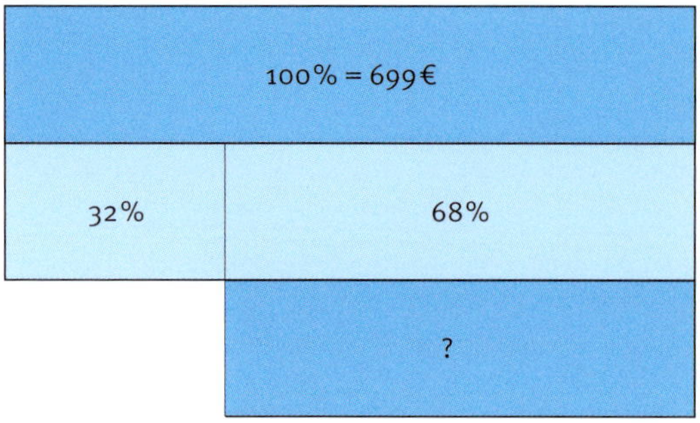

Abb. 1-27: Streifendiagramm zum verminderten Grundwert

Mit der Formel zur Prozentwertberechnung kann Niklas schnell ermitteln, dass die Motorsäge nun nur noch 475,32 € kostet:

$$W = \frac{699\,€ \cdot 68\,\%}{100} = 475{,}32\,€$$

Merke:

Der **vermehrte Grundwert** ist der neue Grundwert nach einem **Prozentaufschlag**. Er ist somit immer größer als 100.

Der **verminderte Grundwert** ist der neue Grundwert nach einem **Prozentabzug**. Er ist also immer kleiner als 100.

1.7 Tabellen und Diagramme

Wofür brauchen das ...?

- **Landwirte:** Ein Tortendiagramm gibt die landwirtschaftlich genutzte Fläche prozentual zur Gesamtfläche eines Betriebs wieder.
- **Gärtner:** Die Anbauflächen (in Hektar) von Gemüse unter hohen begehbaren Schutzabdeckungen einschließlich Gewächshäusern im Jahr 2013 werden in einem Balkendiagramm zusammengefasst.
- **Fachkräfte Agrarservice:** In der Maisernte arbeiten drei Maishäcksler unterschiedlicher Fabrikate. Ein Säulendiagramm gibt die Flächenleistungen in ha/h der einzelnen Maschinen wieder. Mit dieser Auswertung kann die Arbeitseffizienz festgestellt werden und eventuelle Fehler werden aufgedeckt.

1.7.1 Tabellen

Thomas hat die Monatsdurchschnittstemperaturen seiner Stadt des letzten Jahres im Internet recherchiert: Das Jahr begann im Januar mit einer durchschnittlichen Temperatur 1,1 °C. Der Februar war noch kälter mit im Mittel 0,1 °C und im März war es schon durchschnittlich 0,7 °C warm. Im April lag die Temperatur bei 8 °C, im Mai schon bei 12,3 °C und im Juni war es durchschnittlich bereits 15,4 °C warm.

Diese Aufzählung von Temperaturen ist leicht verwirrend und wenig übersichtlich. Thomas stellt den gleichen Sachverhalt in einer Tabelle dar (Tab. 1-18). So kann ein Außenstehender zumindest bei diesen noch kleinen Datenmengen relativ schnell einen Überblick über den Temperaturverlauf erlangen.

Jede Tabelle hat eine Tabellenüberschrift, die möglichst genau und dabei kurz wiedergibt, welche Daten in der Tabelle zu finden sind. Auch die verwendete Einheit wird hier erwähnt und gegebenenfalls die Quelle, aus der die Daten stammen.

1.7.2 Diagramme

Mithilfe von Diagrammen lassen sich Datenverläufe jeglicher Art ebenso übersichtlich darstellen wie mit Tabellen. Außerdem können Verhältnismäßigkeiten wiedergegeben werden.

Genau wie Tabellen brauchen auch Diagramme eine Erläuterung. Sie heißt Abbildungsunterschrift, weil sie in einem Text direkt unterhalb der grafischen Darstellung steht. Auch hier werden wenn möglich Einheiten und wenn nötig die Quelle genannt.

Merke:

Tabellen haben Tabellen**über**schriften.
Abbildungen haben Abbildungs**unter**schriften.

Achsendiagramme

Achsendiagramme zeigen Zusammenhänge zwischen zwei Größen auf. Auf der waagerechten x-Achse werden Werte oder Sachverhalte aufgetragen. Ihnen werden auf der y-Achse die davon abhängigen Werte zugeordnet. Tabelle 1-19 zeigt eine Auswahl.

Kreisdiagramme

Manuela möchte die angebauten Kulturen auf den Ackerflächen ihres Ausbildungsbetriebs prozentual ermitteln und später in einem Dia-

Tab. 1-18: Monatliche Durchschnittstemperatur in °C

Monat	Januar	Februar	März	April	Mai	Juni	Juli	August	September	Oktober	November	Dezember
Monatliche Durchschnittstemperatur (°C)	1,1	0,1	0,7	8,0	12,3	15,4	19,1	18,3	13,8	11,6	6,0	5,1

Tab. 1-19: Beispiele für Achsendiagramme; dargestellt sind jeweils die monatlichen Durchschnittstemperaturen aus Tab. 1-18 in °C

<table>
<tr><th>Diagrammtyp</th><th>Beispiel</th><th>Erläuterung/Anwendung</th></tr>
<tr><td>Punktdiagramm</td><td>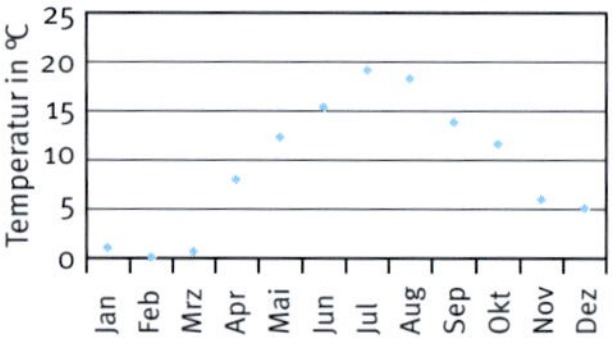
</td><td>Die Wertepaare werden als Punkte in einem Koordinatenkreuz eingetragen.</td></tr>
<tr><td>Liniendiagramm</td><td>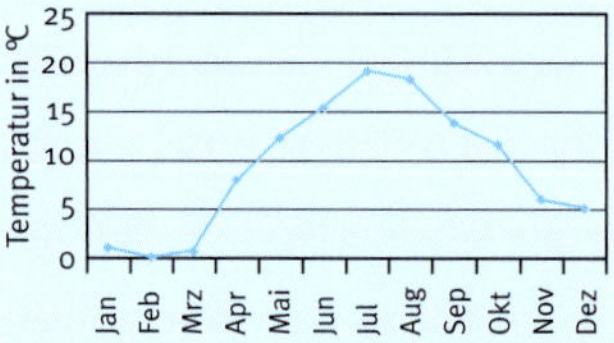
</td><td>Die Punkte aus einem Punktdiagramm werden mit Linien verbunden.</td></tr>
<tr><td>Flächendiagramm</td><td>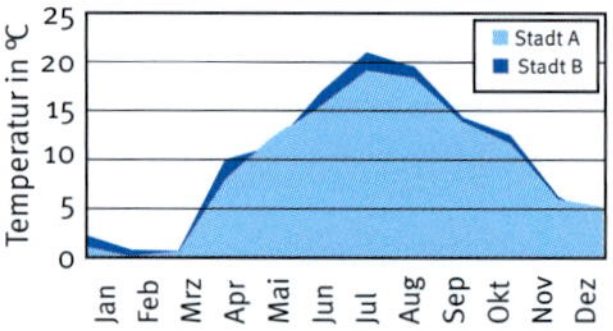
</td><td>Die Fläche zwischen der x-Achse und der eingetragenen Linie kann farblich dargestellt werden. So können Unterschiede zwischen verschiedenen Linien deutlicher hervorgehoben werden.</td></tr>
<tr><td>Säulendiagramm</td><td>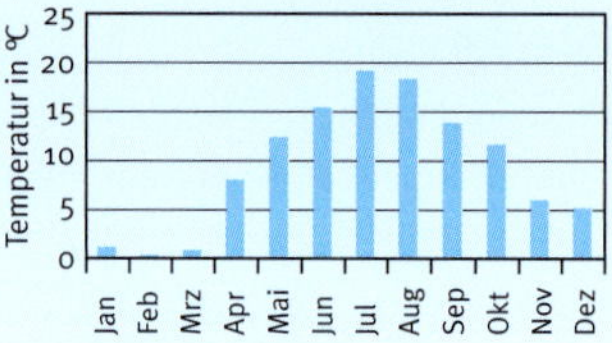
</td><td>Der Abstand zwischen x-Achse und Datenpunkt wird mit einer säulenartigen Fläche verbunden, was ein Ablesen von verschiedenen Datenreihen erleichtert.</td></tr>
<tr><td>Balkendiagramm</td><td>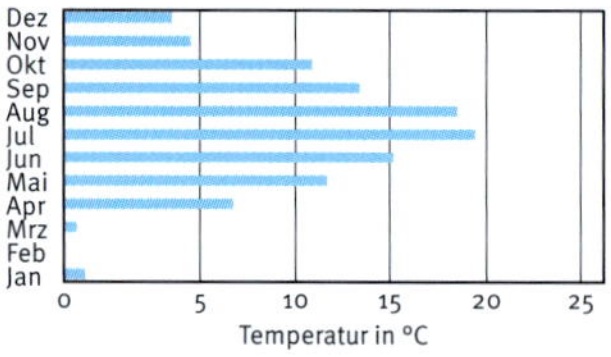
</td><td>Ähnlich wie das Säulendiagramm: Die waagerechten Balken verlaufen von der y-Achse auf den Datenpunkt.</td></tr>
</table>

gramm anschaulich darstellen. Mithilfe der Prozentsatzberechnung hat sie die Prozentsätze ermittelt und notiert sie in einer Tabelle (Tab. 1-20).

Zur Veranschaulichung von prozentualen Angaben eignen sich so genannte Kreisdiagramme am besten. Die Gesamtmenge des kompletten Kreises steht hier für den Grundwert von 100 % und die jeweiligen Daten werden als Teil dieser Gesamtmenge eingezeichnet. Mithilfe dieser Darstellungsform kann man auf einem Blick erkennen,

Tab. 1-20: Anteile in der angebauten Kulturen auf in den landwirtschaftlich genutzte Flächen für die Wirtschaftsjahre (WJ) 2014/15 und 2013/14

	Weizen	Mais	Raps	Ackergras
WJ 2014/15	22	36	27	15
Anteil WJ 2013/14	31	25	30	14

Tab. 1-21: Anteile der angebauten Kulturen auf den landwirtschaftlich genutzten Flächen in Tabelle 1-20

Diagrammtyp	Beispiel	Erläuterung/Anwendung
Kreisdiagramm	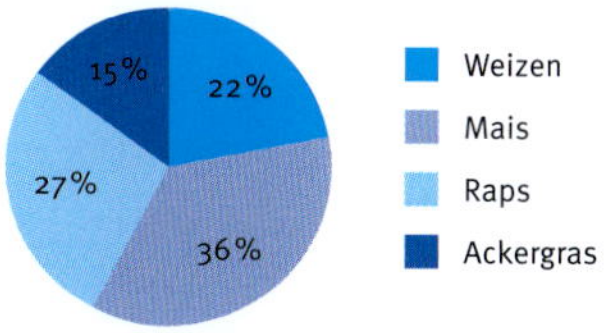	Tipp: Bei der manuellen Anfertigung eines Kreisdiagramms entspricht 1 % jeweils 3,6 °. Der Winkel von z. B. 57,6° für 16 % lässt sich dann bequem mit einem Geodreieck auftragen.
Ringdiagramm	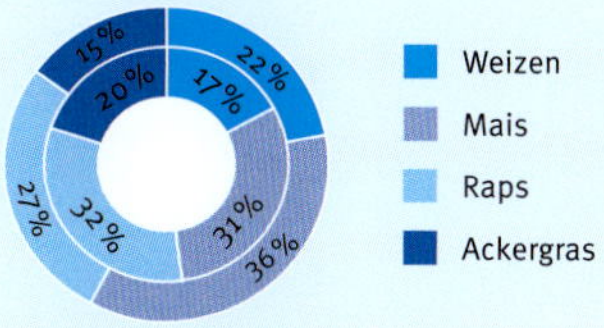	Das Ringdiagramm bietet die Möglichkeit, mehrere Datenreihen ineinander darzustellen. Hier wird die Anbaufläche aus dem Wirtschaftsjahr 2014/15 (äußerer Ring) mit der des Vorjahrs (innerer Ring) verglichen.
Tortendiagramm	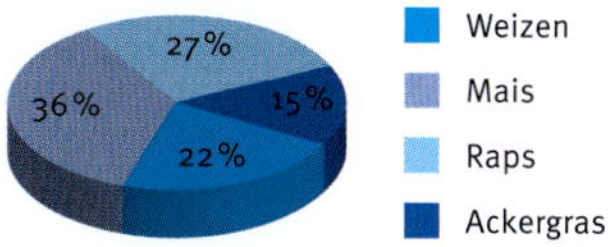	Das Kreisdiagramm ist hier dreidimensional in Form eines flachen Zylinders dargestellt.

$$MW = \frac{1{,}1 + 0{,}1 + 0{,}7 + 8{,}0 + 12{,}3 + 15{,}4 + 19{,}1 + 18{,}3 + 13{,}8 + 11{,}6 + 6{,}0 + 5{,}1}{12} = 9{,}29\,°C$$

Abb. 1-28: Bildung des Mittelwerts (MW) aus den monatlichen Durchschnittstemperaturen in °C

welcher Teil der größte ist. Drei Beispiele dafür zeigt Tabelle 1-21.

1.7.3 Statistische Kennwerte

Um die Ansammlung von Daten in Diagrammen schneller und besser verstehen zu können, ist es hilfreich, Kennwerte zu ermitteln und anzugeben. Der kleinste Wert der Datensammlung heißt Minimum. Im Fall der monatlichen Durchschnittstemperaturen läge das **Minimum** im Monat Februar mit 0,1 °C (Tab. 1-18). Der größte Wert, das **Maximum**, findet sich in unserem Beispiel im Monat Juli mit einer Temperatur von 19,1 °C.

Möchte Thomas angeben, wie hoch die Jahresdurchschnittstemperatur ist, muss er den so genannten Mittelwert (MW) bilden. Hierzu bildet er die Summe aller Werte und dividiert sie durch die Anzahl der Werte (Abb. 1-28). Die Jahresmitteltemperatur lag dannach bei 9,29 °C.

1.8 Mischungskreuz

Wofür brauchen das …?

- **Tierpfleger:** Zur Befüllung eines neuen Aquariumbeckens wird Wasser mit einer Temperatur von 26 °C benötigt. Es soll aus Kalt- und Warmwasser gemischt werden. Wie viel Warmwasser muss zugefügt werden?
- **Landwirte:** Ein Mischfutter aus Gerstenschrot und Eiweißkonzentrat soll insgesamt 18 % nutzbares Rohprotein enthalten. Wie viel Eiweißkonzentrat muss der Gerste zugemischt werden?

Für Chemiker ist das Berechnen von Verdünnungen über das Mischungskreuz tägliche Praxis. Nicht nur in der Chemie ergeben sich Fragestellungen, die das Anwenden von Mischungsrechnungen erforderlich machen, um durch diese vereinfachte Form des Rechenwegs die Lösung der Aufgaben zu erleichtern.

Grundsätzlich dient das Mischungskreuz der Berechnung von Konzentrationen und Mengenverhältnissen in Flüssigkeiten oder festen Stoffen. Möchte man zwei Lösungen unterschiedlicher Konzentration so mischen, dass man eine bestimmte dritte Konzentration erhält, kann dies auf anschaulichem Wege berechnet werden.

Ein nicht chemisches Beispiel ist das Mischungsrechnen von verschiedenen Wassertemperaturen: Die Auszubildende Petra soll 120 kg Mischwasser mit einer Temperatur von 26 °C herstellen. Die Kaltwassertemperatur beträgt 10 °C, die Warmwassertemperatur 50 °C.

Um zu berechnen, in welchem Verhältnis Petra das Kalt- und Warmwasser mischen muss, trägt sie auf der linken Seite des Mischungskreuzes die bekannten Temperaturen ein. Im Kreuzungspunkt notiert sie die gewünschte Temperatur der Mischung (Abb. 1-29).

Nun bildet Petra die Differenz aus der bekannten Temperatur links oben und der gewünschten Zieltemperatur in der Mitte und notiert den Betrag des Ergebnisses rechts unten (Abb. 1-30):

$$50 - 26 = 24$$

Dann berechnet sie die Differenz aus der bekannten Temperatur links unten und der gewünschten Zieltemperatur in der Mitte und schreibt den Betrag des Ergebnisses rechts oben hin.

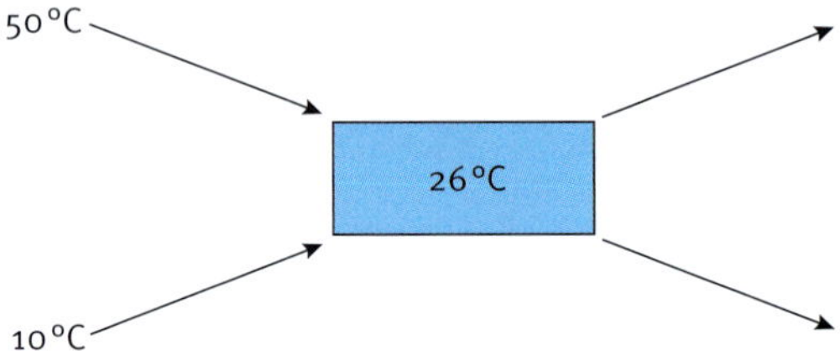

Abb. 1-29: Bildung eines Mischungskreuzes

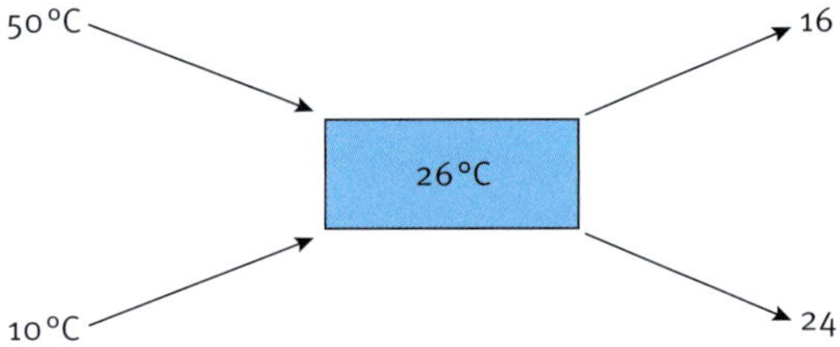

Abb. 1-30: Mischungskreuz mit Mischungsanteilen

$$26 - 10 = 16$$

Petra muss darauf achten, dass die Mengenverhältnisse immer positiv sind. Deswegen sollte sie immer die größere von der kleineren Zahl abziehen.

Nun hat die Auszubildende ein Mischungsverhältnis gefunden: 16 Teile des Warmwassers zusammen mit 24 Teilen des Kaltwassers ergeben 26 °C warmes Mischwasser. Da Petra aber 120 kg warmes Mischwasser herstellen will, muss sie nun noch berechnen, wie viel Kilogramm die 16 bzw. 24 Teile sind.

16 und 24 Teile sind zusammen 40 Teile. Die 120 kg müssen sich also aus 40 Teilen Wasser zusammensetzen. Ein Teil Wasser entspricht somit $\frac{120}{40}$; das sind 3 kg.

Es werden also benötigt: 24 · 3 kg Kaltwasser, also 72 kg, und 16 · 3 kg Warmwasser, also 48 kg.

Übungsaufgaben

1. Wandeln Sie die gegebenen unechten Brüche in gemischte Zahlen um:

   a) $\frac{17}{3}$ b) $\frac{26}{7}$ c) $\frac{11}{4}$ d) $\frac{114}{12}$ e) $\frac{93}{9}$

2. Wandeln Sie die gegebenen gemischten Zahlen in unechte Brüche um:

   a) $3\frac{1}{4}$ b) $17\frac{4}{5}$ c) $6\frac{1}{7}$ d) $11\frac{5}{9}$ e) $7\frac{2}{3}$

3. Addieren und subtrahieren Sie die gegebenen Brüche. Kürzen Sie das Ergebnis, wenn es möglich ist.

   a) $\frac{7}{10}+\frac{3}{8}$ b) $\frac{5}{12}+10\frac{1}{4}$ c) $\frac{7}{8}-\frac{5}{6}$ d) $12\frac{2}{3}-7\frac{5}{6}$

4. Multiplizieren und dividieren Sie die gegebenen Brüche. Kürzen Sie das Ergebnis, wenn es möglich ist.

   a) $\frac{3}{19}\cdot\frac{7}{9}$ b) $3\frac{9}{11}\cdot 1\frac{9}{35}$ c) $\frac{4}{5}:\frac{2}{3}$ d) $4\frac{4}{7}:3\frac{1}{5}$

5. Wandeln Sie die gegebenen Brüche in Dezimalzahlen um und runden Sie ggf. auf zwei Nachkommastellen.

   a) $\frac{4}{16}$ b) $\frac{26}{15}$ c) $2\frac{4}{5}$ d) $4\frac{7}{8}$

6. Wandeln Sie die gegebenen Dezimalzahlen in Brüche um und kürzen Sie das Ergebnis, wenn möglich.

   a) 0,3 b) 0,86 c) 2,44 d) 3,95

7. Der Landwirt Meyer bewirtschaftet 12 ha Fläche. Er möchte $\frac{3}{7}$ ha davon abtrennen und zur Weidefläche für seine Kühe machen. Wie viele Hektar bewirtschaftet er dann noch als Ackerland?

8. Berechnen Sie die folgenden Aufgaben:

   a) $8\cdot 2+8$ b) $2+9\cdot 10:5$ c) $(8+4):2$ d) $(3+7):(1+1)$

9. Lösen Sie die folgenden Aufgaben mithilfe Ihres Taschenrechners:

   a) $\frac{4\cdot 3}{16+4}$ b) $\frac{12-4}{15\cdot 6}$ c) $4+3\cdot 2$ d) $6\cdot(7-3)$

10. Stellen Sie die gegebenen Gleichungen jeweils so um, dass Sie die gesuchte Größe berechnen können.

    a) $a=b+c$ gesucht: b b) $a=b\cdot c$ gesucht: c c) $y=a+b\cdot c$ gesucht: b

11. Die Erde hat eine Masse von ca. $597\cdot 10^{22}$ kg. Schreiben Sie diese Zahl mit angehängten Nullen aus.
12. Die Masse eines Kohlenstoffatoms beträgt ca. $166\cdot 10^{-29}$ kg. Schreiben Sie diese Zahl mit vorangestellten Nullen aus.
13. Der Eiffelturm in Paris hat eine Masse von ca. 7 300 000 kg. Geben Sie diese Masse in Potenzschreibweise an.
14. Ein Eisenatom hat einen Durchmesser von ca. 0,000 000 000 2 m. Geben Sie diesen Durchmesser in Potenzschreibweise an!
15. Berechnen Sie die folgenden Potenzen:

    a) 2^5 b) 8^3 c) $6^2\cdot 6^4$ d) $\frac{3^8}{3^5}$

16. Berechnen Sie die folgenden Wurzeln:

    a) $\sqrt{36}$ b) $\sqrt[2]{8}$ c) $\sqrt{25\cdot 49}$ d) $\sqrt{\frac{64}{16}}$

17. Lohnunternehmer Meyer erhält den Auftrag, über den Weiher eines Kunden einen Steg zu bauen. Der Steg muss von Ufer zu Ufer 8,40 m lang sein und soll von drei im Wasser stehenden Pfählen gestützt werden. Die Abstände der Pfähle zu den Ufern sollen genauso groß sein wie die Abstände zwischen den Pfählen. Berechnen Sie die zu wählenden Abstände.

18. Gärtner Schmitz plant, ein Blumenbeet mit Randsteinen einzufassen. Das rechteckige Beet ist 6,80 m breit und 4,40 m tief. Die Randsteine haben eine Länge von 15 cm. Wie viele Randsteine braucht er?
19. Die Pferdewirtin Katrin soll einen Reitplatz mit Spänen einstreuen. Der rechteckige Platz ist 40 m lang und 21 m breit. Wie groß ist die Fläche?
20. Silja will einen trapezförmigen Weizenschlag ansäen und überlegt, wie groß die Fläche ist. An der vorderen Begrenzung misst sie 40 m, an der hinteren Begrenzung 34 m. Der Abstand von der vorderen zur hinteren Begrenzung beträgt 12 m. Ermitteln Sie die Fläche, für die sie Saatgut braucht.
21. Friedhofsgärtner Müller soll eine dreieckige Fläche pflastern, die zwischen zwei Gräbern liegt und durch einen abknickenden Weg entstanden ist. Die vordere Kante ist 2 m lang. Von dort bis in die Spitze misst Müller 2 m. Er plant, die Fläche mit kleinen quadratischen Pflastersteinen zu versiegeln, die die Kantenlänge 4 cm haben. Wie viele Pflastersteine braucht er?
22. Steffen soll Rundballen mit einem Durchmesser von 1,60 m pressen und jeden Ballen mit drei Lagen Netz umwickeln. Auf der Netzrolle befinden sich noch 2 000 m. Wie viele Ballen kann Steffen damit noch wickeln?
23. Steffens Kollege Heinz presst zeitgleich Quaderballen und wickelt sie in Folie. Die Ballen haben eine Länge von 2,20 m, eine Breite von 1,20 m und eine Höhe von 1 m. Sie werden mit drei Lagen Folie umwickelt. Bestimmen Sie, wie viel Quadratmeter Folie pro Ballen benötigt werden (ohne Überlappungen).
24. Landwirt Beyer plant den Kauf eines gebrauchten GFK-Hochsilos für Silomais. Es hat einen Durchmesser von 3,3 m und eine Höhe von 11 m. Damit es sich besser in seinen Hof einfügt, plant er, es von zwei Hilfskräften anstreichen zu lassen. Bestimmen Sie das gewonnene Silovolumen und die anzustreichende Oberfläche.
25. Ein Landschaftsgärtner plant in einer Parkanlage eine Gartenlaube mit pyramidenförmigem Dach, das bepflanzt werden soll. Die Kantenlänge des Dachs beträgt 5 m, die Höhe von der Dachkante bis zur Spitze liegt bei 75 cm. Wie groß ist die zu bepflanzende Fläche?
26. Die Stadtverwaltung möchte den Rathausplatz durch eine kegelförmige Erhebung verschönern, die gepflastert werden soll. Der Kegeldurchmesser soll 24 m betragen, die Höhe 1,50 m. Berechnen Sie das Erdvolumen, das dazu angefahren werden muss.
27. Anlässlich eines Hoffests zum 100-jährigen Betriebsjubiläum möchte Lohnunternehmer Carstens seine Zufahrt mit 100 mit Helium gefüllten Ballons schmücken, die jeweils einen Durchmesser von 50 cm haben sollen. Um abschätzen zu können, wie viel Gas er besorgen muss, möchte er das Gesamtvolumen wissen. Bestimmen Sie es.
28. Ein Futtervorrat reicht bei 85 Kühen 18 Tage. Wie viele Tage reicht er bei 95 Kühen?
29. Ein Florist hat zehn Rosensträuße mit jeweils neun Rosen gebunden. Wie viele Sträuße entstehen, wenn aus der gleichen Anzahl Blumen Sträuße mit 15 Rosen gebunden werden?
30. Zum Fliesen einer Terrasse sind 88 Platten von der Größe 0,16 m² nötig. Wie viele Platten der Größe 0,20 m² bräuchte der Garten- und Landschaftsbauer mindestens?
31. Im Tierheim reicht eine Packung mit Entwurmungstabletten zwölf Tage, wenn täglich sechs Entwurmungstabletten benötigt werden. Wie viele Tage reicht die Packung, wenn pro Tag acht Tabletten entnommen werden?
32. Eine Charge Futtergerste hat 11,7 % Rohprotein, 2,8 % Rohfett, 4,9 % Rohfaser und 50,3 % Stärke. Wie viel Gramm der Inhaltsstoffe sind in 2,5 kg Futtergerste mit 87 % Trockenmasse enthalten?
33. Eine Flasche hat einen Inhalt von 0,5 l. Der Inhalt von 15 dieser Flaschen wird in 0,75-l-Flaschen umgefüllt. Wie viele 0,75-l-Flaschen werden voll?
34. Für die Fertigstellung eines Häckselauftrags benötigen vier Häcksler sechs Stunden. Wie viele Häcksler müssen eingesetzt werden, wenn der Auftrag in vier Stunden fertiggestellt werden muss.
35. Ein Winzer liefert 480 l Wein, die er zu gleichen Teilen an seine acht Stammkunden verkauft. Wie viel Liter bekommt jeder? Wie viel Liter bekommt jeder, wenn der Wein auf 20 oder 4 Kunden aufgeteilt wird?

36. Gegenüber der vorherigen Woche hat eine Floristin 82 € mehr auf dem Wochenmarkt eingenommen. Das ist eine Steigerung um 23 %. Wie hoch war der Umsatz auf dem letzten Wochenmarkt?
37. Eine Berufsschulklasse der Gärtner hat eine Woche lang den Niederschlag gemessen (Tab. 1-22).

Tab. 1-22: Täglich gemessene Niederschläge in mm

	Mo	Di	Mi	Do	Fr	Sa	So
Niederschlagsmenge in mm	3,8	4,2	0,2	0,5	5,2	0,1	3,5

a) Fertigen Sie ein Säulendiagramm an.
b) Berechnen Sie die prozentualen Niederschlagsmengen und stellen Sie diese in einem Kreisdiagramm dar.

38. Sie sollen aus zwei Weizenchargen eine Mischung mit einem Trockensubstanzgehalt von 87 % zusammenstellen. Sie benötigen davon 8 t. Zur Verfügung stehen: Charge 1 mit 88,1 % Trockensubstanzgehalt und Charge 2 mit 85,8 %.
a) Errechnen Sie das Mischungsverhältnis.
b) Wie viele Tonnen jeder Sorte sind bereitzustellen?

39. In München betrug die Temperatur am Montag 3 °C, in Köln 1 °C, in Berlin 1,5 °C und in Hannover 0,5 °C. Berechnen Sie den Durchschnittswert.

2 Physik

2.1 Grundlagen der Physik

2.1.1 Was ist Physik?

Fragt man Schüler in der Berufsausbildung, was sie mit Physik verbinden, dann ist Physik oft etwas, was man schon mal in der Schule gehabt hat, aber am liebsten gar nicht mehr hätte. Das ist eigentlich sehr schade, weil die Physik sich intensiv mit der Lebensumgebung des Menschen beschäftigt.

Die Eigenschaften und Gesetzmäßigkeiten der Natur werden genutzt, ohne darüber nachzudenken. Nach dem Schwimmen im Freibad legt man sich gern in die Sonne und lässt sich trocknen und wärmen. Warum aber wird man wärmer, wenn man trockener wird?

Solche und ähnliche Fragen haben dazu geführt, dass Menschen sich mit der wissenschaftlichen Erforschung von Naturerscheinungen beschäftigt haben. Grundlage der Physik ist die Beobachtung von Erscheinungen und Phänomenen in der Natur und der Versuch, deren Gesetzmäßigkeiten anhand von Modellen zu erklären. Wenn man Phänomene und Erscheinungen beobachtet und sich möglicherweise Modelle oder Gedankenkonstrukte bereitlegt, um diese zu erklären, dann steckt man mittendrin, in der Physik!

2.1.2 Belebte und unbelebte Materie

Nun könnte man den Eindruck bekommen, die Physik hätte keinen Einfluss auf die Menschen, weil S. 164 sie zur belebten Natur gehören, oder umgekehrt: Menschen gehorchen nicht den Naturgesetzen. Das stimmt natürlich nicht, denn auch Menschen unterliegen allen Naturgesetzen, aber bestimmte Begriffe bedeuten in der Physik etwas anderes, als man es im Alltag gewohnt ist. Zwei Beispiele sollen dies verdeutlichen:

Beispiel 1: die Kraft eines Krans und eines Menschen

Freitags nachmittags, wenn die Bauarbeiter ins Wochenende gehen, wird die Kreissäge an einem Kran hochgezogen und so gegen Diebstahl geschützt. Wenn die Bauarbeiter montags morgens wieder zur Baustelle kommen, hängt die Kreissäge immer noch am Kran, ohne dass dieser dafür Arbeit verrichten musste (Abb. 2-1).

Man stelle sich nun vor, man würde freitags nachmittags einen Mitarbeiter bitten, die Kreissäge in die Hand zu nehmen und stehend am ausgestreckten Arm bis Montagmorgen zu halten. Spätestens Freitagabend hätte er Hunger, wäre müde vom langen Stehen und der Arm täte ihm weh.

Die Frage ist also: Warum strengt einen Menschen das Halten der Kreissäge an, den Kran aber offensichtlich nicht? Die einfache Antwort wäre: Weil Menschen zur belebten Natur gehören, der Kran aber eben nicht! Ja, das stimmt, aber ganz so einfach ist es dann doch nicht. Solange der Kran nicht bewegt wird, verbraucht er keine Energie.

Menschen verbrauchen aber permanent Energie. Sie müssen ihre Körpertemperatur aufrechterhalten, ihre Verdauung muss weiterarbeiten, das Herz muss weiterschlagen und der Kreislauf muss in Gang gehalten werden. All diese Faktoren spielen für den Kran keine Rolle; er ist unbelebt.

Abb. 2-1: An einem Kran gesicherte Kreissäge

Beispiel 2: eine Kugel und eine Schnecke auf der schrägen Ebene

Eine Kugel, die auf ein schräg stehendes Brett gelegt wird, wird die Schräge runterrollen, vom Brett fallen und auf dem Boden aufschlagen. Man kann sagen, dass es Zufall war, dass sich die Kugel so verhalten hat.

Man könnte das Experiment wiederholen, mit dem Ergebnis, dass sich die Kugel genauso verhält wie beim ersten Mal. Auch dieser Ausgang könnte noch Zufall gewesen sein, aber wiederholt man diesen Versuch 100-mal, wird man feststellen, dass die Kugel immer wieder die Schräge runterrollt, vom Brett fällt und auf dem Boden aufschlägt.

Dies führt zu der Erkenntnis, dass es eine Gesetzmäßigkeit geben muss, die genau dieses Verhalten verursacht. Daraus kann man das Verhalten der Kugel auf einer Schräge voraussagen. Man weiß also, wie sich die Kugel beim nächsten Versuch verhalten wird, denn sie gehorcht einzig und allein den physikalischen Gesetzen; sie ist unbelebt.

Auch eine Schnecke wird auf eine Schräge – hier ein Baumstamm – gesetzt und man kann beobachten, in welche Richtung sie sich bewegt. Nach etlichen Wiederholungen dieses Versuchs stellt man fest, das die Schnecke jede beliebige Richtung auf der Schräge einschlagen kann (Abb. 2-2).

Abb. 2-2: Eine Schnecke auf einer schrägen Ebene

Sie muss nicht notwendigerweise die Schräge herunterkriechen, sondern kann genauso gut die Schräge heraufkriechen oder sich sogar unter dem Stengel festhalten. Selbst nach 1 000 Wiederholungen mit der Schnecke ist man nicht in der Lage, ihr Verhalten beim 1 001. Versuch vorherzusagen.

Auch wenn die Schnecke den gleichen physikalischen Gesetzen gehorchen muss wie die Kugel, spielt in der Zufälligkeit ihrer Richtung noch etwas anderes mit. Die Schnecke gehört eben zur belebten Natur.

2.1.3 Physikalische Einheiten

Wofür brauchen das ...?

- **Landwirte:** Damit das Maissilieren reibungslos läuft, hat der Auszubildende Marc die mittlere Transportzeit für die Gespanne ermittelt. Es sind 16 Minuten. Er braucht aber die Abfuhrleistung pro Stunde.
- **Landschaftsgärtner:** Thomas hat Humus auf eine neu angelegte kommunale Fläche aufgebracht. Als Mengenangabe hat er 8 auf seinen Zettel geschrieben. Sind das nun 8 m^3 oder 8 dt? Die Einheit ist also wichtig.

Früher schon haben Menschen versucht, mithilfe von Einheiten für verschiedenste Lebensbereiche eine Vergleichbarkeit ähnlicher Zusammenhänge herzustellen. Das Wichtigste war dabei wohl der Handel mit Gegenständen, für die man einen gewissen Gegenwert erwartete. Also gab es eine Währungseinheit, z. B. ein Goldstück einer gewissen Masse. Man musste sich nun bald auf ein Maß für die Masse einigen.

Es gab unterschiedliche Maße für die Masse (man beachte die Schreibweise!). Ein Pfund ist heute noch bekannt als Maßeinheit; geläufiger ist in Deutschland allerdings das Kilogramm. Im amerikanischen Sprachraum gibt es noch so exotische Einheiten wie das Bushel, die Unze usw. In Mitteleuropa kann man damit nur wenig anfangen und die Umrechnung bereitet hier Probleme. Schöner wäre es ja, wenn alle mit denselben Einheiten umgingen und diese nutzten.

Basiseinheiten des Internationalen Einheitensystems (SI)

Bereits 1790 hat die französische Nationalversammlung die französische Akademie der Wissenschaften daher beauftragt, ein einheitliches System von Maßen und Gewichten zu entwerfen, auf französisch ein Systéme international d'unités, ein international einheitliches System von physikalischen Einheiten.

Es basiert auf dem »metrischen« System. Als Längenmaß werden also Meter und nicht Fuß oder Zoll eingesetzt. Und es unterliegt dem dezimalen Zahlensystem. Das heißt, man rechnet mit Zahlen von 0 bis 9, anders als beispielsweise bei der Uhrzeit: 1 h = 60 min, 1 d (Tag) = 24 h.

Die Physiker haben sich bei der Festlegung der Einheiten darauf verständigt, dass es bestimmte Basisgrößen geben muss. Sie lassen sich nicht durch andere Basisgrößen ausdrücken. Das SI hat insgesamt sieben Basisgrößen: 1. Länge; 2. Masse; 3. Zeit; 4. Stromstärke; 5. thermodynamische Temperatur; 6. Stoffmenge; 7. Lichtstärke (Tab. 2-1).

Die Umwelt kann im Wesentlichen durch die Nutzung und Kombination dieser sieben Basisgrößen physikalisch beschrieben werden. Häufig werden dabei die verschiedenen Basisgrößen miteinander kombiniert, wie z. B. bei der Geschwindigkeit (Meter pro Sekunde oder Kilometer pro Stunde). Abbildung 2-3 zeigt, wie die Einheiten zueinander in Beziehung stehen.

Die wichtigsten Einheiten in der Physik sind die Länge, die Zeit, die Masse, die Temperatur und die elektrische Stromstärke. Die Basiseinheit Mol S. 106
ist vor allem in der Chemie von Bedeutung. Die Einheit Candela für die Lichtstärke wird eher selten verwendet. Für den Berufsalltag bedeutender ist die Einheit Watt für Leuchtmittel.

Tab. 2-1: Die sieben Basiseinheiten, auch SI-Einheiten genannt

Physikalische Größe	Formelzeichen	Basiseinheit	Einheitenzeichen
Länge	s, r, d, u, l, b	Meter	m
Zeit	t	Sekunde	s
Masse	m	Kilogramm	kg
Temperatur	T	Kelvin	K
Elektrische Stromstärke	I	Ampere	A
Stoffmenge	n	Mol	mol
Lichtstärke	I_v	Candela	cd

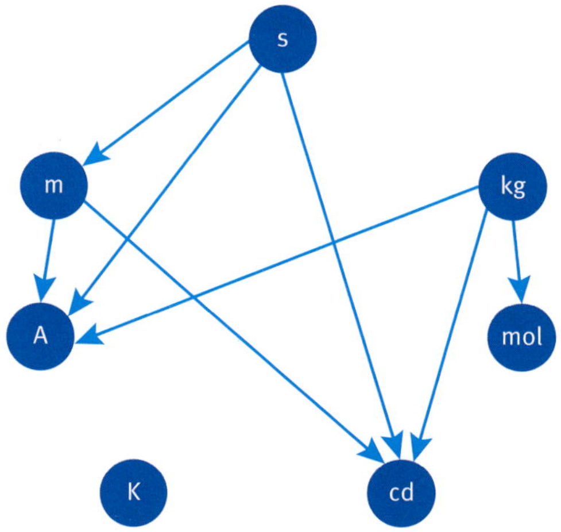

Abb. 2-3: Die Basis- oder SI-Einheiten und ihre Bezüge zueinander: A für Ampere, K für Kelvin, s für Sekunde, m für Meter, kg für Kilogramm, cd für Candela und mol für Mol

Meter für Länge

Die Länge ist eine der wichtigsten physikalischen S. 23 Größen. Ständig müssen Längen, Abstände, Strecken und Wege gemessen und angegeben werden. Da es so viele unterschiedliche Bezeichnungen für Längen gibt, ist es nicht verwunderlich, dass es für die einzelnen Bezeichnungen auch unterschiedliche Formelzeichen gibt.

S. 31 Wenn man das Volumen einer Kiste ausrechnen muss, verwendet man die Formel, die man in der Schule gelernt hat: Volumen = Länge mal Breite mal Höhe. Wenn man dies als Gleichung schreibt, sieht das so aus: $V = l \cdot b \cdot h$.

Physikalisch gesehen sind dies jedoch alles Längen oder Abmessungen. Zum Messen von Längen benutzt man Maßbänder, einen Zollstock oder Ähnliches. Die Standardeinheit ist der Meter (m).

Sekunde für Zeit

Die nächste wichtige Größe in der Physik ist die Zeit. Viele Eigenschaften ändern sich im Laufe der Zeit. So kann z. B. die Temperatur eines Gegenstands wärmer oder kälter werden, die Position im Raum kann sich verändern, wenn man einen Gegenstand verschiebt, oder beim Aufblasen eines Luftballons ändert sich dessen Volumen mit der Zeit.

Um Aussagen treffen zu können, wie schnell oder langsam eine Veränderung vor sich geht, muss die Zeit gemessen werden. Dazu benutzt man typischerweise Uhren (Abb. 2-4). Das Formelzeichen für die Zeit ist in der Physik immer ein kleines t. Die Standardeinheit ist die Sekunde (s).

Die Sekunde wurde etwa um 1 000 n. Chr. als die Zeitdauer zwischen zwei Herzschlägen eines erwachsenen Menschen in Ruhe definiert. Inzwischen wird sie präziser festgelegt als eine messbare Größe aus der Atomphysik.

Kilogramm für Masse

Auch die Masse ist nicht unbekannt. Allerdings verwendet man immer eher den Begriff Gewicht, obwohl das physikalisch gesehen nicht das Gleiche ist wie die Masse. Der Unterschied zwischen beidem liegt in der Schwerkraft begründet und lässt sich aus dem dritten Newton'schen Axiom S. 70 ableiten.

Abb. 2-4: Diese Sonnenuhr wurde am 30. Mai abgelesen. Um wie viel Uhr (Erklärung im unteren Foto)?

Um Masse zu messen, benutzt man meistens eine Waage, auch wenn man damit streng genommen wieder nur die Gewichtskraft misst, aber für die meisten Zwecke ist das vollkommen ausreichend. Das Formelzeichen ist typischerweise ein kleines *m*. Die Standardeinheit ist das Kilogramm (kg).

Kelvin für Temperatur

Man verbindet die Temperatur meistens mit den Begriffen warm und kalt (Abb. 2-5). Und Menschen haben ein Gefühl dafür, ob sie mit einem T-Shirt oder einem Pullover aus dem Haus gehen können.

Die Temperatur mit dem Formelzeichen *T* wird in Grad Celsius (°C) angegeben. Physiker verwenden für die Temperatur aber aus wissenschaftlichen Gründen nicht immer Grad Celsius, sondern meist
S. 95 die Einheit Kelvin (K). Deshalb ist sie auch die Basiseinheit.

Ampere für die elektrische Stromstärke

Auch die Einheit Ampere ist bekannt, aber man kann sich nicht so richtig etwas darunter vorstellen. Zudem wird die elektrische Stromstärke S. 88
mit dem Formelzeichen *I* oft mit der elektrischen Spannung *U* verwechselt. Die Stromstärke wird in Ampere (A) gemessen, die elektrische Spannung S. 88
in Volt (V).

Der Vergleich mit einem Wasserhahn hilft, die beiden Größen zu unterscheiden: Wenn ein Wasserhahn geschlossen ist, dann fließt kein Wasser. Dreht man den Hahn auf, kann das Wasser aus dem Hahn fließen. Je weiter man den Hahn öffnet, desto mehr Wasser kommt heraus.

Die Wassermenge, die aus dem Hahn fließt, entspricht der elektrischen Stromstärke. Der Druck, mit dem das Wasser aus dem Hahn kommt, entspricht der Spannung (Abb. 2-6).

Abb. 2-5: Derselbe See während der warmen und der kalten Jahreszeit

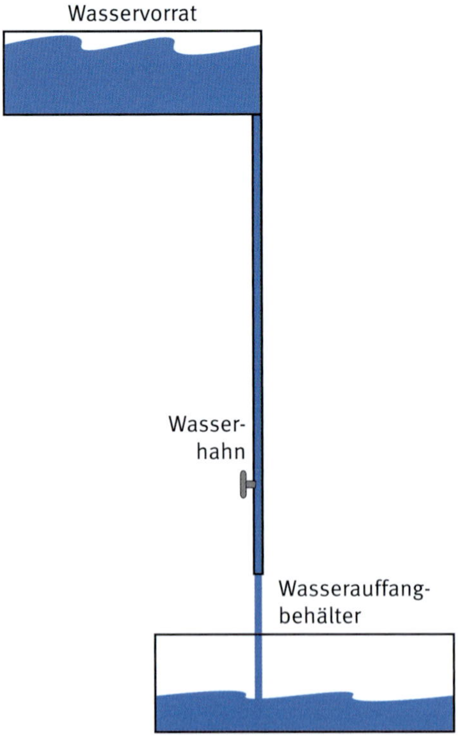

Abb. 2-6: Modell zur Erklärung von Stromstärke und Spannung

Einheiten und Formelzeichen

In der Physik wird unterschieden zwischen Einheiten, also z. B. Meter (m), Kilogramm (kg) oder Sekunde (s), und Formelzeichen, mit denen man formale Zusammenhänge beschreiben kann. Die Formelzeichen leiten sich häufig aus dem Englischen ab (bzw. eigentlich aus dem Lateinischen). In manchen Fällen ist die Verwendung von griechischen Buchstaben üblich. Ein häufig verwendeter griechischer Buchstabe ist z. B. das
S. 28 π, die Kreiszahl.

Leider gibt es bei den Formelzeichen keine wirklich einheitliche Regelung, sodass verschiedene Formelzeichen für dieselbe physikalische Größe möglich sind, z. B. l für Länge, aber auch s für Strecke. Sorgfältig muss man hier zwischen der Verwendung von Formelzeichen und Einheiten unterscheiden, weil man diese leicht verwechseln kann.

Deshalb werden Formelzeichen häufig kursiv gedruckt, um sie von den Einheiten zu unterscheiden. m (kursiv) steht z. B. für das Formelzeichen Masse, m (gerade) für die Einheit Meter.

Merke:

Formelzeichen dienen der Darstellung physikalischer Zusammenhänge. Sie sind Abkürzungen für physikalische Größen. Sie dürfen nicht mit den Einheiten verwechselt werden und werden deshalb häufig kursiv gedruckt.

Anhand der Einheit wird die physikalische Größe eindeutig. Jede physikalische Größe besteht aus einer Einheit und einer Maßzahl, die angibt, wie viel dieser Einheit gerade vorliegt. Bis auf wenige Ausnahmen gehört zu jeder Maßzahl eine Einheit.

Auf die Frage »wie weit ist es noch?« kann man nicht einfach mit der Maßzahl »noch 12« antworten, sondern muss die entsprechende Einheit hinzufügen, also z. B. noch 12 m oder noch 12 km. Nur dann kann man die Maßzahlen deuten.

Merke:

Eine physikalische Größe besteht aus einer **Maßzahl** und einer **Einheit.**

2.1.4 Vorsätze

Wofür brauchen das ...?

- **Fachkräfte Agrarservice:** Ein Kunde gibt der Auszubildenden Maike für die Aussaat von Winterweizen eine Saatstärke pro Quadratmeter vor. Sie muss aber wissen, wie viel Saatgut pro Hektar bestellt werden muss. Es ist also eine Umrechnung erforderlich.
- **Gärtner:** Für die Düngung einer Rasenfläche werden 3,5 kg Mehrnährstoffdünger benötigt. Der Preis ist aber in €/dt angegeben.
- **Tierwirte:** Der Vormischbehälter für die Medikamentendosierung fasst 20 l. Tanja muss 1 % zudosieren und dafür wissen, wie viel Medikament sie braucht. Die Inhaltsangabe auf der Flasche ist aber in Milliliter (ml).

Möchte man seinem Freund erzählen, wie weit der letzte Urlaubsort von zu Hause entfernt ist, verwendet man automatisch Vorsätze. Kein normaler Mensch würde sagen, der Urlaubsort sei »1 Million Meter« entfernt. Der Begriff Kilometer sagt einem da schon mehr, einfach weil man es so gewohnt ist.

Benennung von Vorsätzen

Aber was sind Vorsätze? Es ist bereits bekannt, dass zu jeder Maßzahl eine Einheit gehört. Diese Einheit kann aber durch einen Vorsatz in ihrer Skalierung modifiziert werden. Beispiele sind: 13,4 **Zenti**-Meter (cm), 13,4 **Milli**-Meter (mm) und 13,4 **Kilo**-Meter (km).

All diese Größen beschreiben Längen, aber durch die Vorsätze Zenti- (c), Milli- (m) und Kilo- (k) wird die Größenordnung verändert. Auch wenn, wie in diesem Beispiel, die Maßzahl immer 13,4 beträgt, sind die angegebenen Längen alles andere als gleich. Eine Strecke von 13,4 cm ist mit Sicherheit nicht genauso lang wie eine von 13,4 km.

Dabei ist es vollkommen gleichgültig, ob es sich um Längeneinheiten handelt (Meter – Kilometer), um Einheiten der Masse (Gramm – Kilogramm) oder um Speicherplatz auf der Computerfestplatte (Byte – Kilobyte). Die Silbe Kilo besagt, dass es sich um den Faktor 1 000 handelt: 1 000 g sind 1 kg usw.

Tabelle 2-2 zeigt die gebräuchlichsten Vorsätze. Sie ist nicht komplett. Sowohl oberhalb von Peta

Tab. 2-2: Die häufigsten Vorsätze zu den Basiseinheiten

Vorzeichen	Name	Wert	Wert als Potenz	Wortlaut
P	Peta	1 000 000 000 000 000	10^{15}	Billiarde
T	Tera	1 000 000 000 000	10^{12}	Billion
G	Giga	1 000 000 000	10^{9}	Milliarde
M	Mega	1 000 000	10^{6}	Million
k	Kilo	1 000	10^{3}	Tausend
h	Hekto	100	10^{2}	Hundert
da	Deka	10	10^{1}	Zehn
	Grundeinheit	**1**	$\mathbf{10^{0}}$	**Eins**
d	Dezi	0,1	10^{-1}	Zehntel
c	Zenti	0,01	10^{-2}	Hundertstel
m	Milli	0,001	10^{-3}	Tausendstel
µ	Mikro	0,000001	10^{-6}	Millionstel
n	Nano	0,000000001	10^{-9}	Milliardstel

als auch unterhalb von Nano gibt es noch weitere Vorsätze. Sie werden aber nur sehr selten benötigt.

Der Unterschied zwischen der dritten und der vierten Spalte in Tabelle 2-2 ist lediglich die Schreibweise derselben Zahl. Für Kilo z. B. kann
S. 19 man den Faktor 1 000 auch in der Potenzschreibweise 10^3 einsetzen. Man kann sich merken: Kilo ist ein anderer Ausdruck für »mal 1 000« oder »mal 10^3«.

Umrechnen von Flächen- und Volumeneinheiten

So weit, so gut, aber auf zwei weitere Aspekte muss beim Umgang mit Vorsätzen noch eingegangen werden. Das sind Vorsätze bei Flächen im Quadratmeterbereich und bei Volumen im Kubikmeterbereich.

Flächeneinheiten

Ein einfaches Beispiel ist eine Fläche von 1 m². Sie lässt sich folgendermaßen in Quadratzentimeter (cm²) umrechnen:

$$1\,\text{m}^2 = 1\,\text{m} \cdot 1\,\text{m} = 100\,\text{cm} \cdot 100\,\text{cm} = 10\,000\,\text{cm}^2$$

S. 29 Jeder Umrechnungsschritt wird quasi doppelt durchgeführt.

Besonders im landwirtschaftlichen Bereich spielen zwei historische Flächenmaße eine Rolle: der Ar (a) und der Hektar (ha). Da Ar und Hektar nur andere Bezeichnungen für Quadratdekameter (dam²) und Quadrathektometer (hm²) sind (Tab. 2-2), bleiben die Umrechnungen unverändert, also:

- $1\ \text{ha} = 1\ \text{hm}^2 = 100\ \text{a} = 10\,000\ \text{m}^2$
- $1\ \text{a} = 1\ \text{dam}^2 = 100\ \text{m}^2$

Volumeneinheiten

Wenn man die Umrechnungen für Flächen verstanden hat, stellen einen die Umrechnungen für Volumen auch nicht vor große Schwierigkeiten. S. 36 Denn genauso wie man für Flächen jeden Umrechnungsschritt doppelt durchführt, so führt man bei Volumenumrechnungen jeden Schritt dreimal durch:

- $1\ \text{m}^3 = 1\ \text{m} \cdot 1\ \text{m} \cdot 1\ \text{m} = 100\ \text{cm} \cdot 100\ \text{cm} \cdot 100\ \text{cm} = 1\,000\,000\ \text{cm}^3$ und
- $1\ \text{m}^3 = 1\,000\ \text{dm}^3 = 1\,000\,000\ \text{cm}^3$

Volumen können allerdings noch in einem zweiten Einheitensystem beschrieben werden: dem Litermaß. Häufig wird es verwendet, wenn sich ein Gefäß zwar »auslitern« lässt, indem man prüft, wie viele Liter Wasser hineinpassen, aber aufgrund der Form schwer zu berechnen ist. Ein gutes Beispiel sind die Tankformen von Pflanzenschutzspritzen.

Liter ist also ein eigenständiges Volumenmaß. Das Litermaß ist ein lineares Maß, d. h., man spricht nur von Litern und Zentilitern, aber nie von Kubiklitern. Demnach gelten die gleichen Umrechnungen wie bei Längen und Massen. Abbildung 2-7 zeigt die gebräuchlichen Umrechnungen. Man könnte sagen, im Literbereich sind feinere Abstufungen möglich.

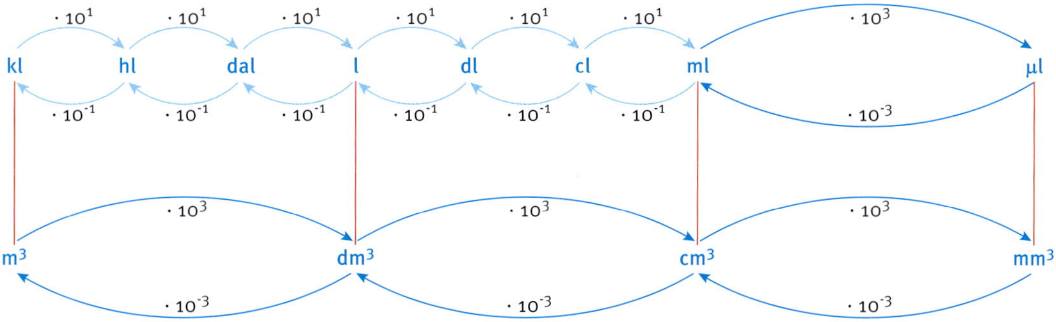

Abb. 2-7: Umrechnung von Litermaßen

2.2 Mechanik

Die Mechanik ist ein Teilgebiet der Physik, das schon sehr alt ist. Während die Elektrizität erst im 19. Jahrhundert entdeckt und untersucht wurde, geht die Mechanik schon etliche Tausend Jahre zurück. Mechanik ist in den Naturwissenschaften und in der Technik die Lehre von der Festigkeit und der Bewegung von Körpern und den dabei wirkenden Kräften. Innerhalb der Mechanik werden die grundlegenden physikalischen Prinzipien und Begriffe definiert, wie man sie heute auch in allen anderen Gebieten der Physik wiederfindet.

2.2.1 Dichte

Wofür brauchen das …?

- **Fachkräfte Agrarservice:** Die Dichte verschiedener Düngemittel ist nicht gleich 1 kg/l. Damit Stephan die korrekte Düngermenge berechnen kann (z. B. in kg/ha), muss er die Dichte wissen, weil der Dünger in flüssiger Form ausgebracht wird, aber 1 l mehr als 1 kg wiegt.
- **Landschaftsgärtner:** Die Menge der benötigten Schottermenge für einen Pflasterunterbau ist als Volumen bekannt. Der Baustoff muss aber beim Baustoffhändler in Tonnen abgerechnet werden.
- **Landwirte:** Bei der Beladung von Transportfahrzeugen muss Ulrike die Dichte des Stoffs (z. B. Sand) abschätzen. Sie weiß, dass es sonst schnell zu einer Überladung des Fahrzeugs kommen kann.

Sehr häufig steht man vor der Situation, eine gegebene Masse (in kg, g oder t) in ein entsprechendes Volumen umrechnen zu müssen oder umgekehrt, dass man ein Volumen gegeben hat und dieses in eine Masse umrechnen soll. In diesen Fällen kommt die physikalische Größe der Dichte ins Spiel.

Die Dichte ist eine Materialeigenschaft, d. h. jeder Stoff, jedes Material hat seine eigene Dichte, sein eigenes spezifische Gewicht. Auch wenn die Würfelchen in Abbildung 2-8 alle gleich groß sind (1 cm³), sind sie dennoch unterschiedlich schwer. In Tabelle 2-3 sind einige Standardwerte für verschiedene Stoffe dargestellt.

Die Dichte hängt allerdings nicht nur vom Material ab, sondern gleichzeitig von der Temperatur. Je wärmer ein Stoff wird, desto mehr dehnt er sich aus. Beispiele hierfür sind die temperaturabhängige Ausdehnung der Flüssigkeit im Thermometer und die Ausdehnung von Metall bei steigenden Temperaturen.

Abb. 2-8: Beispiele von Metallen mit ihren verschiedenen Dichten

Definition

Unter der Dichte verstehen wir den Quotienten aus einer Masse, geteilt durch ihr Volumen:

$$\text{Dichte} = \frac{\text{Masse}}{\text{Volumen}}$$

Nun schreibt man in der Physik nicht alle Größen aus, sondern kürzt sie ab, indem man Formelzeichen S. 59

Tab. 2-3: Standardwerte für die Dichte verschiedener Stoffe

Stoff	Mittlere Dichte in kg/dm³
Gussstahl	7,7
Aluminium	2,7
Beton	2,5
Styropor	1,05
Milch	1,03
Wasser	1
Diesel	0,83
Alkohol	0,79
Luft	0,0013
Helium	0,00017

einführt, die immer dieselbe Bedeutung haben sollen. Hier soll die Masse immer durch ein kleines *m* gekennzeichnet werden; das Volumen bekommt immer ein großes *V*.

Für die Dichte hat man sich international auf den griechischen Buchstaben Rho (ϱ) geeinigt. Als Formel geschrieben, sieht die Definition so aus:

$$\varrho = \frac{m}{V}$$

Merke:

Die **Dichte** beschreibt die Masse eines Körpers im Verhältnis zu seiner Größe.

Die Formel lautet: $\text{Dichte} = \frac{\text{Masse}}{\text{Volumen}}$ bzw. $\varrho = \frac{m}{V}$

Die Standardeinheit ist: $\frac{\text{kg}}{\text{m}^3}$

Erklärung

Die Dichte beschreibt den Zusammenhang zwischen einer Masse und ihrem Volumen. Der in Abbildung 2-9 dargestellte Quader aus unbekanntem Material hat aufgrund seiner Abmessungen von 1,0 m Länge, 0,5 m Breite und 0,3 m Höhe ein bestimmtes Volumen. Es lässt sich aus der Länge *l*, multipliziert mit der Breite *b* und der Höhe *h* berechnen:

$$V = l \cdot b \cdot h$$

Im Beispiel werden nun die Formelzeichen der Gleichung durch die **Maßzahlen** und die **Einheiten** ersetzt:

$$V_{Quader} = 1\,\text{m} \cdot 0{,}5\,\text{m} \cdot 0{,}3\,\text{m} = 0{,}15\,\text{m}^3$$

Der Quader hat also ein Volumen von 0,15 m³. Er könnte aus unterschiedlichen Materialien bestehen. Stellt man sich den Quader aus Schaumstoff vor, leuchtet ein, dass er wahrscheinlich leichter sein wird als ein gleicher Quader aus massivem Stahl. Man spricht hier physikalisch korrekt von seiner **Masse *m***.

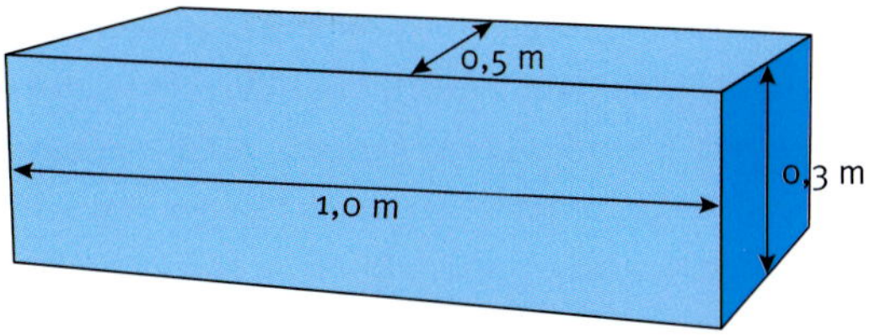

Abb. 2-9: Quader aus unbekanntem Material

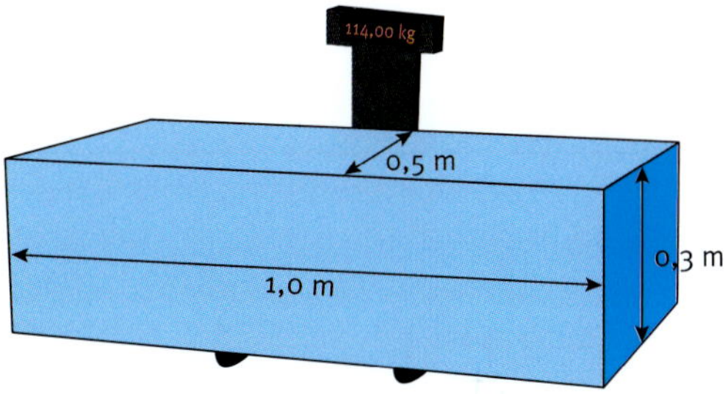

Abb. 2-10: Quader auf der Waage

Die Masse eines Körpers wird in **Kilogramm (kg)** angegeben. Sie entspricht der Menge eines Stoffs, den dieser Körper hat, also z. B. der Menge an Eisenatomen, die ein Eisenklotz hat. Die Masse eines Körpers kann mithilfe einer Waage gemessen werden. Für den Beispielquader wurde ermittelt, dass er eine Masse von 114 kg hat (Abb. 2-10).

Will man nun das Material des Quaders beschreiben, kann man dazu z. B. eine wesentliche Eigenschaft nutzen, nämlich das Verhältnis von seiner Masse zu seinen Abmessungen. Ein Volumen von 0,15 m³ bedingt bei diesem Quader also eine Masse von 114 kg. Dies kann man folgendermaßen schreiben:

$$\frac{114\,\text{kg}}{0{,}15\,\text{m}^3}$$

Rechnet man diesen Quotienten nun aus, erhält man einen Wert von 760. Grundregel in der Physik ist, dass die Einheiten immer mitgeschrieben werden müssen. Die Gleichung lautet also:

$$\frac{114\,\text{kg}}{0{,}15\,\text{m}^3} = 760\,\frac{\text{kg}}{\text{m}^3}$$

Man lässt die Einheiten einfach unverändert und bekommt aus dem Quotienten der Maßzahlen einen Wert für die **Dichte** eines Stoffs, nämlich: »Wie viel Masse steckt in einem Körper von 1 m^3 Volumen?«.

Im Beispiel hätte also ein Quader von genau 1 m^3 Volumen eine Masse von 760 kg. Da aber nur ein Quader von 0,15 m^3 Volumen vorliegt, ist die Masse mit 114 kg entsprechend geringer.

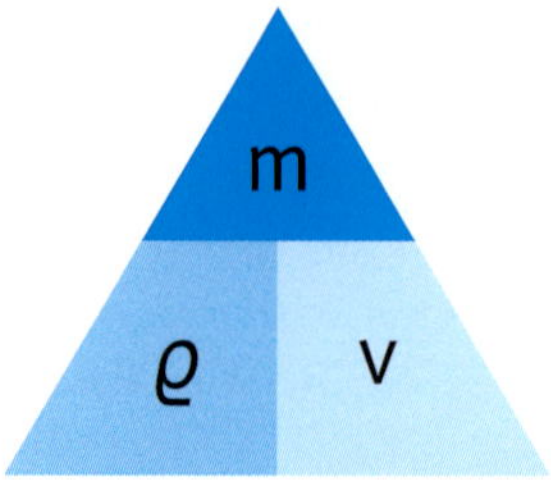

Abb. 2-11: Formeldreieck für die Dichte

Das Formeldreieck

Mithilfe des so genannten Formeldreiecks (Abb. 2-11) kann eine Gleichung schnell und fehlerfrei umgestellt werden: gesuchte Größe zuhalten und das abschreiben, was noch zu sehen ist.
Dabei gilt Folgendes:

- Stehen die verbleibenden Größen nebeneinander, werden sie multipliziert.
- Stehen sie übereinander, werden sie dividiert.

Aufgelöst nach allen drei Größen ergeben sich somit folgende Gleichungen:

$$\varrho = \frac{m}{V} \leftrightarrow m = \varrho \cdot V \leftrightarrow V = \frac{m}{\varrho}$$

> ***So nutzt man das Formeldreieck:***
>
> - In einem Formeldreieck wird die gesuchte Größe zugehalten und das abgeschrieben, was noch zu sehen ist.
> - Stehen Größen untereinander, werden sie geteilt.
> - Stehen Größen nebeneinander, werden sie malgenommen.

Berechnungen

Die Einheit kg/m^3 ist recht klein, sodass die meisten Dichteangaben recht große Zahlenwerte bedeuten. Daher verwendet man oft andere Einheiten, damit die Zahlenwerte kleiner werden, wie z. B. in Tabelle 2-3. Typische Dichteeinheiten sind:

$$1\,\frac{\text{g}}{\text{cm}^3} = 1\,\frac{\text{g}}{\text{ml}} = 1\,\frac{\text{kg}}{\text{dm}^3} = 1\,\frac{\text{kg}}{\text{l}} = 1\,\frac{\text{t}}{\text{m}^3}$$

Es ist eine gute Übung, all diese verschiedenen Dichteeinheiten nachzurechnen und zu zeigen, dass sich die Zahlenwerte tatsächlich nicht ändern. Es lässt sich so aber auch feststellen, das die Standardeinheit nicht in dieses Schema hineinpasst; sie ist zu klein. Daher gilt die Umrechnung:

$$1\,\frac{\text{g}}{\text{cm}^3} = 1000\,\frac{\text{kg}}{\text{m}^3}$$

Man denkt immer, Gramm und Kubikzentimeter sind doch viel kleinere Einheiten als Kilogramm und Kubikmeter. Aber die Umrechnung von Kilogramm zu Gramm ist »nur« Faktor 1 000, die Umrechnung von Kubikmeter zu Kubikzentimeter beträgt allerdings 1 000 000. Und daher gilt: S. 61

$$1\,\frac{\text{kg}}{\text{m}^3} = \frac{1\,\text{kg}}{1\,\text{m}^3} = \frac{1000\,\text{g}}{1000000\,\text{cm}^3} = 0{,}001\,\frac{\text{g}}{\text{cm}^3}$$

oder

$$1000\,\frac{\text{kg}}{\text{m}^3} = 1\,\frac{\text{g}}{\text{cm}^3}$$

2.2.2 Geschwindigkeit

Wofür brauchen das ...?

- **Fachkräfte Agrarservice:** Zur Kalibrierung des Bordcomputers auf dem Schlepper muss bei Dünge- und Pflanzenschutzmaßnahmen die tatsächliche Geschwindigkeit auf dem Acker ermittelt werden.
- **Landwirte:** Für die Abdrehprobe zur Düngerausbringung hat Nina eine Fahrstecke von 70 m ermittelt. Es soll 10 km/h schnell gefahren werden. Wie kommt sie nun von km/h auf m/s?
- **Gärtner:** Zum Umsetzen von Kompost kommt ein Transportband zum Einsatz. Wie viele Kubikmeter schafft es in der Stunde bei einer bestimmten Geschwindigkeit?

Körper können in Bewegung versetzt werden. Sie haben dann eine Geschwindigkeit. Diese Geschwindigkeit kann sich ändern oder über einen gewissen Zeitraum gleich bleiben.

Als Beispiel für eine solche Bewegung soll ein fahrender Lkw dienen: Um als Außenstehender seine Geschwindigkeit festzustellen, kann man z. B. das gleiche Verfahren anwenden, das auch die Polizei bei Geschwindigkeitskontrollen nutzt. Es wird die Wegstrecke gemessen, die ein Auto innerhalb einer bestimmten Zeit zurücklegt, oder die Zeit gemessen, die ein Auto für eine bestimmte Wegstrecke benötigt.

Abbildung 2-12 zeigt eine solche Geschwindigkeitsmessstrecke. Der Lkw fährt über die rote Linie links im Bild und startet damit die Stoppuhren in den Pfählen. Jedes Mal, wenn er an einem Pfahl vorbeifährt, wird die jeweilige Uhr im Pfahl gestoppt.

Im Beispiel ist der Lkw nach 0,25 Sekunden (s) am ersten Pfahl vorbeigefahren, der genau 5 m nach der Startlinie aufgebaut ist. Im gleichen Abstand zum ersten Pfahl folgen nun die weiteren Pfähle, an denen die Stoppuhr auslöst, wenn der Lkw vorbeifährt. Nach 0,5 s ist der Lkw bereits am zweiten Pfahl, nach 0,75 s am dritten usw. Nach exakt 1,25 s hat der Lkw eine Strecke von 25 m zurückgelegt.

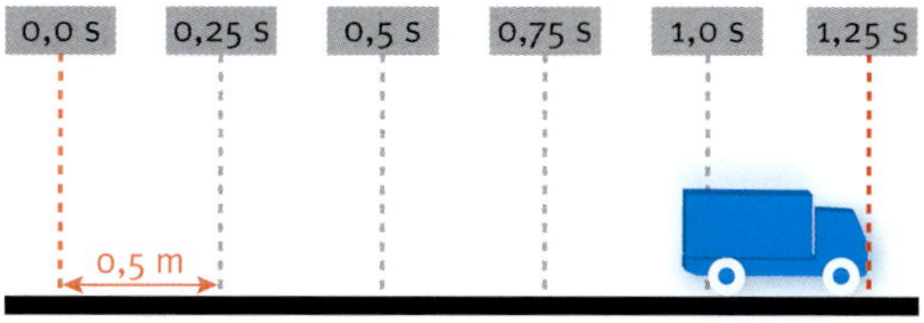

Abb. 2-12: Messstrecke zur Ermittlung der Geschwindigkeit

Es ist wichtig, an welchem Punkt des Lkws die jeweiligen Uhren stoppen. Die gemessene Zeit wird anders sein, wenn der Lkw die Uhr am hintersten Punkt (z. B. an der Stoßstange im Heck) stoppt, als wenn die vordere Stoßstange die Uhr auslöst. Es handelt sich also um die Betrachtung der Geschwindigkeit eines Punkts im Körper Lkw.

Definition

Wird der Vorgang physikalisch betrachtet, kommt es nicht darauf an, wo sich der Lkw zu welchem Zeitpunkt befindet, sondern welchen Weg er in welcher Zeit zurückgelegt hat. Unter der Geschwindigkeit v ist also der Quotient aus dem zurückgelegten Weg s zu verstehen, geteilt durch die benötigte Zeit t.

Die Formel lautet daher folgendermaßen:

$$v = \frac{s}{t}$$

Werden die für der Lkw in Abbildung 2-12 der gemessenen Werte in die Formel eingesetzt, ergibt sich die Geschwindigkeit:

$$v = \frac{25\ \text{m}}{1{,}25\ \text{s}} = 20\ \frac{\text{m}}{\text{s}}$$

Der Lkw legt also im Schnitt in jeder Sekunde einen Weg von 20 m zurück.

Merke:
Die **Geschwindigkeit** v beschreibt, in welcher Zeit t eine Strecke s zurückgelegt wird.

Die Formel lautet: $v = \frac{s}{t}$

Die Standardeinheit ist: $\frac{m}{s}$

Merke:
So lassen sich km/h in m/s umrechnen – und umgekehrt:

$\frac{m}{s} \triangleq \frac{km}{h} \cdot 3{,}6$ bzw. $\frac{m}{s} \triangleq \frac{km}{h} : 3{,}6$

Umrechnung von m/s in km/h

Physikalisch würde die Angabe 20 m/s bereits ausreichen. Üblicherweise wird die Geschwindigkeit aber in km/h angegeben. Wie viele Kilometer legt der Lkw in einer Stunde zurück?

Die Umrechnung erfolgt in mehreren Schritten: Man kann den Bruch 20 m/s nun erweitern, um die Sekunden auf eine Stunde hochzurechnen. Eine Stunde sind exakt 3 600 Sekunden. Das lässt sich mit folgender Gleichung ermitteln:

$$60 \frac{s}{min} \cdot 60 \frac{min}{h} = 3600 \frac{s}{h}$$

Um die Einheit m/h zu erhalten, muss also folgende Rechnung durchgeführt werden:

$$20 \frac{m}{s} \cdot 3600 \frac{s}{h} = 72000 \frac{m}{h}$$

Da die Einheit s einmal auf dem Bruchstrich und einmal darunter steht, kann man sie aus dem Bruch kürzen.

S. 60 Gemäß den Regeln der Vorsätze liegt zwischen der Grundeinheit Meter und der Einheit Kilometer der Faktor 1 000. Um von 72 000 m/h auf km/h zu kommen, muss man also durch 1 000 teilen. Der Lkw legt also in einer Stunde eine Strecke von 72 km zurück. Er fährt mit einer Geschwindigkeit von 72 km/h.

Der Einfachkeit halber kann man diese relativ häufige Umrechnung durch den Faktor 3,6 errechnen.

$$20 \frac{m}{s} \cdot 3{,}6 = 72 \frac{km}{h}$$

Massen- und Volumenstrom

Die Bewegung eines kompakten Körpers ist als zurückgelegte Strecke je Zeiteinheit definiert. Für viele Anwendungen im beruflichen Umfeld kann es jedoch von Bedeutung sein, welche Masse oder welches Volumen in einer Zeitspanne bewegt wird. Bezugsgröße ist also bei beiden physikalischen Größen die Zeit.

Solche Fragen zielen auf einen Massen- bzw. Volumenstrom ab. Aber was bedeuten diese Begriffe genau?

Definition

Unter einem Massenstrom versteht man, wie viel Masse m in einer bestimmten Zeit t transportiert wird. Der Massenstrom bekommt den Buchstaben m mit einem Punkt darüber, also $\dot{m}$. Die Definition lautet dann:

$$\dot{m} = \frac{m}{t}$$

Der Massenstrom wird typischerweise in der Einheit kg/min oder t/h angegeben.

Ganz analog wird der Volumenstrom $\dot{V}$ definiert:

$$\dot{V} = \frac{V}{t}$$

Typische Einheiten für den Volumenstrom sind l/min oder m^3/h.

Merke:

Der Massenstrom $\dot{m}$ bzw. der Volumenstrom $\dot{V}$ beschreiben, welche Masse oder welches Volumen in einer bestimmten Zeit transportiert werden.
Die Formel zur Berechnung des Massenstroms lautet:

$$\dot{m} = \frac{m}{t}$$

Die des Volumenstroms analog: $\dot{V} = \frac{V}{t}$

Die Standardeinheiten sind kg/min oder t/h für den Massenstrom und l/min oder m^3/h für den Volumenstrom.

Massen- und Volumenströme in der Praxis

Bei der Förderung von Gütern über technische Förderstrecken, z. B. ein Förderband, wird immer eine Kennzahl benötigt: Wie viel dieses Guts kann man in einer bestimmten Zeitspanne damit fördern?

Man könnte natürlich auch sagen, dass ein Förderband sich mit einer bestimmten Geschwindigkeit (m/s) vorwärts bewegt. Das wird auch durchaus gemacht. Allerdings erhält man dadurch nicht unbedingt eine Angabe dazu, wie viel eines Guts dadurch gefördert wird.

Soll z. B. mithilfe eines Förderbands Sand gefördert werden, ist es wahrscheinlich, dass sich auf dem Förderband kleine Häufchen Sand bilden, die vom Band transportiert werden. Soll das gleiche Förderband nun Schlempe transportieren, leuchtet ein, dass das Förderband vermutlich weniger davon fördern könnte, weil hier keine Häufchenbildung möglich ist.

Das Band müsste für den Transport von Schlempe wahrscheinlich ganz anders aussehen als für den Transport von Sand. Daher kann man in der Technik auf die Angaben von Massen- und Volumenströmen nicht verzichten.

Als Beispiel soll Sand dienen: Ein Förderband mit 10 m Länge wird pro Sekunde mit 10 kg Sand beladen. Wenn das Band nicht verstopfen soll, muss es diese Menge wegfördern. Es wird also einen Massenstrom $\dot{m}$ von 10 kg/s haben.

Wird der Sand weniger, weil z. B. nur noch 5 kg/s auf das Band fallen, dreht sich das Band trotzdem in der gleichen Geschwindigkeit weiter, aber es wird nur weniger Masse transportiert, nämlich nur 5 kg/s.

Für Wasserleitungen kann man die gleiche Aussage ttreffen, etwa für einen Wasserbehälter, der über einen regelbaren Ausfluss verfügt. Öffnet man diesen vollständig, strömt z. B. eine Wassermenge von 10 l in jeder Sekunde heraus. Der Volumenstrom $\dot{V}$ beträgt also 10 l/s. Vorausgesetzt, das Rohr hat einen genügend großen Durchmesser, wird es dieses Wasser hindurchströmen lassen.

Betrachtet man nun das Förderband und das Wasserrohr einmal nicht als Ganzes, sondern nur einen kleinen Ausschnitt davon, muss zwangsläufig an jeder Stelle dieses Systems exakt dieselbe Masse oder dasselbe Volumen hindurchströmen (sonst gäbe es einen Stau, was ja auch passieren kann). Daher spricht man in der Definition vom Strom, der sich durch einen Querschnitt bewegt.

Der Zusammenhang zwischen den beiden Größen Massenstrom $\dot{m}$ und Volumenstrom $\dot{V}$ ist über die Dichte ϱ gegeben. Es gilt: S. 62

$$\dot{m} = \varrho \cdot \dot{V}$$

2.2.3 Beschleunigung

Wofür brauchen das ...?

- **Fachkräfte Agrarservice:** Bei der Getreideernte fährt Sven ein Transportgespann mit dem zulässigen Höchstgewicht. Wie viel Bremsweg braucht er bei 40 km/h?
- **Landwirte:** Mit einem Transportgespann zwei Fahrradfahrer zu überholen, braucht relativ viel Zeit, weil die Beschleunigung gering ist. Der Überholvorgang ist deshalb deutlich gefährlicher als mit seinem Motorrad, findet Max.
- **Tierwirte:** Zum Einstreuen der Abkalbeboxen müssen Strohballen aus einem Schacht abgeworfen werden. Wieso vergrößert sich die Geschwindigkeit während des Falls?

Der Begriff Beschleunigung wird im Alltag nur mit
S. 65 der Steigerung der Geschwindigkeit verbunden. Physikalisch ist allerdings auch ein Bremsvorgang eine Beschleunigung, nur wird diese dann einen negativen Wert annehmen.

Merke:

Ein Bremsvorgang ist eine negative Beschleunigung.

Das Gleiche gilt für Richtungsänderungen, z. B. mit dem Pkw. Man kann bei Kurvenfahrten deutlich die durch die Beschleunigung hervorgerufenen Kräfte spüren, wenn man zum Kurvenäußeren »hingezogen« wird.

Definition

Unter der physikalischen Größe der Beschleunigung a versteht man die zeitliche Änderung der Geschwindigkeit. Der Aufbau der Formel ist der für die Geschwindigkeit sehr ähnlich:

$$a = \frac{v}{t}$$

Die physikalische Einheit ergibt sich aus der Einheit der Geschwindigkeit und der Einheit der Zeit: m/s². Wird z. B. ein Auto mit einer Beschleunigung von 1 m/s² abgebremst, bedeutet das, wenn man die Formel in Worte fasst, Folgendes: Jede Sekunde, die das Auto so beschleunigt wird, verändert sich die Geschwindigkeit um 1 m/s. Die Gleichung lautet dementsprechend:

$$1\,\mathrm{s} \cdot 1\,\frac{\mathrm{m}}{\mathrm{s}^2} = 1\,\frac{\mathrm{m}}{\mathrm{s}}$$

Typischerweise werden immer die Basiseinheiten S. 56 m/s für Geschwindigkeit und s für die Zeit verwendet. Auch wenn man sich erst mal unter einer Quadratsekunde nichts vorstellen kann, sollte man die Einheit lesen als »(Meter pro Sekunde) pro Sekunde«, also als Geschwindigkeitsdifferenz pro Zeitdifferenz.

Zur Veranschaulichung soll folgendes Beispiel dienen: Ein Fahrzeug bewegt sich z. B. mit einer Geschwindigkeit von 10 m/s. Wird es seine Geschwindigkeit bei einer Beschleunigung von 1 m/s² auf 11 m/s oder 9 m/s verändern? Das kommt darauf an, in welche Richtung diese Beschleunigung wirkt, also ob das Fahrzeug beschleunigt oder abgebremst wird.

Merke:

Die **Beschleunigung** a beschreibt eine Veränderung der Geschwindigkeit v über die Zeit t.

Die Formel zur Berechnung der Beschleunigung lautet: $a = \frac{v}{t}$

Die Standardeinheit ist: $\frac{\mathrm{m}}{\mathrm{s}^2}$

Gleichmäßig beschleunigte Bewegung

Auf der Erde gibt es eine bestimmte Beschleunigung, mit der alle Objekte Richtung Erdmittelpunkt gezogen werden: die Erdbeschleunigung *g*. Sie hat den Wert:

$$g = 9{,}81\ \frac{\text{m}}{\text{s}^2}$$

Wenn also ein Stein von einer Brücke in einen Fluss fällt, wird er mit $g = 9{,}81\ \text{m/s}^2$ beschleunigt. Das heißt, solange er fällt, nimmt seine Geschwindigkeit in jeder Sekunde um 9,81 m/s zu. Unter der Annahme, dass der Stein nach genau 3 s in den Fluss fällt, kann man die mittlere Geschwindigkeit folgendermaßen berechnen:

$$a = \frac{v}{t} \leftrightarrow v = a \cdot t = 9{,}81\ \frac{\text{m}}{\text{s}^2} \cdot 3\ \text{s} = 29{,}43\ \frac{\text{m}}{\text{s}}$$

Allerdings ist der Stein kurz vor dem Einschlag ins Wasser wesentlich schneller als oben an der Brücke, denn die momentane Geschwindigkeit steigt mit jeder Hundertstel Sekunde, die der Stein in Bewegung ist, gleichmäßig und konstant an. Die Erdbeschleunigung ist deshalb ein perfektes Beispiel für eine gleichmäßig beschleunigte Bewegung.

Nun könnte man sagen: »Ja, aber eine Feder fällt doch nicht so schnell wie ein Stein!« Das ist schon richtig, aberc das, was man beobachtet, ist ein Zusammenspiel zwischen der Erdbeschleunigung und dem Reibungswiderstand in der Luft. Die Feder wird zwar auch mit *g* beschleunigt, aber aufgrund ihres geringen Gewichts kommt ihre Reibung viel S. 72
stärker zum Tragen als bei einem Stein.

2.2.4 Kraft

Wofür brauchen das ...?

- **Fachkräfte Agrarservice:** Beim Transport ist die Ladung immer gut zu sichern. Aber welche Kräfte müssen dabei abgefangen werden?
- **Forstwirte:** Bei Rückearbeiten müssen die verwendeten Seile der Belastung gewachsen sein? Was passiert physikalisch, wenn ein Seil reißt?
- **Landwirte:** Die Auszubildende Kathrin weiß, was mit Schlupf gemeint ist. Aber was hat er mit dem physikalischen Begriff Haftreibung zu tun?

Bei allen Überlegungen zur Geschwindigkeit und zur Beschleunigung wurde eine Größe bislang völlig außer Acht gelassen: die Masse. Es war egal, ob es sich bei dem Auto um einen Kleinwagen oder um einen vollgeladenen Lieferwagen handelt. Es interessierte nur, ob und wenn dann, wie sich die Position des Autos oder seine Geschwindigkeit im Laufe der Zeit änderte.

S. 57

Nimmt man nun die Masse dazu, kommt man zwangsläufig zur physikalischen Größe der Kraft. Kraft kann man in verschiedensten Situationen fühlen. Es reicht die Vorstellung, man würde in einem Sportwagen sitzen:

- Fährt der Sportwagen mit quietschenden Reifen los, ist die Kraft im Rücken spürbar, weil der Wagen beschleunigt.
- Bremst er abrupt ab, weil eine Radarfalle neben der Straße steht, macht sich die Kraft durch den Sicherheitsgurt an der Schulter bemerkbar.
- Würde der Sportwagen gegen einen Baum fahren – was natürlich nicht zu hoffen ist –, hat der Fahrer keine Chance, sich abzustützen, wenn er nicht angegurtet ist.

Newton'sche Axiome

Sir Issac Newton war der Erste, der sich eingehend damit auseinandergesetzt hat. Er hat den Begriff Kraft geprägt und seine Erkenntnisse zur Kraft und ihren Auswirkungen in drei fundamentale Prinzipien gefasst, die Newton'schen Axiome. Sie beschreiben das Auftreten und die Handhabung von Kräften in der Natur.

Erstes Newton'sches Axiom: Trägheitsprinzip

»Ein Körper verharrt im Zustand der Ruhe oder der gleichförmigen geradlinigen Bewegung, sofern er nicht durch einwirkende Kräfte zur Änderung seines Bewegungszustands gezwungen wird.«

Was bedeutet das genau? Anders ausgedrückt sagt dieses Gesetz: Wenn keine äußeren Kräfte auf einen Körper einwirken, bleibt er in seinem momentanen Bewegungszustand. Ruhende Körper bleiben ohne Krafteinwirkung in Ruhe.

Ohne Krafteinwirkung kann sich somit die Geschwindigkeit eines Objekts nicht ändern. Oder umgekehrt: Wenn sich die Geschwindigkeit eines Körpers ändert, muss eine äußere Kraft auf ihn eingewirkt haben.

Zweites Newton'sches Axiom: Aktionsprinzip

»Die Änderung der Bewegung ist der Einwirkung der bewegenden Kraft proportional und geschieht nach der Richtung derjenigen geraden Linie, nach welcher jene Kraft wirkt.«

Was bedeutet das genau? Mit der Änderung der Bewegung ist die Beschleunigung a gemeint. Die angreifende Kraft ändert sich um den gleichen Faktor wie die Masse. Das heißt, wenn zwei Körper unterschiedlicher Masse gleich schnell beschleunigt werden, muss auf den schwereren Körper eine größere Kraft eingewirkt haben. Man schreibt dieses Aktionsprinzip oft in der Form:

$$F = m \cdot a$$

Dabei bezeichnet F die angreifende Kraft, m die Masse und a die Beschleunigung. Dieses Prinzip wird allgemein als die Definition des Kraftbegriffs angesehen. Die Einheit der Kraft ist Newton; sie wird mit einem großen N angegeben.

$$\mathrm{N} = \mathrm{kg} \cdot \frac{\mathrm{m}}{\mathrm{s}^2}$$

> **Merke:**
>
> Die Einwirkung einer **Kraft *F*** bewirkt die Veränderung der Geschwindigkeit – also eine Beschleunigung a – einer Masse m.
>
> Die Formel zur Berechnung der Kraft lautet: $F = m \cdot a$
>
> Die Einheit der Kraft ist Newton: $\mathrm{N} = \mathrm{kg} \cdot \frac{\mathrm{m}}{\mathrm{s}^2}$

Drittes Newton'sches Axiom: Reaktionsprinzip

»Zu jeder Kraft gibt es eine gleich große entgegengesetzte Gegenkraft.«

Was bedeutet das genau? Zur Erklärung soll noch einmal auf den Sportwagen zurückgegriffen werden. Jan sitzt im Auto und wartet vor einer roten Ampel. Die Geschwindigkeit beträgt 0 m/s. Nun wird die Ampel grün. Der Wagen fährt los, beschleunigt und übt damit eine Kraft auf Jan aus, die ihn nach vorne drückt. Gleichzeitig wird Jan aber in den Sitz gedrückt. Er selbst übt damit eine gleich große Kraft nach hinten aus.

Umgekehrt verhält es sich, wenn ein Auto bremst und dadurch langsamer wird. Jan wird dann entgegengesetzt zu der nach hinten wirkenden Bremskraft aus dem Sitz nach vorne gedrückt. S. 68

Auch ein Baum übt entgegengesetzt wirkende Kräfte aus, wenn man an einem an ihm festgebundenen Seil zieht. Das ist in Abbildung 2-13 dargestellt.

Gewichtskraft

Unter der Gewichtskraft F_g – oft auch einfach Gewicht genannt – versteht man die Kraft, mit

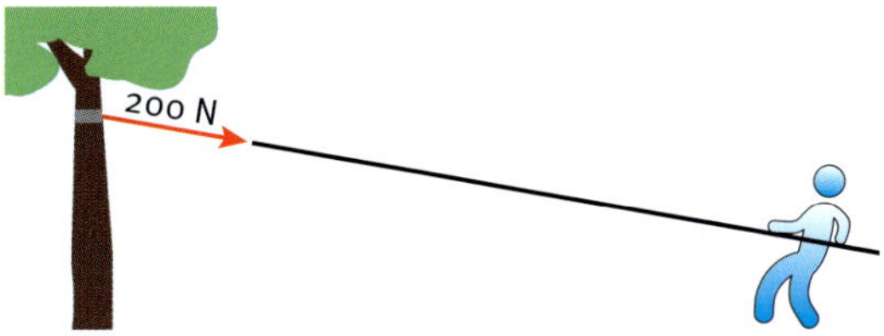

Abb. 2-13: Ziehen mit einer Kraft von 200 N an einem Baum

der jeder Körper auf den Untergrund drückt. Diese Kraft wird durch die Erdbeschleunigung S. 68 g hervorgerufen und berechnet sich daher über die Gleichung:

$$F_g = m \cdot g$$

Die Erdbeschleunigung g beträgt 9,81 m/s². Weil g in der Physik häufig gebraucht wird und die Einheit m/s² etwas sperrig ist, hilft man sich mit einer Umstellung der Formel für die Gewichtskraft: S. 18

$$\mathrm{N} = \mathrm{kg} \cdot \frac{\mathrm{m}}{\mathrm{s}^2} \leftrightarrow \frac{\mathrm{N}}{\mathrm{kg}} = \frac{\mathrm{m}}{\mathrm{s}^2}$$

Aus der Umstellung folgt 9,81 m/s² = 9,81 N/kg. Näherungsweise entspricht die Gewichtskraft in Newton also dem Zehnfachen der Masse in Kilogramm. Als Faustformel zum Verhältnis von Gewichtskraft und Masse gilt: 10 N ≈ 1 kg.

> **Merke:**
>
> Die Gewichtskraft in Newton entspricht etwa dem Zehnfachen der Masse in Kilogramm: 10 N ≈ 1 kg.

Wenn man eine 100-g-Tafel Schokolade in der Hand abwiegt, dann spürt man die Gewichtskraft von etwa 1 N. Nimmt man 1 l Wasser in einer PET-Flasche in die Hand, hält man die Gewichtskraft von ungefähr 10 N.

Überlagerung von Kräften

Kräfte können sich überlagern und dadurch ihre Wirkung verstärken oder abschwächen. Wenn zwei gleich starke Personen an jeweils einem Ende eines Seils ziehen, heben sich diese Kräfte gegenseitig auf. Ziehen allerdings beide Personen auf derselben Seite des Seils, verstärken sie ihre Kraft.

Immer dann, wenn sich alle an einem Punkt angreifenden Kräfte gegenseitig aufheben, spricht man von einem Kräftegleichgewicht (Abb. 2-14). Heben sich die Kräfte nicht alle gegenseitig auf, bleibt eine resultierende Kraft übrig, die zu einer Beschleunigung führt.

Reibungskräfte

Reibung spielt in der Natur eine ganz wichtige Rolle:

- Ohne Reibung würde kein Nagel in der Wand halten,
- Jede Schräge, auch wenn sie noch so klein ist, würde Objekte zum Rutschen bringen.
- Man könnte keine Mutter fest auf eine Schraube drehen.
- Man könnte sich nur durch Abstoßen von einer Wand in Bewegung versetzen.
- Befände man sich auf einer Straße, käme man nicht mehr weg.

> ***Merke:***
> Ohne Reibung würde unsere Welt nicht existieren!

In Rechnungen nimmt man trotzdem sehr häufig an, dass keine Reibung auftritt. Warum? Weil die Behandlung von Reibungskräften einem wichtigen physikalischen Prinzip zuwiderläuft, nämlich dem Energieerhaltungssatz. Er besagt, dass Energie in einem abgeschlossenen System nicht verschwinden kann. Sie kann umgewandelt, aber nicht vernichtet werden.

Immer wenn Reibung auftritt, verliert ein physikalisches System Energie. Ein Beispiel: Wenn S. 80
man eine Schaukel einmal anstößt, wird sie nach einer gewissen Zeit wieder zur Ruhe kommen. Die Energie, die man in die Schaukel gesteckt hat, »ist verbraucht«. Die Schaukel ist durch Reibung an den Gelenken und an der Luft immer langsamer geworden, bis sie völlig still stand.

Nur wo ist die Bewegungsenergie hin? Sie wurde umgewandelt in Wärmeenergie und diese Wärme S. 95
wurde an die Umgebung abgegeben. Besonders auffällig wird dies bei heiß laufenden Bremsen. Der Grund ist auch hier die durch die Reibung entstandene Wärme.

Haftreibung, Rollreibung und Gleitreibung

Eine Kategorie von Reibungskräften beschreibt die Wechselwirkung mit dem Untergrund. Also wie reibt Holz auf Beton oder Stahl auf Eis? Oder wie rollt Gummi auf Asphalt? Diese Reibungskräfte sind materialabhängig und darüber hinaus teilweise auch temperaturabhängig. Bei einem Formel-1-Rennen etwa müssen die Rennfahrer die Reifen ihrer Fahrzeuge auf Temperatur bringen, damit eine gewünschte Reibung zustande kommt.

Der Unterschied zwischen den drei Reibungskräften liegt in ihrer Verwendung:

- Ein Körper, der aus dem Stillstand heraus bewegt werden soll, muss die **Haftreibung** überwinden.
- Wenn er sich dann in Bewegung befindet, ist »nur noch« die **Gleitreibung** zu überwinden.
- Bei Objekten, die gerollt werden oder auf Rollen stehen, ist die **Rollreibung** mit zu berücksichtigen.

Die Rollreibung ist wesentlich geringer als die Gleitreibung. Deshalb lässt sich eine Kiste mit wesentlich weniger Kraft rollen, als beim Schieben erforderlich wäre. Es ist also bei Weitem nicht so anstrengend (Abb. 2-15).

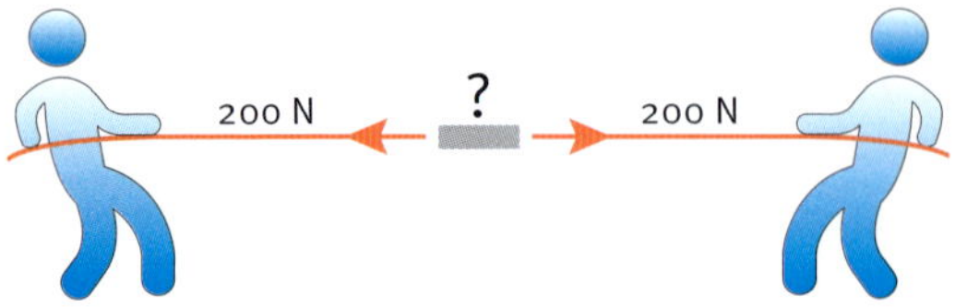

Abb. 2-14: Hier heben sich die Kräfte auf

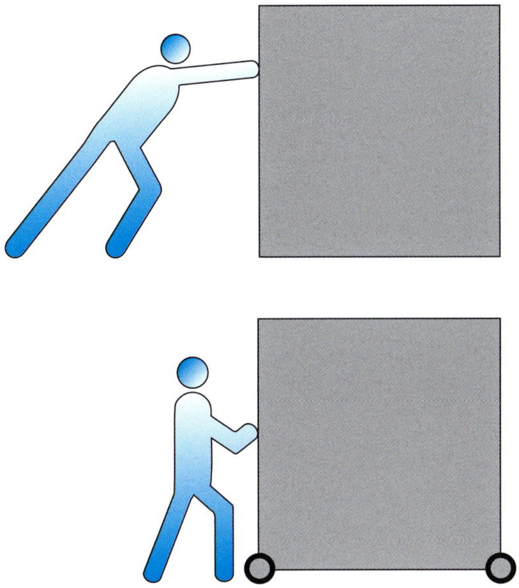

Abb. 2-15: Schieben und Rollen einer Kiste

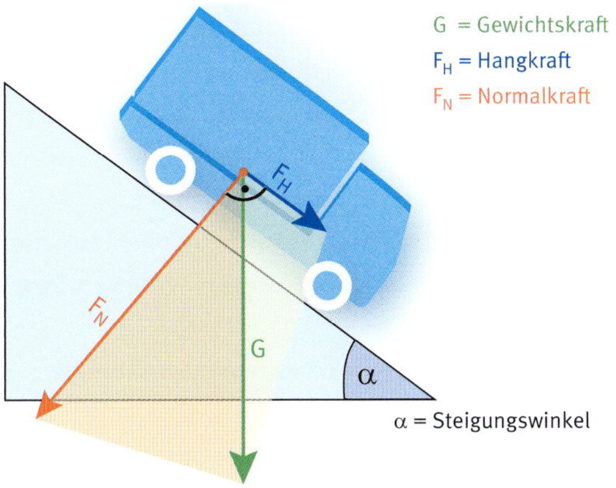

Abb. 2-16: Kräftezerlegung an der schiefen Ebene

Berechnung von Reibungskräften

Allgemein wird die Reibungskraft definiert als:

$$F_R = \mu \cdot F_N$$

mit F_R = Reibungskraft in N
μ = Reibungskoeffizient (dimensionslos, d. h. hat keine Einheit)
F_N = Normalkraft in N

Die Normalkomponente F_N der Gewichtskraft F_g ist dabei immer senkrecht auf die Auflagefläche gerichtet (Abb. 2-16). Je schräger diese Fläche ist, desto kleiner wird die Normalkomponente und damit auch die Reibungskraft. Wird der Steigungswinkel immer größer, überwiegt an einem bestimmten Punkt die Hangabtriebskraft die Reibung und der Körper fängt an zu rutschen.

Beispiel: Eine Kiste mit der Masse 7 kg soll auf einer schiefen Ebene (α = 54°) abgestellt werden. Der Reibungskoeffizient beträgt μ = 0,4. Bleibt die Kiste stehen oder rutscht sie die Schräge herunter?

Nötig ist also ein Vergleich der Reibungskraft

$$\begin{aligned} F_R &= \mu \cdot m \cdot g \cdot \cos\alpha \\ &= 0{,}4 \cdot 7\,\text{kg} \cdot 9{,}81\,\frac{\text{N}}{\text{kg}} \cdot \cos 24^\circ \\ &= 25{,}09\,\text{N} \end{aligned}$$

mit der Hangabtriebskraft

$$\begin{aligned} F_H &= m \cdot g \cdot \sin\alpha \\ &= 7\,\text{kg} \cdot 9{,}81\,\frac{\text{N}}{\text{kg}} \cdot \sin 24^\circ \\ &= 27{,}93\,\text{N} \end{aligned}$$

Da die Hangabtriebskraft größer ist als die Reibung, fängt die Kiste auf der Schräge an zu rutschen.

Luftreibung und Strömungswiderstand

Bewegt sich ein Objekt durch die Luft oder ein anderes Medium (Flüssigkeit), erfährt dieser Körper einen Widerstand, eine Reibung, die von seiner Geschwindigkeit abhängig ist. Das heißt, je schneller sich der Körper innerhalb dieses Mediums bewegt, um so größer wird die Reibung sein, die er verursacht.

Weiter spielt es eine Rolle, mit welcher Fläche sich dieser Körper dem Medium in den Weg stellt. Hat er eine große Angriffsfläche, erzeugt er eine große Reibung. Ist der Körper dagegen windschnittig, wird auch die von ihm erzeugte Reibung klein sein.

Diesen Zusammenhang macht man sich im Autobau zunutze. Auch bei der Konstruktion des Trimarans in Abbildung 2-17 wurde darauf geachtet, dass er im Wasser möglichst wenig Reibung erzeugt.

Egal wie langsam und wie windschnittig der Körper auch sein mag: Er wird immer eine entsprechende Reibungskraft – auch Strömungswiderstand F_W genannt – bewirken.

Die Geschwindigkeit hat einen besonders großen Einfluss. Eine Halbierung der Geschwindigkeit führt zu einer vierfach geringeren Reibung. Deshalb braucht ein Fahrzeug bei langsamerer Fahrt deutlich weniger Kraftstoff.

Abb. 2-17: Dieser Trimaran schwebt fast auf dem Wasser

2.2.5 Druck

Wofür brauchen das ...?

- **Fachkräfte Agrarservice:** Der Bodendruck beim Überfahren mit dem Traktor entsteht aus einer Reifenaufstandsfläche und der Last, mit der der Traktor auf den Boden drückt. Robin fragt sich, wie stark der Bodendruck wohl bei gleicherc Last durch den Einsatz von Raupenschleppern verringert werden könnte?
- **Forstwirte:** Mithilfe von hydraulischen Systemen können mit dem Harvester hiebreife Bäume gefällt und entastet werden. Die Kraft basiert auf dem Öldruck.
- **Landschaftsgärtner:** Beim Pflastern von Flächen spielt die angestrebte Nutzlast – ob die Fläche also von Fußgängern begangen oder als Feuerwehrzufahrt genutzt wird – eine große Rolle. Der Untergrund muss dem Druck standhalten.

Wirkt eine Kraft auf eine bestimmte Fläche, spricht man von Druck. Drücke kommen in der Natur überall vor. Wenn z. B. die Gewichtskraft der Luftmoleküle auf die Erdoberfläche drückt, spricht man von Luftdruck.

Definition

Den Luftdruck spürt man natürlich nicht direkt, wohl aber den Druck, wenn einem z. B. jemand auf den Fuß tritt. Am schmerzhaftesten ist dies bei einem Stöckelschuh. Aber warum? Es liegt an der im Vergleich zum Gewicht der Person kleinen Aufstandsfläche des Absatzes. Je kleiner die Fläche *A* bei gleicher Gewichtskraft *F ist,* desto höher ist der Druck *p*. Als Formel sieht dieser Zusammenhang so aus:

$$p = \frac{F}{A}$$

Der Druck wird standardmäßig in der Einheit Pa (Pascal) angegeben.

$$\text{Pa} = \frac{\text{N}}{\text{m}^2}$$

Diese Einheit ist sehr klein. Ein Beispiel: Wenn man eine 100-g-Tafel Schokolade auf einer Tischfläche von 1 m · 1 m verteilt, drückt diese mit dem Druck 1 Pa auf den Tisch. Das ist sehr wenig, wenn man sich überlegt, wie dünn die Schokolade auf dem gesamten Tisch verteilt ist.

Drücke in Pascal anzugeben, bedeutet daher immer sehr große Zahlenwerte. Deshalb wird meistens eine andere Einheit verwendet: bar. Es gilt:

$$1\,\text{bar} = 100\,000\,\text{Pa}$$

$$1\,\text{mbar} = 1\,\text{hPa}$$

Man kann sich die Einheit Bar folgendermaßen merken: 1 bar ist der Druck, der durch das Gewicht von 1 kg auf 1 cm² erzeugt wird. Abbildung 2-18 stellt den Zusammenhang grafisch dar.

Merke:

Der **Druck *p*** beschreibt die Kraft *F*, die auf eine Fläche *A* wirkt.

Die Formel zur Berechnung des Drucks lautet: $p = \frac{F}{A}$

Die Einheit des Drucks ist Pascal: $\text{Pa} = \frac{\text{N}}{\text{m}^2}$

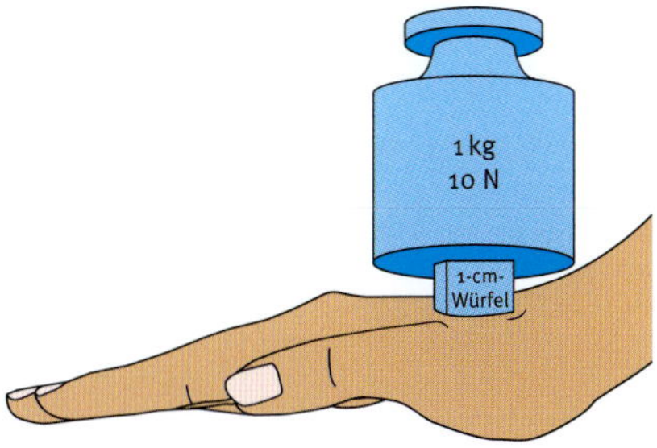

Abb. 2-18: Druck von 1 bar auf dem Handrücken

Beim Tanzen kommt es vor, dass man seinem Nachbarn im Gedränge versehentlich den Absatz auf den Fuß setzt. Frauen tragen dabei gerne Schuhe mit hohen Absätzen und geringer Aufstandsfläche am Absatz (Stöckelschuhe).

Wenn man annimmt, dass sich die Körpermasse einer Frau mit 50 kg Körpermasse auf zwei Absätze verteilt (jeweils 25 kg) ist und die Masse von der Erdanziehungskraft in Richtung Boden gezogen wird, sieht die Formel folgendermaßen aus:

$$25\ \text{kg} \cdot 9{,}81\ \text{m/s}^2 = 245{,}25\ \text{N}$$

Es lastet auf jedem Absatz eine Kraft von 245,25 N. Leicht vorstellbar ist, dass der Druck gut zu ertragen wäre, wenn es sich um ein paar Hausschuhe handeln würde. Bei »Pfennigabsätzen« wird es schmerzhafter.

Angenommen, die gesamte Last eines Fußes verteilt sich auf einer Fläche von 1 cm^2 (1 cm · 1 cm). Das entspricht einer Fläche von 1/10 000 m^2 oder 0,0001 m^2. Der Druck, der z. B. auf dem Fuß eines Tanznachbarn entsteht, ist in diesem Fall also die Kraft von 245,25 N, verteilt auf einer Fläche von 0,0001 m^2:

$$\frac{245{,}25\ \text{N}}{0{,}0001\ \text{m}^2} = 2\,452\,500\ \text{N/m}^2$$

Das entspricht einem Druck von 2,4525 Mio. Pa oder 24,525 bar! Man wird einen deutlichen Abdruck auf dem Fuß sehen können.

Zum Vergleich soll ein größeren Ackerschlepper mit einer Gesamtmasse von 8 500 kg dienen. Er steht, wie jeder vernünftige Schlepper, auf vier Reifen. Es wird angenommen, dass alle vier Reifen die gleiche Last zu tragen haben. Dann entfällt auf jeden Reifen folgende Last:

$$\frac{8\,500\ \text{kg}}{4\ \text{Reifen}} = 2\,125\ \frac{\text{kg}}{\text{Reifen}}$$

Abb. 2-19: Schlepperreifen gegen Stöckelschuh

Als Kraft ausgedrückt, betrüge die Last dann:

$$2\,125\ \text{kg} \cdot 9{,}81\ \text{m/s}^2 = 20\,846{,}25\ \text{N}$$

Weiter soll angenommen werden, dass jeder Reifen eine Aufstandsfläche von 0,35 m^2 hat. Es ergibt sich folgender Druck:

$$\frac{20\,846{,}25\ \text{N}}{0{,}35\ \text{m}^2} = 59\,560{,}71\ \text{N/m}^2$$

Das entspricht einem Druck von 59 560 Pa oder 0,5956 bar! Der Stöckelschuh übt also in diesem Fall einen größeren Druck auf den Fuß eines Tanznachbarn aus als ein Schlepperreifen auf einen Ackerboden (Abb. 2-19).

Das sollte nicht zu der Annahme verleiten, der Fuß bliebe heil, wenn er von einem Schlepperreifen überrollt wird. Das Gewicht des Schleppers verteilt sich eben nicht vollkommen gleichmäßig auf dem Reifen, aber je geringer der Reifeninnendruck ist, umso besser kann sich die Last auf dem Boden verteilen, weil sich der Reifen Bodenunebenheiten anpassen kann.

Das Messen des Drucks kann tückisch sein, Im Schlepperreifen misst man einen Druck von etwa 1,6 bar. Tatsächlich liegt der herrschende Druck aber bei ungefähr 2,6 bar. Was uns das Messinstrument angibt, ist immer nur die Differenz gegenüber dem äußeren Luftdruck, der typischerweise bei 1 bar liegt.

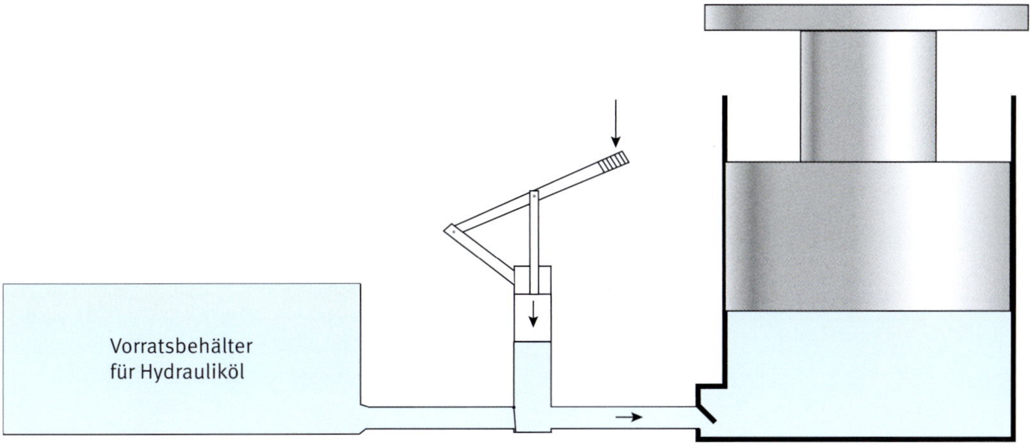

Abb. 2-20: Prinzip einer hydraulischen Presse

Hydrostatischer Druck

Hydrauliksysteme

In Hydrauliksystemen nutzt man den hydrostatischen Druck einer Flüssigkeit (durch eine Pumpe wird der Druck aufgebaut), um an anderer Stelle eine große Kraft auszuüben. Ein gutes Beispiel dafür ist ein Holzspalter. Man schaltet die Pumpe ein und mithilfe eines Hydraulikzylinders kann man nun eine so große Kraft ausüben, dass sich damit Holz spalten lässt.

Irgendwie weiß man auch, dass ein großer Hydraulikzylinder eine große Kraft ausüben kann (Abb. 2-20). Wie kommt das?

Angenommen, ein hydraulisch angetriebener Holzspalter hätte einen hydrostatischen Druck von 180 bar. Es wird also, bei Betätigung der entsprechenden Ventile, Öl mit diesem Druck in den Hydraulikzylinder geleitet.

Sobald dem Zylinder eine Kraft entgegengesetzt wird (z. B. durch einen Baumstamm, der aufgespalten werden soll), steigt der Druck bis auf maximal 180 bar oder, anders ausgedrückt, 18 000 000 Pa oder 18 000 000 N/m^2 an. Die Fläche, auf die dieser Druck ausgeübt wird, ist die Fläche des Hydraulikzylinders, gegen die das Öl nun anarbeitet.

Weiter wird angenommen, dass der Hydraulikspalter einen Hydraulikzylinder von 120 mm Durchmesser hat, also 0,12 m. Dann kann man eine Fläche A daraus ermitteln:

$$A = \frac{(0{,}12\ \text{m}^2) \cdot \pi}{4} = \frac{0{,}12^2\ \text{m}^2 \cdot \pi}{4} = 0{,}011\,3097\ \text{m}^2$$

Der Druck verteilt sich auf der Fläche von 0,0113097 m^2. Die Kraft, die daraus entstehen kann, wird folgendermaßen berechnet:

$$18\,000\,000\ \frac{\text{N}}{\text{m}^2} \cdot 0{,}011\,3097\ \text{m}^2 = 203\,575{,}2\ \text{N}$$

Der Spalter kann also mit einer Kraft von 203 575,2 N gegen den Holzstamm drücken. Das entspricht einer Masse von 20,752 t. Man könnte auch sagen, dass dieser Hydraulikzylinder bei einem Druck von 180 bar eine Masse von 20,752 t senkrecht nach oben stemmen könnte.

Schwimmende Körper

Auch in Flüssigkeiten in der freien Natur kann man einen Druck beobachten. Wenn man im Schwimmbad auf 3,5 m Wassertiefe hinuntertaucht, ist deutlich zu spüren, dass der Druck zunimmt. Dafür sorgt in diesem Fall keine Pumpe, sondern die Masse des Wassers über dem Taucher. Sie presst ihn zusammen (Abb. 2-21).

Der Druck, der auf den Körper einwirkt, wird durch seine Gewichtskraft F erzeugt, die sich aus S. 71
der Masse m des Körpers und der Erdbeschleunigung g ergibt, also: S. 68

Abb. 2-21: Hydrostatischer Druck eines Körpers, der sich aus der Masse im Wasser ergibt

$$\varrho = \frac{F}{A} = \frac{m \cdot g}{A}$$

Doch wie soll man die Masse bestimmen? Es hilft, S. 62 sich an die Dichte ϱ (Rho gesprochen) zu erinnern. Mit ihrer Hilfe kann aus einem Volumen V eine Masse m bestimmt werden. Diesen Zusammenhang nutzt man hier:

$$m = \varrho \cdot V$$

Setzt man diesen Ausdruck für die Masse ein, erhält man:

$$p = \frac{\varrho \cdot V \cdot g}{A}$$

Nun gut, jetzt braucht man zwar keine Masse mehr zu bestimmen, aber das Volumen ist trotzdem noch nicht bekannt. Es sieht so aus, als ob man nur eine unbekannte Masse durch ein unbekanntes Volumen ersetzt hätte.

Ehrlich gesagt, genau das wurde getan, und zwar aus einem guten Grund: Das Volumen ergibt sich immer aus der Fläche A eines Körpers und seiner Höhe h, also $V = A \cdot h$.

Jetzt muss nur noch das Volumen ersetzt und ein bisschen gekürzt werden:

$$p = \frac{\varrho \cdot A \cdot h \cdot g}{A} = \varrho \cdot h \cdot g$$

Der Ausdruck auf der rechten Seite der Gleichung besteht nun nur noch aus bekannten Größen. Der Druck aufgrund dieser Berechnung hat einen besonderen Namen, man nennt ihn den hydrostatischen Druck $p(h)$.

Merke:

Der hydrostatische Druck $p(h)$ beschreibt den Druck, der auf einen Körper in einer Flüssigkeit wirkt. Dabei sind die Dichte ϱ (Rho), die Höhe h und die Erdbeschleunigung g von Bedeutung.

Die Formel zur Berechnung lautet: $p(h) = \varrho \cdot h \cdot g$

Der hydrostatische Druck hat die Einheit Pa (Pascal) oder bar (Bar).

Behälter und Rohrleitungssysteme

Man sieht also, dass man den hydrostatischen Druck von z. B. Ammonium-Nitrat-Harnstofflösung (AHL) bestimmen kann, ohne deren Masse oder Volumen zu kennen. Ausreichend ist die Dichte, nämlich 1,279 g/cm³. Will man AHL in ein hohes Silo einfüllen und dort lagern, richtet sich der ausgeübte Druck auf die Silowände.

Im Beispiel beträgt die Dichte 1,279 g/cm^3 oder 1 279 kg/m^3 (in SI-Einheiten) und die Höhe des S. 56 Silos 4 m. Der hydrostatische Druck am unteren Fuß des Silos errechnet sich folgendermaßen:

$$p(h) = 1\,279\,\frac{kg}{m^3} \cdot 4\ m \cdot 9{,}81\,\frac{m}{s^2} = 50\,187{,}96\,\frac{kg}{(m \cdot s^2)}$$

Anders ausgedrückt bedeutet dies 50 187,96 Pa oder 0,501 879 6 bar.

Was vielleicht auf den ersten Blick nicht auffällt, ist die Tatsache, dass dieser Druck von der Tiefe abhängt, nicht jedoch von der tatsächlichen Flüssigkeitsmenge, die sich darum herum befindet. Beispiel: Ein sehr schmales und ein sehr breites Gefäß sind jeweils mit Wasser gefüllt. Der

Abb. 2-22: Hydrostatischer Druck in schmalen und weiten Gefäßen und in korrespondierenden Röhren

Druck auf dem Untergrund bleibt der Gleiche (Abb. 2-22 links).

Dasselbe gilt für zusammenhängende Rohrleitungssysteme (Abb. 2-22 rechts). Deshalb ist beim Öffnen von Rohrleitungssystemen grundsätzlich Vorsicht geboten: Die Menge der auslaufenden Flüssigkeit könnte größer sein als gedacht.

2.2.6 Arbeit und Energie

Wofür brauchen das …?

- **Landwirte:** Nach der Ernte soll Dirk die eingefahrenen Strohballen unter ein Dach stapeln. Er fragt sich, warum dafür eine so hohe Drehzahl des Schleppermotors nötig ist?
- **Forstwirte:** Ein unsachgemäß aufgerichtetes Langholzpolter rutscht ab und drückt dabei die Seite eines geparkten Forstfahrzeugs ein. Wo kommt die Energie her?
- **Gärtner:** Sybille hat eine Nachlieferung Blumenerde zum Verkauf angenommen. Weil es sich nur um eine Palette handelt, will sie sie mit dem Handhubwagen bis zum Verkaufsraum ziehen. Das wird anstrengend.

Arbeit und Energie sind zwei ganz zentrale Begriffe in der Physik. Von Energie hört man täglich in den Medien, meist in Bezug auf:

- regenerative und fossile Energiequellen,
- energiesparende Verbraucher (z. B. Gefrierschrank, Leuchtmittel, Auto).

Was machen all diese Verbraucher? Sie verbrauchen Energie und verrichten damit Arbeit. Unter Arbeit W versteht man allgemein das Produkt aus der aufgewendeten Kraft F entlang eines Wegs s. Dieser Zusammenhang wird mit folgender Formel beschrieben:

S. 70

$$W = F \cdot s$$

In einem Beispiel soll die Bodenbearbeitung mit einem Schwergrubber durchgeführt werden (Abb. 2-23). Es leuchtet ein, dass zum Ziehen dieses Geräts eine bestimmte Kraft aufgewendet werden muss. Gleiches gilt für eine Handharke. Das Ziehen des Geräts (unter Aufwendung der notwendigen Kraft) wird dem Arbeiter umso schwerer fallen, je weiter er das Gerät ziehen muss.

Insofern lässt sich Arbeit direkt als körperlich verrichtete Arbeit beschreiben. Wenn ein Gerät mit großer Kraft einen weiten Weg gezogen werden muss, wird mehr Arbeit verrichtet, als wenn der gleiche Weg mit geringer Kraft gezogen wird.

Nimmt man nun den Boden als Element, der einen Widerstand entgegensetzt, kann man sich vorstellen, dass die Arbeit bei lockerem Boden leichter ist als bei klebrigem und schwerem Boden. Der Betrag der Arbeit ist geringer, sagt man.

Soll eine Masse gegen die Erdanziehungskraft befördert werden, ist der Widerstand, gegen den angearbeitet werden muss, die Erdbeschleunigung. Es leuchtet auch hier ein, dass umso mehr Arbeit verrichtet werden muss, je höher eine Masse zu befördern ist.

Die Einheit der Energie bzw. der Arbeit ergibt sich aus der Einheit der Kraft (N) mal der Einheit des Wegs (m), also Newtonmeter (Nm), auch als Joule (J) bezeichnet.

Merke:

Die **Arbeit *W*** ist das Produkt aus der aufgewendeten Kraft F entlang eines Wegs s.

Die Formel lautet: $W = F \cdot s$

Die Standardeinheit ist Joule oder Newtonmeter: $J = N \cdot m$

Abb. 2-23: Arbeit mit einem Schwergrubber

Hubarbeit

An einem einfachen Beispiel soll dies verdeutlicht werden: Ein Hubwagen hebt eine Kiste an. Er verbraucht Energie in Form von Strom oder aus der Verbrennung von Treibstoff. Diese Energie wird genutzt, um die Kiste anzuheben und auf eine bestimmt Höhe h zu bringen (Abb. 2-24).

Die Hubarbeit bedeutet also ganz allgemein: Gewichtskraft F_g mal Hubhöhe h, wobei die Kraft F gemäß deren Definition auch als Masse m mal S. 68 Erdbeschleunigung g dargestellt werden kann:

$$W_{hub} = F_g \cdot h = m \cdot g \cdot h$$

Die Kiste im Beispiel soll 800 kg wiegen und auf 4 m Höhe auf einem Zwischenboden abgestellt werden. Die Werte können in die Formel eingesetzt werden und man erhält die benötigte Energie: 31 392 J.

$$W_{hub} = m \cdot g \cdot h = 800\,\text{kg} \cdot 9{,}81\,\frac{\text{N}}{\text{kg}} \cdot 4\,\text{m} = 31392\,\text{J}$$

An diesem Beispiel wird deutlich, dass Joule eine eher kleine Einheit ist. Daher wird in vielen Fäl- S. 60 len die Einheit kJ (Kilojoule) bevorzugt. Für die Hubarbeit sind demnach 31,392 kJ Energie nötig.

Was kann man tun, wenn eine Last zu schwer ist, um sie einfach hochzuheben, man also mehr Kraft bräuchte, als man zur Verfügung hat. Diese Frage haben sich Arbeiter schon gestellt, bevor es Elektrizität und Dieselmotoren gab. Sie haben den Hebel und den Flaschenzug erfunden (Abb. 2-25).

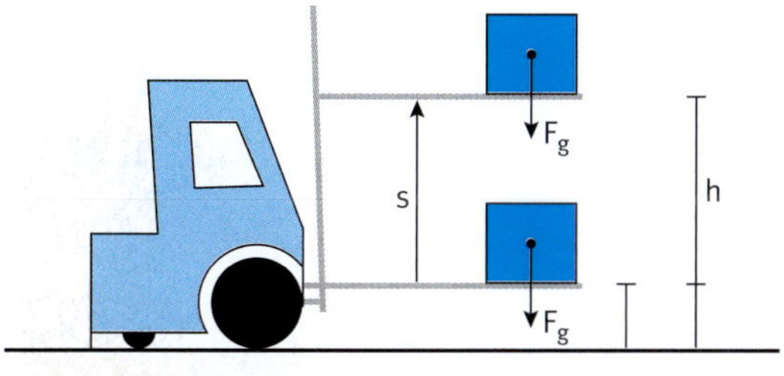

Abb. 2-24: Ein Hubwagen verrichtet Arbeit, indem er eine Kiste entgegen der Gewichtskraft F_g um den Weg s auf eine bestimmte Höhe h anhebt

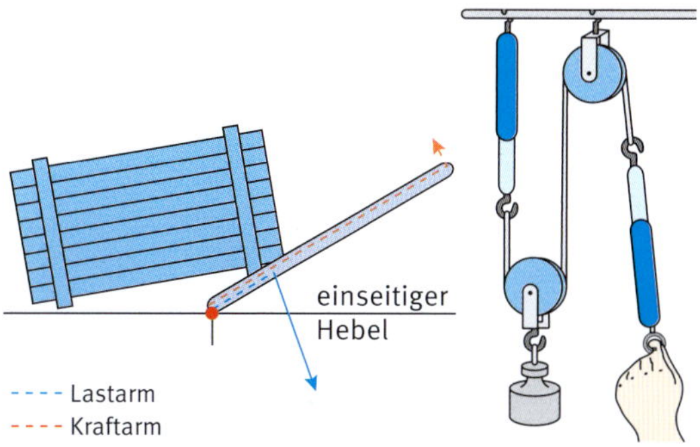

Abb. 2-25: Zwei wichtige Hilfsmittel für Hebearbeiten: der Hebel und der Flaschenzug

Aber wieso funktioniert das? Ganz einfach! Man denke noch einmal über die Formel für die Kraft nach: $W = F_g \cdot s$. Daraus folgt: Wenn der Weg s länger ist, kann die Kraft F kleiner sein, um dieselbe Arbeit W zu leisten. Übrigens: Aus dem gleichen Grund werden Bergstraßen meist in Serpentinen angelegt (Abb. 2-26). Kaum ein Fahrzeug würde es sonst über die Alpen schaffen.

Lageenergie

Wenn Hubarbeit verrichtet wurde, steckt sie als Lageenergie im angehobenen Körper. Die Lageenergie bezeichnet man auch als potenzielle Energie E_{pot} oder einfach als Potenzial. Sie entspricht der Hubkraft F_g. Man schreibt:

$$E_{pot} = W_{hub} = F_g$$

Abb. 2-26: Bergstraße mit zahlreichen Kurven in Südfrankreich

Die potenzielle Energie wird wieder frei, wenn man die Masse wieder fallen lässt. Mit dieser Energie kann dann wiederum Arbeit verrichtet werden.

Merke:

Als potenzielle Energie E_{pot} oder auch Lageenergie bezeichnet man die in einem angehobenen Körper steckende Energie. Die potenzielle Energie entspricht dabei der Hubarbeit W_{hub} und der Hubkraft F_g.

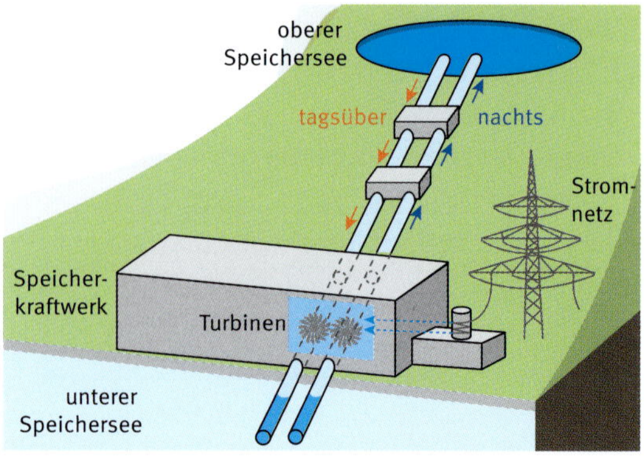

Abb. 2-27: Funktionsweise eines Pumpspeicherkraftwerks

Ein gutes Beispiel sind Pumpspeicherkraftwerke. In diesen Anlagen wird Wasser z. B. mithilfe von Strom aus Sonnenenergie in einen höher liegenden See gepumpt (Abb. 2-27). Dabei wird physikalisch gesehen Hubkraft geleistet und potenzielle Energie gespeichert. Wird dann abends Energie benötigt, fließt das Wasser durch Rohrleitungen zurück ins Tal und treibt dabei eine Turbine an. Es verrichtet also Arbeit.

Bewegungsenergie

Man nennt die Bewegungsenergie auch kinetische Energie E_{kin}. Wenn man einen Körper der Masse m auf eine bestimmte Geschwindigkeit v beschleunigt, führt man ihm Energie zu, die als Bewegungsenergie in diesem Körper verharrt, solange er seine Geschwindigkeit beibehält.

Nimmt die Geschwindigkeit ab, verringert sich auch die Bewegungsenergie. Nimmt die Geschwindigkeit zu, erhöht sich gleichzeitig die Bewegungsenergie. Es gilt:

$$E_{kin} = \frac{1}{2} \cdot m \cdot v^2$$

Die Tatsache, dass zur Verdopplung der Geschwindigkeit die vierfache Energie benötigt wird, ist be-
S. 21 sonders beim Abbremsen von schweren Fahrzeugen relevant. Das zeigt folgendes Beispiel: Rieke fährt einen Trecker mit vollem Anhänger und muss abrupt abbremsen. Was passiert? Der Trecker wird vorwärts geschoben.

Wie könnte man das physikalisch berechnen? Angenommen, der Schlepper und der Anhänger haben eine Masse von insgesamt 12 500 g. Der Zug bewegt sich mit 12 m/s Geschwindigkeit; das sind 43,2 km/h. Eingesetzt in die Formel für die kinetische Energie bedeutet das:

$$\frac{1}{2} \cdot 12\,500\,\text{kg} \cdot (12\,\frac{\text{m}}{\text{s}})^2 = 6\,250\,\text{kg} \cdot 144\,\frac{\text{m}^2}{\text{s}^2}$$

$$= 900\,000\,\text{kg} \cdot \frac{\text{m}}{\text{s}^2} \cdot \text{m}$$

Die Einheit kg · m/s² kann Rieke auch in Newton (N) ausdrücken. Das Ergebnis lautet folglich auch 900 000 Nm oder 900 000 J.

Müsste Rieke den Zug innerhalb von drei Sekunden vollständig abbremsen, wäre mehr »Bremskraft« S. 68
erforderlich, als wenn sie ihn ganz allmählich, z. B. in 18 Sekunden, anhalten würde:

$$\frac{900\,000\,\text{J}}{3\,\text{s}} = 300\,000\,\frac{\text{J}}{\text{s}}$$

bzw.

$$\frac{900\,000\,\text{J}}{18\,\text{s}} = 50\,000\,\frac{\text{J}}{\text{s}}$$

Anders ausgedrückt sind das 300 kJ/s bzw. 50 kJ/s. Die Zeit spielt also bei der Betrachtung der Bewegungsenergie eine entscheidende Rolle.

2.2.7 Leistung

Wofür brauchen das ...?

- **Gärtner:** Die Pumpe für das Beregnungssystem in einem der Gewächshäuser von Annekes Ausbildungsbetrieb ist ausgefallen. Eine vorrätige Ersatzpumpe bringt aber 10 % weniger Leistung. Der Radius des Kreisregners wird deshalb kleiner, aber um wie viel?
- **Tierwirte:** Wenn Tim den Wert für die Getreidezufuhr der Mahl- und Mischanlage zu stark erhöht, blinkt bei der Anlage das Signal für Überlastung. Die Motorleistung reicht dann nicht mehr aus.

Man stelle sich folgende Situation vor: Jürgen und Peter sollen zehn Kästen Wasser vom Erdgeschoss in das dritte Obergeschoss eines Hauses tragen. Jeder muss also fünf Kästen tragen. Jürgen arbeitet ohne Pause in einem durch und ist nach 15 Minuten mit der Arbeit fertig. Peter macht auf jeder Etage eine kleine Pause und ruht sich aus (Abb. 2-28). Er ist erst nach 30 Minuten fertig.

Soweit die Situation: Nun stellt sich die Frage, wer von den beiden mehr geleistet hat. Sicherlich haben beide Personen die gleiche Arbeit verrichtet, denn nach der Definition der Hubarbeit beträgt diese 7 946,1 J, wie folgende Berechnung zeigt: S. 81

$$\begin{aligned} W_{hub} &= m \cdot g \cdot h \\ &= 5 \cdot 13{,}5\,\text{kg} \cdot 9{,}81\,\frac{\text{N}}{\text{kg}} \cdot 3 \cdot 4\,\text{m} \\ &= 7\,946{,}1\,\text{J} \end{aligned}$$

Dabei ist in die Rechnung eingegangen, dass die Personen je fünf Kästen mit jeweils 13,5 kg zu tragen hatten. Die Gesamthöhe wurde mit drei Stockwerken zu je 4 m Höhe berücksichtigt. Vernachlässigt wird hier freilich, dass Jürgen und Peter auch ihr eigenes Gewicht nach oben tragen müssen. Streng genommen bedeutet auch dies Arbeit.

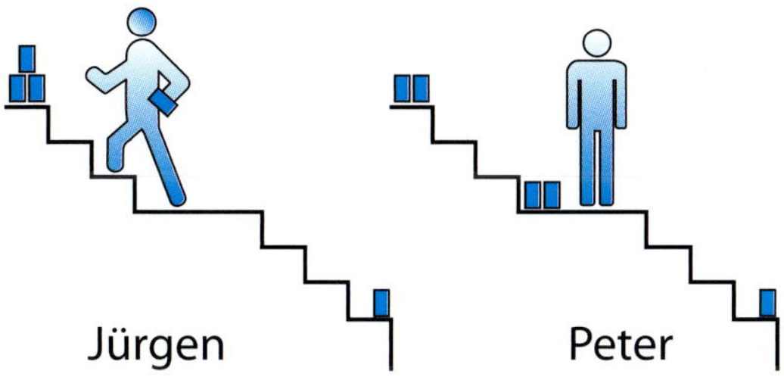

Abb. 2-28: Beide haben am Ende die gleiche Arbeit geleistet, aber nicht die gleiche Leistung erbracht

Was in die Berechnung nicht eingeht, ist die Zeit. Für die Arbeit ist es unerheblich, ob jemand dafür lange braucht oder ob sie sehr schnell erledigt wird. Will man diese Zeit mit einberechnen, kommt man zur physikalischen Größe der Leistung.

Definition

Unter der Leistung versteht man Arbeit pro Zeit, also welche Arbeit W in welcher Zeit t verrichtet wird. Die Leistung bekommt in der Physik das Formelzeichen P aus dem englischen Power. Es gilt:

$$P = \frac{W}{t}$$

Als Einheit werden Watt verwendet, abgekürzt W:

$$\text{W} = \frac{\text{J}}{\text{s}}$$

Merke:

Die Leistung P beschreibt die pro Zeit t geleistete Arbeit W.

Die Formel zur Berechnung der Leistung lautet: $P = \frac{W}{t}$

Die Einheit der Leistung ist Watt: $\text{W} = \frac{\text{J}}{\text{s}}$

Interessant im Zusammenhang mit der Einheit Watt ist Folgendes: Formt man die letzte Gleichung nach Joule (Formeldreieck) um, ergibt sich die Einheit Ws (Wattsekunde): S. 64

$$1\,J = 1\,Ws$$

Multipliziert man beide Seiten mit 3600, weil 3600 Sekunden eine Stunde ergeben, erhält man eine Wattstunde (Wh):

$$3600\,J = 3600\,Ws = 1\,Wh$$

Multipliziert man noch mal mit 1 000, können S. 60 die Vorsätze Mega und Kilo verwendet werden. Es ergibt sich also:

$$3600000\,J = 3{,}6\,MJ = 1000\,Wh = 1\,kWh$$

Abb. 2-29: Alte Stromzähler zur Messung der verbrauchten elektrischen Leistung

Die Einheit Kilowattstunde (kWh) wird zur Abrechnung der verbrauchten elektrischen Energie verwendet (Abb. 2-29). Man sieht, das eine Kilowattstunde 3,6 Megajoule (MJ) entspricht. Man S. 89 könnte auch die elektrische Leistung, also den Stromverbrauch, in Joule bzw. in Megajoule abrechnen, aber die Industrie hat sich auf die Einheit kWh geeinigt.

Eine weitere Einheit für die Leistung sind die Pferdestärken (PS) für Kraftfahrzeuge und Elektromotoren. Diese Einheit wurde zwar schon 1977 durch die Einheit kW ersetzt, wird aber im Alltag immer noch sehr häufig verwendet.

$$1\,PS = 736\,W = 0{,}736\,kW$$

Berechnung der Leistung

Jetzt aber zurück zu Jürgen und Peter in Abbildung 2-28: Beide haben am Ende fünf Kästen Wasser in den dritten Stock getragen und dabei die gleiche Arbeit verrichtet. Sie haben dafür 7 946,1 J Energie verbraucht.

Bei der Leistung sieht es anders aus: Jürgen reichten 15 Minuten, also 15-mal 60 Sekunden. Das macht 900 Sekunden. Peter hat 30 Minuten oder 1 800 Sekunden gebraucht. Die Gleichungen sehen damit folgendermaßen aus:

Jürgen:

$$W = \frac{7\,946{,}1\,J}{900\,s} = 8{,}83\,W$$

Peter:

$$W = \frac{7\,946{,}1\,J}{1800\,s} = 4{,}41\,W$$

Man sieht also: Bei einer Verdoppelung des Zeitbedarfs halbiert sich die Leistung.

2.2.8 Wirkungsgrad

Wofür brauchen das ...?

- **Fachkräfte Agrarservice:** Im Lohnunternehmen, in dem Bernd ausgebildet wird, werden die Kraftstoffverbräuche für die einzelnen Arbeiten genau erfasst. Bernd fragt sich, warum diese so unterschiedlich sind.
- **Gärtner:** Im Ausbildungsbetrieb von Evi wird ein neues Gewächshaus gebaut. Ihr Chef überlegt, welche Form der Heizung einen höheren Gesamtwirkungsgrad hat: Strom oder einer der Primärrohstoffe Gas, Öl oder Holz?
- **Landwirte:** Die Solarzellen auf dem Dach eines Schweinemaststalls sollen nach 15 Jahren erneuert werden. Nikos Chef behauptet, die Fläche könnte dann 15 % mehr Strom erzeugen. Wie kommt das?

Für die Beleuchtung am Schlepper wird Energie in Form von elektrischem Strom benötigt. Vorhanden ist jedoch Primärenergie in Form von Dieselkraftstoff. Diese Primärenergie muss also erst in elektrischen Strom umgewandelt werden.

Der Schleppermotor und eine Lichtmaschine werden benötigt, um aus Diesel Bewegungsenergie und schließlich daraus elektrischen Strom zu erzeugen. Bis der Arbeitsscheinwerfer erstrahlt, wurde die Energie also schon in verschiedene Formen umgewandelt.

Bei jeder Umwandlung der Energie von einer Form in eine andere geht ein gewisser Teil davon »verloren« oder richtig ausgedrückt: Diese Energie wird nicht nutzbringend eingesetzt.

Wenn man die Energiemenge, die ursprünglich im Dieselkraftstoff steckte, mit der Energiemenge vergleicht, die letztlich den elektrischen Scheinwerfer zum Leuchten bringt, kann man einen Quotienten ausrechnen. Diesen Quotienten nennt man Wirkungsgrad. Er wird oft als Prozentzahl angegeben und sagt somit aus, wie viel Prozent der aufgewendeten Energie tatsächlich für einen bestimmten Zweck genutzt werden können. Er gibt den Anteil der letztlich abgegebenen Wärme an der ursprünglichen Energie des Dieselkraftstoffs an.

Es bleibt die Frage, was mit der »verloren« gegangenen Energie passiert ist: Sie wurde z. B. im Motor nicht wie gewünscht in Bewegungsenergie
S. 94 umgewandelt, sondern in Wärme, Lärm und Abgase.
S. 90 Bei der Lichtmaschine können z. B. elektrische Wi-
S. 72 derstände und mechanische Reibung beim Antrieb zu Energieverlusten führen. Auch der austretende Wasserdampf in Kraftwerken ist ein Zeichen für den Energieverlust (Abb. 2-30).

Definition

Der Wirkungsgrad η (Eta) ist der Quotient aus abgegebener Energie E_{ab} oder Arbeit W_{ab}, geteilt durch die aufgenommene oder zugeführte Energie E_{zu} oder Arbeit W_{zu}. Da Energie pro Zeit der Leistung entspricht, kann man auch den Quotienten der Leistung P vergleichen:

$$\eta = \frac{E_{ab}}{E_{zu}} = \frac{W_{ab}}{E_{zu}} = \frac{P_{ab}}{P_{zu}}$$

Abb. 2-30: Der Wasserdampf in einem Kraftwerk stellt einen Energieverlust dar

Da die abgegebene Leistung bzw. Energie stets kleiner ist als die aufgenommene, liegt der Wirkungsgrad η immer unter 1. Grund sind die Energieverluste aufgrund von Licht, Wärme, Abgasen, Geräuschen, Reibung usw.

Wird der Wirkungsgrad als Prozentwert angegeben, beschreibt die Prozentzahl den Anteil der Energie, der tatsächlich genutzt wird. Er erreicht aber nie 100 %.

Tab. 2-4: Typische Wirkungsgrade

Energieumwandlung	Wirkungsgrad in %
Moderner Ottomotor (Benzin)	35 bis 38
Moderner Dieselmotor	45 bis 48
Lichtmaschine	70 bis 80
Elektromotor	90 bis 94
Solarzelle	10 bis 20

Typische Wirkungsgrade

In Tabelle 2-4 sind ein paar typische Wirkungsgrade aufgelistet. All diese Werte sind nur Durchschnittswerte. Spezielle Generatoren können eventuell auch bessere Wirkungsgrade erzeugen, sind aber meist noch nicht kommerziell nutzbar oder befinden sich noch im Forschungsstadium.

2.3 Elektrizitätslehre

Wofür brauchen das ...?

- **Landwirte:** Ein Bauteil der neuen Fotovoltaikanlage auf dem Scheunendach ist ein Wechselrichter, der den erzeugten Gleichstrom der Anlage in Wechselstrom für das Stromnetz umwandelt. Nun muss Lars noch wissen, was Gleichstrom und was Wechselstrom bedeutet.
- **Tierwirte:** Die Mischanlage für das Kraftfutter im Milchviehbetrieb von Martina wird über Kraftstromanschluss betrieben. Martina fragt sich, was diesen genau von einem normalen Haushaltsstromanschluss unterscheidet.
- **Fachkräfte Agrarservice:** Die Leuchte des Arbeitsstrahlers ist kaputt gegangen. Rico will sie auswechseln. Was muss er sicherheitstechnisch beachten?

In der Elektrizitätslehre geht es um elektrische Ströme, Ladungen, Spannungen und Widerstände. Jeder hat diese Begriffe schon einmal gehört. Schließlich werden viele technische Anlagen elektronisch gesteuert und überwacht. Aber was bedeuten diese Begriffe genau und wofür sind sie wichtig?

Die Grundlage aller elektrischen Anlagen ist der Stromkreis. In seiner einfachsten Form verfügt er über eine elektrische Spannungsquelle, also einen Stromanschluss oder eine Batterie, einen Schalter und einen elektrischen Verbraucher, z. B. eine Leuchte. Strom kann nur dann fließen, wenn der Stromkreis geschlossen ist (Abb. 2-31). Das Öffnen und Schließen des Stromkreises übernimmt der Schalter.

Merke:

Ein Stromkreis besteht immer mindestens aus einer elektrischen Spannungsquelle, einem Schalter und einem Verbraucher. Strom kann nur fließen, wenn der Schalter und damit der Stromkreis geschlossen ist.

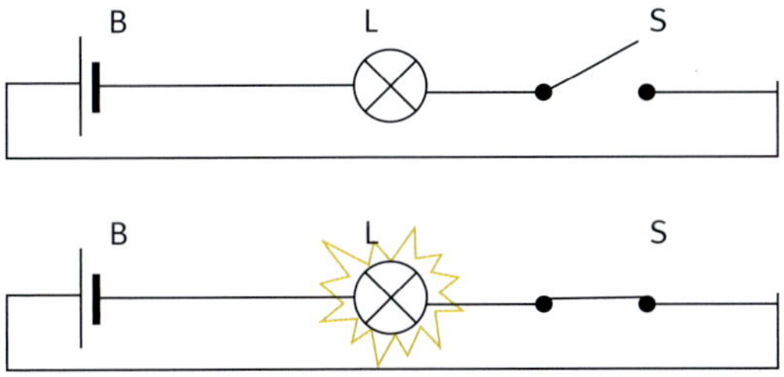

Abb. 2-31: Die einfachste Form eines Stromkreises mit Batterie (B), Leuchte (L) und Schalter (S): oben offen und unten geschlossen

2.3.1 Elektrische Ladung

Die Grundbausteine der Elektrizitätslehre bilden die elektrischen Ladungen. Sie werden in positive und negative Ladungen unterschieden:

- Die positiven Ladungen sind die Protonen; sie befinden sich im Atomkern. S. 104
- Die negativen Ladungen sind die Elektronen; S. 104 sie bewegen sich auf unterschiedlichen Bahnen um den Kern.

Die Einheit, in der die elektrische Ladung gemessen wird, heißt Coulomb. Ein Elektron besitzt somit die Ladung -e, ein Proton die Ladung +e. Größere Ladungen sind immer Vielfache dieser Elementarladung. Da sie aber so klein ist, sieht es so aus, als ob jede beliebige Ladungsmenge möglich wäre.

Gleichnamige elektrische Ladungen stoßen sich ab und ungleichnamige Ladungen ziehen sich an. Dadurch wirken auf ein freies Elektron Kräfte, die die Ladung z. B. von anderen negativen Ladungen S. 109 wegbewegen, hin zu positiven Ladungen. So entsteht ein Kraftfeld, das der Physiker **elektrisches Feld** nennt.

Die Feldlinien sind dabei so angeordnet, wie sich eine freie Ladung bewegen würde. Abbildung 2-32 zeigt einen Dipol mit einer negativen und einer positiven Ladung. Die Richtung, in der sich die Ladung bewegt, nennt man **Stromrichtung**.

Zu Beginn der Elektrizitätslehre war noch nicht klar, ob es die Elektronen sind, die sich bewegen, oder die Protonen. Man hat sich darauf geeinigt,

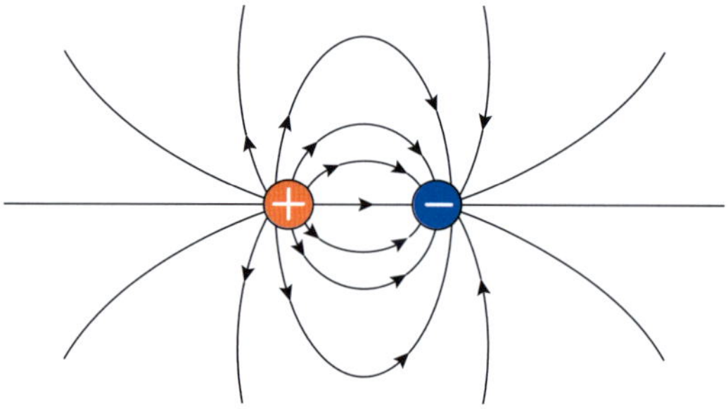

Abb. 2-32: Grafische Darstellung eines elektrischen Felds

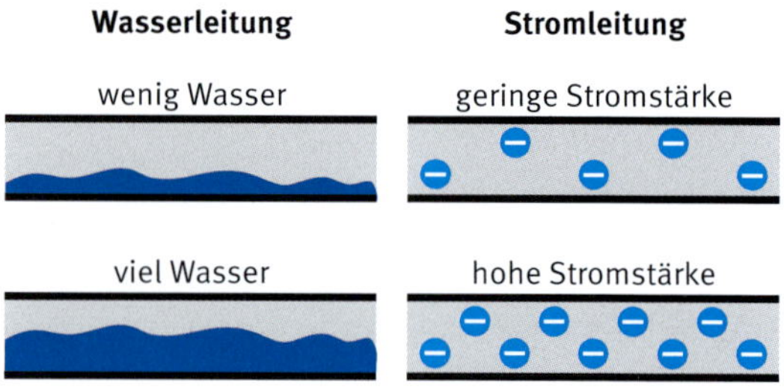

Abb. 2-33: Vergleich von Wasserleitungen mit elektrischen Leitern

dass der Strom immer von (+) nach (-) fließt. Diese technische Stromrichtung wurde auch beibehalten, als Physiker schließlich das Gegenteil herausfanden. Die Feldlinien sind typischerweise immer nach der technischen Stromrichtung angegeben, zeigen also von (+) nach (-).

Die Batterie in Abbildung 2-31 und auch jede andere Spannungsquelle hat einen Pluspol – als langer Querstrich dargestellt – und einen Minuspol – als kurzer Querstrich dargestellt. Der Strom fließt also vom Pluspol durch den Stromkreis zum Minuspol, sofern der Stromkreis geschlossen ist.

Merke:

Nach der technischen Stromrichtung fließt der Strom in jedem elektrischen Feld von (+) nach (–) und demnach in jedem Stromkreis vom Pluspol zum Minuspol, sofern der Stromkreis geschlossen ist.

2.3.2 Stromstärke

Die Elektronen bewegen sich durch einen Leiter wie Wasser durch eine Leitung (Abb. 2-33). An einer imaginären Schnittstelle wird gezählt, wie viele Ladungen pro Zeiteinheit durch den Leiter fließen. Wenn man die Ladungsmenge durch die Zeit t teilt, erhält man die elektrische Stromstärke. Die Ladungsmenge bezeichnet man in der Physik mit Q, die elektrische Stromstärke mit I. Dann lautet die Definition:

$$I = \frac{Q}{t}$$

Als Einheit wird die Basiseinheit des Internationalen Einheitensystems (SI-Einheit) Ampere mit dem Kurzzeichen A verwendet. Wenn also in einer Sekunde (s) die Ladung ein Coulomb (C) – das entspricht ca. $6{,}242 \cdot 10^{18}$ Elektronen – fließt, spricht man von einer elektrischen Stromstärke von einem Ampere (A): S. 56

$$A = \frac{C}{s}$$

Noch einmal zurück zu Abbildung 2-33: Die Ladungen entsprechen den einzelnen Wassertropfen, die zusammen den Wasserstrahl bilden. Die elektrische Stromstärke gibt nun an, wie viele Wassertropfen pro Sekunde an einer fiktiven Zählstelle vorbeifließen. Genau wie beim Wasserrohr muss auch bei der Stromleitung der Durchmesser steigen, wenn mehr Strom hindurchfließen muss.

Merke:

Die **Stromstärke** I beschreibt die Ladungsmenge Q mit der Einheit Coulomb (C), die pro Zeiteinheit t fließt.

Die Formel zur Berechnung der Stromstärke lautet:
$I = \frac{Q}{t}$

Die Einheit der Stromstärke ist Ampere: $A = \frac{C}{s}$

2.3.3 Spannung

Es lässt sich ein weiterer Vergleich des Stromflusses mit Wasser anstellen: Das Wasser in einem Fluss kann schnell oder auch langsam fließen, je nach Gefälle. Beim elektrischen Strom gibt es jedoch kein Gefälle. Also was treibt die Ladungen an? Die Antwort ist: das elektrische Feld, das durch die unterschiedlichen Ladungen erzeugt wird.

Wie groß dieser Ladungsunterschied ist, wird durch die elektrische Spannung U angegeben. Darunter kann man sich eine Kraft vorstellen, die eine Ladungsmenge Q im elektrischen Feld bewegt.
S. 80 Genauer gesagt ist es die Arbeit W mit der Einheit Joule (J), die pro Ladung Q benötigt wird. Die Definition lautet somit:

$$U = \frac{W}{Q}$$

Als Einheit der Spannung wird das Volt (V) verwendet.

$$V = \frac{J}{C}$$

Merke:

Die **Spannung *U*** beschreibt die Arbeit W mit der Einheit Joule (J), die pro Ladung Q mit der Einheit Coulomb (C) benötigt wird.

Die Formel zur Berechnung der Spannung lautet:
$U = \frac{W}{Q}$

Die Einheit der Spannung ist Volt: $V = \frac{J}{C}$

Noch einmal kann man Strom mit Wasser vergleichen: Die Spannung entspricht dem Druck in einer Wasserleitung. Er wird vom Wasserwerk vorgegeben. Man kann ihn spüren, wenn man versucht, mit einem Finger den Wasserhahn zuzuhalten. Liegt an
S. 58 einer Wasserleitung kein Druck an, kann auch kein Wasser fließen, selbst wenn man den Wasserhahn vollständig aufdreht.

So ähnlich ist es mit der Spannung. Wenn keine Spannung an einer Leitung anliegt, kann kein Strom fließen, weil die Elektronen dann nicht durch die Leitung gedrückt werden. Anders gesagt: Wenn ein Strom fließen soll, muss eine elektrische Spannung angelegt werden.

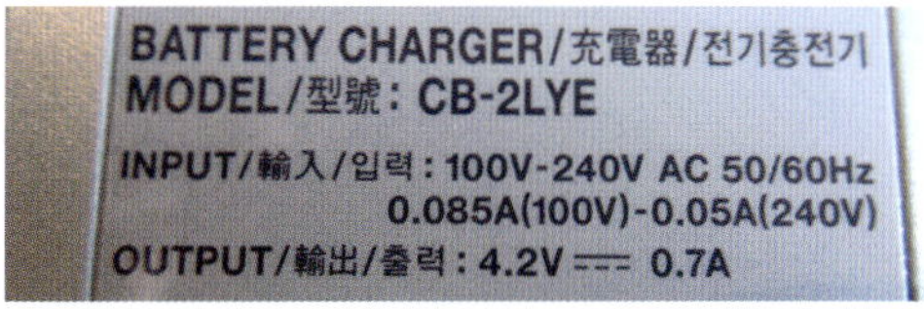

Abb. 2-34: Spannungsangaben auf einem Ladegerät für eine Kamera

Tab. 2-5: Spannungen verschiedener Spannungsquellen

Spannungsquelle	Spannung in Volt
Batterien	1,5 bis 9
USB-Anschluss	max. 5
Typische Autobatterie	12
Haushaltsstrom	230
Kraftstrom	400
Hochspannungsleitungen	10 000 bis 1 000 000

In Europa sind verschiedene Spannungen im täglichen Gebrauch vorhanden. Auf jedem Ladegerät ist beispielsweise die erlaubte Eingangs- und Ausgangsspannung angegeben (Abb. 2-34).

Im Haushalt verwendet man in Deutschland 230 V (Tab. 2-5). Da es sich hierbei allerdings um
so genannten Wechselstrom handelt, ändert sich S. 91
die Spannung permanent und liegt in ihren Spitzen sogar über 230 V.

Merke:

Achtung bei hohen Spannungen! Stromschläge bei 230 V können lebensgefährlich sein!

2.3.4 Elektrische Leistung

In der Mechanik versteht man unter Leistung, welche S. 83
Arbeit in welcher Zeit verrichtet wird: Leistung ist Arbeit pro Zeit. In der Elektrizitätslehre verwendet man statt Arbeit pro Zeit den Begriff Energie pro Zeit und erhält so die elektrische Leistung P mit der Einheit Watt (W). Sie entscheidet z. B. darüber, wie schnell sich die Messer eines Mixers drehen (Abb. 2-35).

Abb. 2-35: Ein Mixer erfordert eine hohe elektrische Leistung

Für die elektrische Leistung gibt es auch andere Definitionen, unter anderem die wichtige Verknüpfung zwischen der Leistung *P*, der Spannung *U* und der Stromstärke *I*:

$$P = U \cdot I$$

Je größer also die Spannung oder die Stromstärke ist, desto höher ist die Leistung. Ein Kraftstromanschluss mit 400 V anstatt der für Hausstrom üblichen 230 V ermöglicht somit mehr Leistung, ohne das die Stromstärke und damit der Leitungsdurchmesser stark ansteigen müssen. Den gleichen Zusammenhang macht man sich auch bei Hochspannungsleitungen zunutze.

Als Einheit können neben Watt (W) auch Voltampere (VA) verwendet werden mit:

$$1\,\mathrm{W} = 1\,\mathrm{VA}$$

Voltampere werden häufig zur Spezifikation von Elektromotoren verwendet.

Wenn man davon ausgeht, dass ein Verbraucher immer an derselben Spannungsquelle angeschlossen ist, d. h., die Spannung *U* konstant gehalten wird, ist die Leistung *P* direkt proportional zur Stromstärke *I*. Oft ist auf den elektrischen Geräten die Leistung mit angegeben, sodass man daraus den verbrauchten Strom errechnen kann.

Merke:

Die **elektrische Leistung *P*** kann als Spannung *U*, multipliziert mit der Stromstärke *I*, definiert werden.

Die Formel zur Berechnung der elektrischen Leistung lautet: $P = U \cdot I$

Die Einheit der elektrischen Leistung ist Watt (W) oder Voltampere (VA): $\mathrm{W} = \mathrm{V} \cdot \mathrm{A}$

2.3.5 Elektrischer Widerstand

Bei den meisten elektrischen Geräten kann man die Leistung in mehreren Stufen hochfahren. Bei einem Haartrockner z. B. lässt sich die Heizleistung häufig von kalt über lauwarm bis heiß regulieren. Welcher Strom dann durch den Haartrockner tatsächlich fließt, hängt von einer physikalischen Größe ab, die man den Widerstand nennt.

Im Wasserbeispiel stellt der Widerstand den Wasserhahn dar (Abb. 2-36). Ist er weit geöffnet, kann viel Wasser – oder auch Strom – fließen. Wird er zugedreht, tröpfelt das Wasser nur noch; die Stromversorgung bricht zusammen.

Wie viel Strom im Stromkreis fließt, hängt vom Verbraucher ab, der zwischen Plus- und Minuspol geschaltet wird. Man definiert den Proportionalitätsfaktor zwischen dem fließenden Strom *I* und der angelegten Spannung *U* als Widerstand. Er bekommt das Formelzeichen *R*. Es gilt:

$$R = \frac{U}{I}$$

oder umgeformt

$$U = R \cdot I$$

Diese Formel wird das Ohm'sche Gesetz genannt. Die Einheit des Widerstands ist Ohm mit dem Zeichen Ω.

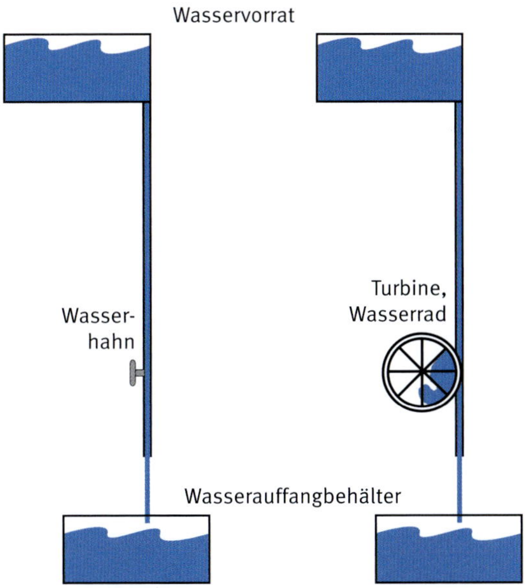

Abb. 2-36: Funktionsprinzip eines Wasserhahns (links) und eines elektrischen Verbrauchers (rechts) als elektrischer Widerstand

Merke:

Der **elektrische Widerstand *R*** beschreibt, welche Spannung U nötig ist, um eine bestimmte Stromstärke I durch einen elektrischen Leiter fließen zu lassen.

Die Formel zur Berechnung des elektrischen Widerstands lautet: $R = \frac{U}{I}$

Die Einheit des elektrischen Widerstands ist Ohm: $\Omega = \frac{V}{A}$

Wäre im Stromkreis kein Widerstand vorhanden, hätte dies fatale Folgen. Im Wasserbeispiel in Abbildung 2-36 wäre der Vorratsbehälter oben schnell leer gelaufen. Wenn im Stromkreis kein elektrischer Widerstand vorhanden wäre, würde die maximal verfügbare Stromstärke im Stromkreis anliegen. Es käme zum Kurzschluss.

Kurzschlüsse sind mit erheblichen Risiken verbunden. Sie gefährden nicht nur den Verursacher und die elektrischen Bauteile, sondern können durch Überhitzung der Leitungen auch zu Bränden führen.

Sicherungen verhindern Kurzschlüsse, weil sie den Stromkreis unterbrechen, sobald eine zu hohe Stromstärke anliegt. Eine Sicherung begrenzt also den maximalen Stromfluss in einem Stromkreis. Bei Stromkreisen mit 230 V Netzspannung wird die Leitung meist auf 16 A abgesichert. Es ergibt sich somit eine Gesamtleistung von 3680 W.

2.3.6 Gleichstromkreise

Bei allen bisher behandelten Stromkreisen waren Gleichstromkreise gemeint. Auch in Abbildung 2-37 ist ein Gleichstromkreis dargestellt. Darunter versteht man einen geschlossenen Stromkreis, in dem die Spannungsquelle immer:

1. die gleiche konstante Spannung liefert und
2. sich die Stromrichtung nicht ändert.

Im Gegensatz zu Gleichstromkreisen gibt es auch Wechselstromkreise, in denen sich die Spannung periodisch ändert und dadurch auch die Stromrichtung wechselt. Bei Wechselstromkreisen treten völlig andere physikalische Phänomene auf als bei Gleichstromkreisen.

Merke:

Gleichstromkreislauf: Die Spannungsquelle liefert konstant die gleiche Spannung und die Stromrichtung ändert sich nicht.

Wechselstromkreislauf: Die Spannung ändert sich periodisch. Dadurch wechselt jeweils die Stromrichtung.

Ein geschlossener Gleichstromkreislauf besteht immer aus einer Spannungsquelle und mindestens einem, meist aber mehreren Verbrauchern. Falls der Stromkreis mehrere Verbraucher aufweist, können diese auf zwei Arten zueinander angeschlossen sein:

- **Parallelschaltungen:** Dabei werden die unterschiedlichen Verbraucher parallel, d. h. nebeneinander geschaltet.
- **Reihenschaltungen:** Dabei sind die Verbraucher in Reihe, d. h. nacheinander geschaltet.

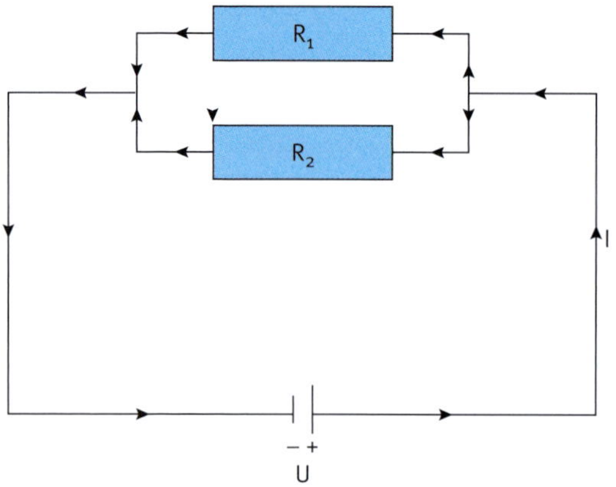

Abb. 2-37: Gleichstromkreislauf mit parallel geschalteten Verbrauchern

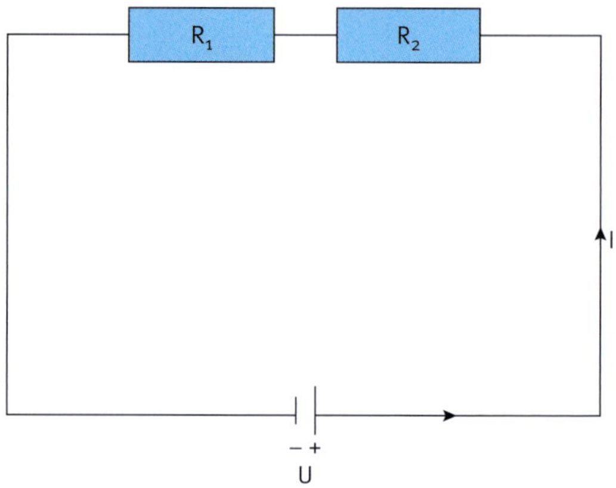

Abb. 2-38: Gleichstromkreislauf mit in Reihe geschalteten Verbrauchern

Parallelschaltungen

Zunächst soll eine Parallelschaltung betrachtet werden. Wie in Abbildung 2-37 zu erkennen ist, gibt es Abzweigungen innerhalb des Stromkreises, die zu verschiedenen Verbrauchern führen. An den Abzweigungen teilt sich der Strom und fließt jeweils weiter bis zur nächsten Abzweigung, wo er sich wieder vereint. Der Strom fließt somit durch beide Widerstände R (Verbraucher).

Es kann jedoch auch weitere Abzweigungen mit weiteren Verbrauchern geben. Die Spannung liegt an allen Verbrauchern gleich an, da davon ausgegangen wird, dass sich die Spannung innerhalb des Leiters nicht merklich abschwächt. Per Definition muss das Ohm'sche Gesetz an jedem einzelnen Widerstand gültig sein. Für drei Widerstände gelten somit folgende Formeln:

$$I_{ges} = I_1 + I_2 + I_3$$

und

$$U_{ges} = U_1 = U_2 = U_3$$

Die Spannung U ist also an allen Verbrauchern gleich, während die Stromstärke zur Gesamtstromstärke I_{ges} addiert wird. Schreibt man das Ohm'sche Gesetz für jeden Widerstand auf, erhält man:

$$I_{ges} = \left(\frac{1}{R_1} + \frac{1}{R_2} + \frac{1}{R_3}\right) \cdot U_{ges} = \frac{1}{R_{ges}} \cdot U_{ges}$$

Sind mehr als drei Verbraucher in den Stromkreis integriert, müssen diese entsprechend dazugerechnet werden.

> ***Merke:***
>
> Bei **Parallelschaltungen** werden mehrere Verbraucher nebeneinander geschaltet. Für die Berechnung müssen die Stromstärken der einzelnen Verbraucher addiert werden, während die Spannung immer gleich bleibt.

Reihenschaltungen

Anders ist die Situation bei einer Reihenschaltung. In Abbildung 2-38 werden zwei Widerstände nacheinander vom Strom durchflossen. Daher ist die Stromstärke an beiden Verbrauchern (Widerständen) gleich. Diesmal ist es die Spannung, die über alle Widerstände abfallen muss.

Für drei in Reihe geschaltete Verbraucher gilt also:

$$I_{ges} = I_1 = I_2 = I_3$$

und

$$U_{ges} = U_1 + U_2 + U_3$$

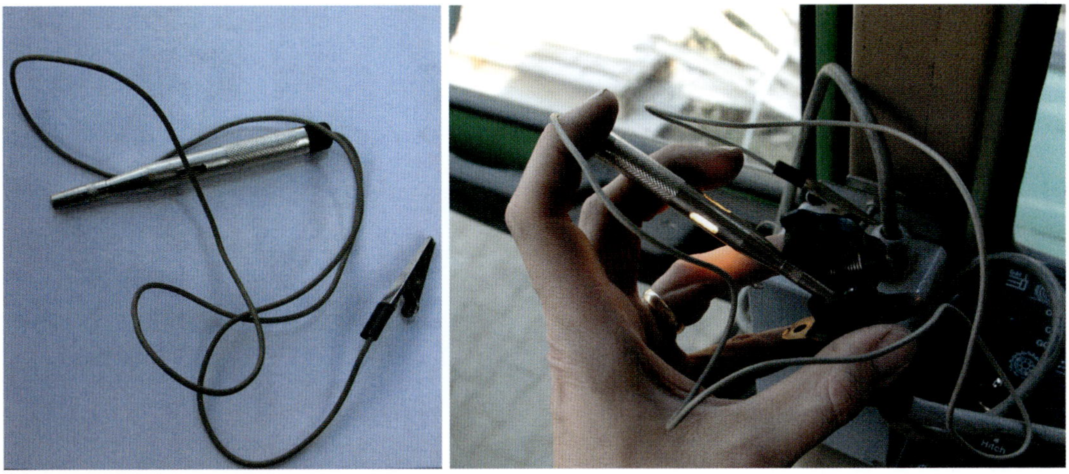

Abb. 2-39: Prüflampe für 12-V-Anlagen, rechts im Einsatz

Addiert man wieder die drei Spannungen, um die Gesamtspannung U_{ges} zu erhalten, ergibt sich:

$$U_{ges} = \left(R_1 + R_2 + R_3\right) \cdot I_{ges} = R_{ges} \cdot I_{ges}$$

Merke:

Bei **Reihenschaltungen** werden mehrere Verbraucher hintereinander (in Reihe) geschaltet. Dabei bleiben die Stromstärken der einzelnen Verbraucher gleich. Jedoch fällt die Spannung über alle Verbraucher hinweg ab und muss jeweils addiert werden.

2.3.7 Arbeitssicherheit

Da man elektrische Ströme nicht sehen, schmecken, riechen oder fühlen kann, ist am Arbeitsplatz immer besondere Vorsicht geboten, wenn man mit elektrischen Leitungen und Anlagen zu tun hat. Deshalb sind folgende Regeln für die Sicherheit am Arbeitsplatz grundsätzlich zu beachten:

- Warn-, Hinweis- und Verbotsschilder stets beachten.
- Fachkräfte einbeziehen: Arbeiten an elektrischen Netzen (230 V oder 400 V) sind grundsätzlich nur von Fachkräften auszuführen! Gleiches gilt für die Bordelektrik von landwirtschaftlichen Maschinen!
- Immer freischalten: Alle Pole der Spannungsversorgung sind von spannungsführenden Teilen zu trennen!
- Gegen Wiedereinschalten sichern, z. B. durch Ziehen des Netzsteckers: Ein Wiedereinschalten darf in für Laien zugänglichen Bereichen nur mithilfe von Werkzeug möglich sein (z. B. an Unterverteilungen).
- Spannungsfreiheit feststellen: Mit einem Spannungsprüfer oder Messgerät kann man kontrollieren, ob wirklich keine Spannung mehr anliegt (Abb. 2-39). Dabei ist darauf zu achten, dass die Messgeräte vorher auf Funktion geprüft wurden!
- Den Anweisungen des Vorgesetzten Folge leisten.

2.4 Wärmelehre

Wofür brauchen das ...?

- **Fachkräfte Agrarservice:** Ein Kunde des Lohnunternehmens erklärt Britta, dass seine Wiesen im Feuchtgebiet wesentlich länger brauchen, bis sie im Frühjahr grün werden. Das hängt mit der Wärmekapazität des Wassers zusammen.
- **Landschaftsgärtner:** Nils hat an einem sehr heißen Tag sein Werkzeug während der Mittagspause in der Sonne liegen lassen. Nun wischt er versehentlich über das Metallblatt seines Spatens und verbrennt sich fast die Finger. Am Holzgriff ist ihm die Wärme gar nicht aufgefallen. Warum?
- **Landwirte:** Wie jedes Jahr überschlägt Carstens Chef während der Getreideernte, wie lange die Getreidetrocknung laufen muss, bis die Ware ins Lager kann, und wie viel Energie dafür nötig sein wird. Schließlich kostet die bares Geld.

Die Wärmelehre wird bei Physikern meist Thermodynamik genannt. Die Thermodynamik ist oft noch weniger greifbar als die Elektrizitätslehre. Man hat zwar eine Vorstellung, was es bedeutet, wenn etwas warm oder kalt ist, aber allein schon diese Empfindungen sind von Mensch zu Mensch verschieden.

2.4.1 Wärmeenergie

Auf die Frage, wie man Wärme messen könnte, wird meist die Temperatur genannt. Physikalisch gesehen ist die Temperatur allerdings etwas anderes als Wärme, auch wenn man die beiden Größen häufig als gleichwertig ansieht.

In erster Linie ist Wärme eine Form der Energie. Man spricht auch von Wärmeenergie oder thermischer Energie oder einfach Wärmemenge. Die Wärmemenge wird also auch in Joule (J) angegeben.

Früher verwendete man ein anderes Maß, das mit Sicherheit jeder kennt: die Kalorie (cal). Wenn man 1 cm^3 Wasser von 14,5 auf 15,5 °C, also um 1 °C erwärmt, benötigt man dafür die Wärmemenge 1 cal. Später hat man erkannt, dass Wärme auch nur eine Form von Energie ist.

Da man in anderen Bereichen der Physik schon die Maßeinheit Joule für Arbeit und Energie verwendete, hat man auch in der Wärmelehre die Kalorie durch das Joule ersetzt, aber noch heute rechnet man besonders bei Nahrungsmitteln nach wie vor mit Kalorien bzw. Kilokalorien (kcal). Zur Umrechnung zwischen Joule und Kalorie gilt:

$$1\,\text{cal} = 4{,}186\,\text{J}$$

Merke:

Die Wärmeenergie wird wie die Energie in der Mechanik in Joule (J) gemessen. Im Bereich der Ernährung sehr gebräuchlich ist aber nach wie vor die veraltete Einheit Kalorie (cal) bzw. Kilokalorie (kcal).

2.4.2 Temperatur

Im Gegensatz zur Wärmemenge ist die Temperatur eine der sieben Grundgrößen der Physik. Doch was kann man sich unter der Temperatur vorstellen? S. 58

Aus der Chemie ist bekannt, dass alle Feststoffe, Flüssigkeiten und Gase aus Atomen bestehen. S. 104 Diese Atome schwingen entsprechend ihren Möglichkeiten. Im Festkörper sind die Schwingungen an das Atomgitter gebunden. Mit zunehmender Temperatur werden diese Schwingungen stärker, bis sogar Atombindungen aufgebrochen werden S. 105 können.

Man sagt dann, dass ein Körper schmilzt. Er geht in einen flüssigen Zustand über. Bei weiterer Temperaturerhöhung können selbst die lose verbundenen Atome gänzlich ihre Bindung aufgeben und gasförmig werden. Die Eigenschaften fest, flüssig und gasförmig werden in der Chemie als Aggregatzustände bezeichnet. S. 107

Das Formelzeichen für die Temperatur ist *T*. Als Einheit wird das Kelvin (K) verwendet. Im Gegensatz zur Einheit Grad Celsius (°C) ist der Nullpunkt auf -273 °C verschoben. Dadurch gelten die Umrechnungen:

$$°C + 273 = K$$

und

$$K - 273 = °C$$

Es gibt Gleichungen, in denen Temperaturen vorkommen, die nicht mit der Einheit Grad Celsius gerechnet werden können. Deshalb muss in diesen Fällen immer zuerst in Kelvin umgerechnet werden. Für unseren Anwendungsbereich sind diese Gleichungen jedoch kaum von Bedeutung.

Merke:

Die Basiseinheit für die Temperatur *T* ist nicht Grad Celsius °C, sondern Kelvin K. Weil der Nullpunkt auf −273 °C verschoben ist, gelten folgende Umrechnungen:
°C + 273 = K und K − 273 = °C

2.4.3 Wärmekapazität

Welcher Zusammenhang besteht zwischen einer Wärmemenge und der Temperatur? Will man berechnen, wie viel Wärme nötig ist, um eine bestimmte Masse eines Stoffs auf eine bestimmte Temperatur zu bringen, stellt man fest, dass unterschiedliche Materialien unterschiedliche Wärmemengen benötigen.

Proportionalitätskonstante nennt man die spezifische Wärmekapazität. Sie ist eine Materialkonstante und somit von Stoff zu Stoff verschieden. Es gilt:

$$Q = c \cdot m \cdot \Delta T$$

mit Q = Wärmemenge in kJ
c = Konstante für die spezifische Wärmekapazität in kJ/(kg · K)
m = zu erwärmende Masse in kg
ΔT = Temperaturdifferenz in K oder °C (gesprochen Delta T)

Tab. 2-6: Spezifische Wärmekapazitäten verschiedener Stoffe

Stoff	Spezifische Wärmekapazität
Kupfer	0,39 kJ/(kg · K)
Wasser	4,182 kJ/(kg · K)
Luft bei konstantem Volumen (z. B. in geschlossenen Behältern)	0,72 kJ/(kg · K)
Luft bei konstantem Druck (z. B. im Freien)	1,01 kJ/(kg · K)

In Tabelle 2-6 sind beispielhaft einige spezifische Wärmekapazitäten aufgelistet.

An einem Beispiel wird erklärt, was diese spezifische Wärmekapazität ausdrückt: Wenn man 1 kg Kupfer besitzt und dessen Temperatur um 1 K (= 1 °C) erhöhen möchte, werden dafür 0,39 kJ an Energie benötigt (Tab. 2-6). Genau diese Energie wird wieder abgegeben, wenn sich diese Masse um genau 1 K abkühlt. Stoffe sind also eine Art Energiespeicher und die Temperatur ist ein Maß für die gespeicherte Energie.

Im Vergleich mit den anderen Wärmekapazitäten in Tabelle 2-6 fällt auf, dass Wasser eine sehr große spezifische Wärmekapazität besitzt. Das bedeutet, es braucht sehr viel Energie, um Wasser zu erwärmen. Wenn es einmal heiß ist, hält Wasser die Energie recht lange. Es ist also ein sehr guter Wärmespeicher.

Merke:

Die **spezifische Wärmekapazität** ist eine Materialkonstante, die beschreibt, wie viel Energie nötig ist, um 1 kg eines Stoffs um 1 °C zu erwärmen.

Die Einheit ist kJ/(kg · K).

Es gilt: Je höher die spezifische Wärmekapazität, desto länger dauert es, bis das Material heiß ist, aber desto länger hält es auch die Wärme.

Man kennt folgendes Phänomen: In den ersten warmen Tagen im Jahr liegt die Lufttemperatur weit oberhalb von 20 °C und man denkt darüber nach, das erste Mal im See schwimmen zu gehen, aber das Wasser ist noch sehr kalt. Es braucht lange, bis sich der gesamte See aufgeheizt hat und eine angenehme Wassertemperatur aufweist. Jedoch kann man noch spät im Herbst im See baden, obwohl die Lufttemperaturen schon recht niedrig sind.

In ihrem Ausbildungsbetrieb soll Gabi die Wärmemenge ausrechnen, die benötigt wird, um 100 l Wasser für die Kälbertränke von 20 auf 40 °C zu erwärmen. Dafür benötigt sie zuerst einmal die Temperaturdifferenz, die sie in Kelvin ausrechnen kann:

$$\Delta T = T_{Ende} - T_{Anfang} = 313\,\text{K} - 293\,\text{K} = 20\,°\text{C}$$

Nun muss Gabi alle Werte in die entsprechende Formel einsetzen. Die Konstante *c* für die spezifische Wärmekapazität hat sie Tabelle 2-6 entnommen. S. 62 Außerdem weiß Gabi, dass man aufgrund der Dichte von Wasser 100 l mit 100 kg gleichsetzen kann.

$$Q = c \cdot m \cdot \Delta T = 4{,}186 \frac{\text{kJ}}{\text{kg} \cdot \text{K}} \cdot 100\,\text{kg} \cdot 20\,\text{K} = 8372\,\text{kJ}$$

Gabi errechnet 8 372 kJ. Und weil sie gerne kleine Zah- S. 60 len hat, gibt sie den Wert in Megajoule an: 8,37 MJ.

Schmelzwärme

S. 107 Sobald ein Festkörper seinen Aggregatzustand von fest nach flüssig verändert, spricht man davon, dass er schmilzt. Dieser Wechsel des Aggregatzustands geschieht nicht von einem zum nächsten Augenblick (Abb. 2-40). Man benötigt eine bestimmte Wärmemenge, um den gesamten Körper (einer Masse *m*) zu verflüssigen.

Wie bei der Wärmekapazität gibt es eine Konstante für jeden Stoff. Sie wird als spezifische Schmelzwärme q_s bezeichnet und in J/g oder kJ/kg angegeben. In Tabelle 2-7 sind einige typische spezifische Schmelzwärmen angegeben.

Die Schmelzwärme $Q_{schmelz}$ lässt sich folgendermaßen berechnen:

$$Q_{schmelz} = q_s \cdot m$$

Abb. 2-40: Auftauender See (rechts: Detailaufnahme)

Die Formel zeigt, dass in die Berechnung keine Temperaturdifferenz eingeht. Das bedeutet, dass der Stoff während des gesamten Schmelzprozesses bei der gleichen Temperatur stehen bleibt.

Merke:

Die **Schmelzwärme $Q_{schmelz}$** beschreibt die Wärmemenge, die nötig ist, um einen bestimmten Stoff mit der Masse *m* vom gefrorenen in den flüssigen Aggregatzustand zu überführen.
Jeder Stoff hat eine eigene **spezifische Schmelzwärme q_s** mit der Einheit kJ/kg.

Die Formel zur Berechnung der Schmelzwärme lautet: $Q_{schmelz} = q_s \cdot m$

Die Einheit der Schmelzwärme ist Joule (J).

Dazu ein Beispiel: 50 kg Eiswürfel müssen entsorgt werden. Das Schmelzen geschieht bei einer Temperatur von 0 °C oder 273 K. Solange noch Eis vorhanden ist, wird jegliche zugeführte Wärme dafür verbraucht, das restliche Eis zu schmelzen. Das schon vorhandene Wasser behält 0 °C bei, bis das Eis vollständig geschmolzen ist. Erst danach erhöht sich die Temperatur weiter.

Wie viel Energie wird nun für den Schmelzvorgang gebraucht? Dafür müssen die 50 kg und die spezifische Schmelzwärme aus Tabelle 2-7 in die Formel eingesetzt werden:

$$Q_{schmelz} = q_s \cdot m = 334 \frac{\text{kJ}}{\text{kg}} \cdot 50\,\text{kg} = 16\,700\,\text{kJ}$$

Tab. 2-7: Spezifische Schmelzwärme verschiedener Stoffe

Stoff	Schmelztemperatur	Spezifische Schmelzwärme
Kupfer	1 083 °C	205 kJ/kg
Wasser	0 °C	334 kJ/kg
Blei	327 °C	26 kJ/kg

Tab. 2-8: Spezifische Verdampfungswärme verschiedener Stoffe

Stoff	Verdampfungstemperatur	Spezifische Verdampfungswärme
Wasser	100 °C	2 260 kJ/kg
Ammoniak	-33 °C	1 370 kJ/kg
Luft	-193 °C	190 kJ/kg

Bei vielen Gasen erfolgt der Wechsel von fest direkt nach gasförmig. Sublimieren nennt man das. Daher ist es oft schwierig, eine spezifische Schmelzwärme für Gase zu bestimmen. Um Gase in einen flüssigen Zustand zu bringen und dort zu halten, sind sehr hohe Drücke nötig. Man denke nur an Flüssiggasflaschen.

Verdampfungswärme

Analog zur Schmelzwärme gibt es beim Wechsel des Aggregatzustands von flüssig nach gasförmig die Verdampfungswärme. Auch bei der Verdampfung findet während des Wechsels von flüssig zu gasförmig keine Temperaturerhöhung statt. Jegliche Wärme wird dazu gebraucht, den noch flüssigen Anteil des Stoffs weiter aufzubrechen und in den gasförmigen Zustand zu überführen.

Auch für die Verdampfungswärme ist eine stoffspezifische Konstante notwendig. Sie wird spezifische Verdampfungswärme q_v genannt. In Tabelle 2-8 sind einige Beispiele zusammengestellt.

Die Berechnung der Verdampfungswärme $Q_{verdampf}$ kann folgendermaßen geschrieben werden, wobei m für Masse steht:

$$Q_{verdampf} = q_v \cdot m$$

Merke:

Die **Verdampfungswärme $Q_{verdampf}$** beschreibt die Wärmemenge, die nötig ist, um einen bestimmten Stoff mit der Masse m vom flüssigen in den gasförmigen Aggregatzustand zu überführen.
Jeder Stoff hat eine eigene **spezifische Verdampfungswärme q_v** mit der Einheit kJ/kg.

Die Formel zur Berechnung der Verdampfungswärme lautet: $Q_{verdampf} = q_v \cdot m$

Die Einheit der Verdampfungswärme ist Joule (J).

Übungsaufgaben

1. Finden Sie zwei Beispiele, in denen sich die belebte und die unbelebte Natur unterschiedlich verhalten.
2. Ein Quader mit den Kantenlängen 1 m, 0,5 m und 0,2 m hat eine Masse von 240 kg. Berechnen Sie sein Volumen und seine Dichte.
3. Ein Quader mit den Kantenlängen 0,5 m, 0,5 m und 10 cm hat eine Masse von 25 kg. Berechnen Sie seine Dichte.
4. Ein Körper mit einer Dichte von 750 kg/m^3 hat ein Volumen von 0,125 m^3. Welche Masse hat der Körper?
5. Ein Körper mit einer Masse von 2,75 kg hat eine Dichte von 1,25 kg/cm^3. Wie sind seine Maße, wenn man annimmt, dass er eine Würfelform hat (Tipp: Wurzeln in Abschnitt 1.3.4)?
6. Ein Lieferwagen legt eine Strecke von 750 km in acht Stunden zurück. Mit welcher Geschwindigkeit in m/s bewegt er sich?
7. Ein Marathonläufer schafft die 42 km in 2:55 Stunden. Mit welcher Geschwindigkeit in km/h ist er durchschnittlich gelaufen? Wie viele Minuten hat er pro Kilometer gebraucht?
8. Ein Fahrzeug bewegt sich mit einer Geschwindigkeit von 75 km/h. Nach welcher Zeit wird es eine Strecke von 180 km zurückgelegt haben?
9. Ein Fahrzeug legt in jeder Sekunde eine Strecke von 7,3 m zurück. Welche Strecke wird es nach 2,5 Stunden zurückgelegt haben?
10. Ein Förderband hat einen Massenstrom für das Fördergut Sand von 25 kg/s. Wie lange wird die Befüllung eines Transportfahrzeugs mit 12 m^3 Volumen dauern, wenn der Sand eine Schüttdichte von 2,2 t/m^3 hat?
11. Ein Getreidesilo hat ein Volumen von 250 m^3. Der Schieber an der Unterseite ermöglicht bei vollständiger Öffnung einen Volumenstrom von 17 l Getreide pro Sekunde. Die Dichte der verschiedenen Getreidearten ist wie folgt: Weizen mit 720 kg/m^3; Roggen mit 680 kg/m^3; Hafer mit 470 kg/m^3; Gerste mit 620 kg/m^3. Berechnen Sie für diese Getreidearten,
    a) welche Getreidemasse im Silo gelagert werden kann,
    b) wie lange die vollständige Entleerung bei voll geöffnetem Schieber dauern würde,
    c) mit welchem Massenstrom die Förderanlage für das Getreide ausgelegt sein muss?
12. Sie lassen einen Stein in einen Brunnen fallen. Der Luftwiderstand soll vernachlässigt werden. Wie tief ist der Brunnen, wenn sie nach exakt zwei Sekunden den Aufprall des Steins auf die Wasseroberfläche beobachten können?
13. Nennen Sie die drei Newton'schen Axiome und erläutern Sie Ihre Aussage.
14. Welche Gewichtskraft übt ein Klotz mit 10 kg Masse aus? Welche Gewichtskraft würde der gleiche Klotz mit 10 kg Masse auf dem Mond ausüben, wenn die Mondbeschleunigung (»Mondanziehungskraft«) 1,62 m/s^2 entspricht?
15. Welchen Effekt hat es, wenn Kräfte an einem Punkt angreifen und in verschiedene Richtungen wirken?
16. Welche Formen der Reibung kennen Sie? Nennen Sie Beispiele aus Ihrer Umwelt.
17. Wovon ist der Strömungswiderstand eines Körpers abhängig? Was kann man tun, um diesen zu verringern?
18. Ein Metallwürfel mit einer Kantenlänge von 10 cm und einer Dichte von 7,2 g/cm^3 wird auf einer Tischplatte abgelegt. Welchen Druck übt er auf die Tischoberfläche aus?
19. Eine Flüssigkeit wird von einer Pumpe auf einen Druck von 10 bar gebracht. Der Druckbehälter wird nun geöffnet. Die Öffnung hat eine Fläche von 0,01 m^2. Welche Kraft müssten Sie aufbringen, wenn Sie die Öffnung nun mit einem Deckel abdecken und verschließen wollten?
20. Was versteht man unter hydrostatischem Druck? Wie macht man ihn sich in der Hydraulik zunutze?
21. Sie füllen einen 3 m hohen zylindrischen Tank mit Wasser auf. Die Dichte des Wassers beträgt 1 000 kg/m^3. Anschließend befüllen Sie noch ein 60 cm hohes Fass. Welcher Druck wirkt jeweils auf den Boden der beiden Gefäße?

22. Warum kann man für Leistung die Einheiten Joule oder Kilowattstunden verwenden? Zeigen Sie den Weg der Umrechnung auf.
23. Sie nehmen an einem Tauziehen-Wettbewerb teil. Beide Parteien ziehen mit aller Kraft. Ihre Mannschaft besteht aus zehn Personen, die jede für sich mit einer Kraft von 900 N zieht. Sie ziehen die gegnerische Mannschaft langsam über eine Strecke von 10 m über die Markierungslinie hinweg und gewinnen mit Ihrer Mannschaft. Welche Arbeit hat jeder der Teilnehmer Ihrer Mannschaft vollbracht?
24. Sie heben einen Sack Zement mit 25 kg Masse auf Ihre Schulter. Ihre Schulter befindet sich, wenn Sie aufrecht stehen, 1,55 m über dem Boden. Welche Energie müssen Sie einsetzen, um den Sack auf diese Höhe zu bringen?
25. Welche Elemente gehören zwingend zu einem einfachen Stromkreis? Fertigen Sie eine Zeichnung an.
26. Erläutern Sie die Begriffe Stromstärke, Spannung, elektrische Leistung und elektrischer Widerstand. Welche Einheiten werden jeweils verwendet?
27. Sie möchten eine gemietete Musikanlage mit 5 000 W elektrischer Leistung in Betrieb nehmen. Ihr Partyraum hat zwei Sicherungen, die zwei verschiedene Gruppen von Steckdosen absichern. Gehen Sie davon aus, dass Sie die Musik sehr laut haben wollen und die Leistung der Musikanlage tatsächlich 4 800 W erreicht. Können Sie die Musikanlage mit einer Steckdosengruppe (eine Sicherung mit 16 A) betreiben?
28. Die Musikanlage soll ergänzt werden. Neben 4 800 W Musikleistung soll nun eine Lichtanlage mit 1 000 W in Betrieb genommen werden. Welche Stromstärke muss die Zuleitung zur gesamten Anlage aushalten, wenn Sie die Spannungsversorgung mit 400 V Netzspannung (»Kraftstromanschluss«) vornehmen?
29. Ein Akku besitzt eine Ladung von 1 200 mAh und liefert 1,2 V. Wie lange (in Minuten) kann der Akku einen Verbraucher mit 5 W Leistung bedienen?
30. Was ist ein Kurzschluss und warum sollte er unbedingt vermieden werden?
31. Erläutern Sie den Unterschied zwischen Gleichstrom und Wechselstrom.
32. Erläutern Sie die Unterschiede zwischen einer Parallel- und einer Reihenschaltung.
33. Welche Regeln zur Arbeitssicherheit müssen Sie beim Umgang mit elektrischen Anlagen immer beachten?
34. Erläutern Sie den Unterschied zwischen Wärmemenge und Temperatur.
35. Wie rechnet man Grad Celsius in Kelvin um und umgekehrt?
36. Was verstehen Sie unter Schmelzwärme und unter Verdampfungswärme?
37. Warum bleibt die Temperatur von Wasser während des Auftauens konstant?

3 Chemie

3.1 Anorganische Chemie

Oft kann beobachtet werden, dass in Haus- und Kleingärten verbotenerweise Pflanzenschutzmittel auf befestigten Fußwegen oder Garageneinfahrten ausgebracht werden. Dies geht sogar so weit, dass direkt um Kanalabläufe störende Pflanzen mit Herbiziden behandelt werden.

Gibt man solchen Anwendern zu bedenken, dass dieser Einsatz umweltschädlich und verboten ist, und fragt nach, was sie denken, wohin das Mittel nach dem nächsten Regen gelangt, kommt oft die Antwort, dass das Pflanzenschutzmittel bis zum nächsten Regen »weg« sei.

Was hat diese Situation mit Chemie zu tun? Die Antwort lautet: Alles Stoffliche, was uns umgibt, hat mit Chemie zu tun. Auf dieser Erde ist keine Substanz einfach weg. Sie ist entweder irgendwo anders oder hat sich in einen anderen Stoff verwandelt. Diese Umwandlungsprozesse sind die Grundlage des Funktionierens der Ökosysteme auf unserem Planeten, aber auch Bestandteil vieler technischer Prozesse in der modernen Welt.

Die Chemie ist die Wissenschaft, die sich mit Prozessen vom Auf-, Um- und Abbau von Stoffen beschäftigt. Gerade in den grünen Berufen ist es wichtig, die naturwissenschaftlichen Grundlagen zu verstehen, weil in diesem Berufsfeld ständig entweder in natürliche Prozesse eingegriffen oder neue Prozesse in Gang gesetzt werden.

Die Chemie wird in zwei große Bereiche eingeteilt: die anorganische und die organische Chemie. Die S. 13?
Unterscheidung liegt im Vorhandensein des Elements Kohlenstoff. Liegt dieses Element in einer chemischen Verbindung nicht vor, handelt es sich um einen Stoff aus der anorganischen Chemie. Es gibt allerdings wenige Ausnahmen, z. B. Kohlendioxid und Kohlensäure.

3.1.1 Stoffe und Gemische

Wofür brauchen das ...?

- **Landwirte:** Was passiert mit einem Pflanzenschutzmittel im Boden? Ist das irgendwann »weg«?
- **Tierwirte:** Saure Milchaustauscher auf Mager-milchbasis müssen im Vorratsbehälter gerührt werden, weil die Flüssigkeit kein homogenes Gemisch, sondern eine Emulsion ist. Was bedeutet das?
- **Fachkräfte Agrarservice:** Bei der Düngung kommen häufig Mehrnährstoffdünger zum Einsatz. Wie kann man einen Reinnährstoff- von einem Mehrnährstoffdünger unterscheiden?

Lässt man ein Glas reines Wasser, ein Glas Wasser mit 2 % Kochsalz und ein Glas Milch mit Kakaopulver stehen, werden sich das Wasser und das Salzwasser nicht verändern. Bei der Milch mit Kakaopulver wird sich hingegen ein Kakao-Milch-Gemisch am Boden absetzen; die fast reine Milch wird oben schwimmen (Dispersion).

Erhitzt man das reine Wasser und das Salzwasser, verdampft das reine Wasser und beim Salzwasser wird das Salz zurückbleiben. Wasser bezeichnet man als reinen Stoff, da es sich durch physikalische Verfahren nicht trennen lässt. Die beiden anderen Flüssigkeiten sind trennbare Gemische.

Reinnährstoffe und Gemische

Man unterscheidet also zwischen Reinstoffen und Gemischen (Abb. 3-1):

- **Reinstoffe** sind einheitlich zusammengesetzt. Sie haben völlig gleiche Eigenschaften. Es sind **Elemente** oder **Verbindungen**. Die Verbindungen sind durch chemische Reaktionen entstanden. Die meisten Minerale, wie z. B. Quarz oder Eisenerz, gehören zu den Verbindungen, ebenso wie Säuren, Basen und Salze.
- **Gemische** setzen sich aus mindestens zwei Reinstoffen zusammen. Sie werden in homogene und heterogene Gemische unterteilt.

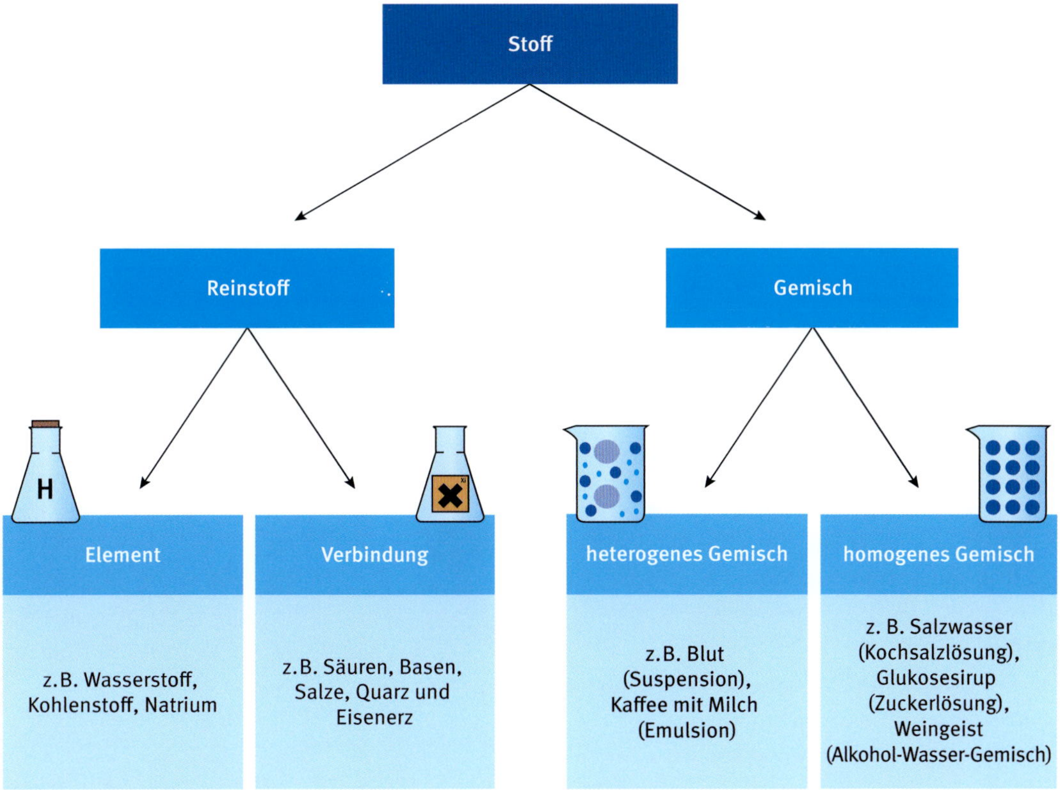

Abb. 3-1: Gliederung der Stoffe

Unterscheidung von Gemischen

Homogene Gemische sind gleichmäßig miteinander vermischt. Ihre Bestandteile sind auch unter dem Mikroskop nicht voneinander zu unterscheiden, z. B. das Salzwasser, chemisch Kochsalzlösung genannt. Auch Glukosesirup, ein in Wasser gelöster Zucker, oder Weingeist, ein Alkohol-Wasser-Gemisch, lassen sich hier zuordnen.

Heterogene Gemische setzen sich ungleichmäßig aus unterschiedlichen Bestandteilen zusammen. Diese lassen sich oft ohne Hilfsmittel leicht erkennen und physikalisch ohne großen Aufwand trennen.

Heterogene Gemenge aus festen und flüssigen Bestandteilen nennt man Suspensionen. Blut ist z. B. eine Suspension. Emulsionen sind Gemische aus mehreren nicht mischbaren Flüssigkeiten wie z. B. Kaffee mit Milch.

3.1.2 Aufbau und Eigenschaften von Elementen

Wofür brauchen das ...?

- **Gärtner:** Pflanzen nehmen die Nährstoffe in Ionenform auf, z. B. K^+. Warum stehen da immer die hochgestellten Plus- oder Minuszeichen?
- **Landwirte:** Beim Schweißen ist die Unterscheidung zwischen Eisen- und Nichteisenmetallen von Bedeutung. Woraus leitet sich die Bezeichnung Metalle ab und was gehört alles dazu?
- **Fachkräfte Agrarservice:** Alkohol wird gerne zum Reinigen von Frontscheiben eingesetzt, weil er schnell und rückstandslos verdunstet. Aber was passiert da genau?

Beim Betrachten einzelner Stoffe stellt sich die Frage, aus was diese bestehen. Ein Reinstoff besteht aus einem oder mehreren verschiedenen Elementen. So enthält Wasser (chemische Formel H_2O) die Elemente Wasserstoff (H) und Sauerstoff (O). Elemente sind wiederum aus Atomen aufgebaut. Die Verbindungen von Elementen nennt man Moleküle, z. B. das H_2O.

Atome

Die Bestandteile der Elemente, die Atome, können üblicherweise nicht weiter zerlegt werden. Nur durch Kernspaltung oder Kernfusion können sie zerstört werden. Um den Aufbau der Atome zu erklären, wurde von dem Chemiker Nils Bohr im Jahre 1913 das so genannte Bohr'sche Atommodell erarbeitet.

Das Bohr'sche Atommodell

Nach dem Bohr'schen Atommodell bestehen Atome aus einem Kern, der Protonen und Neutronen enthält. Protonen (p) sind positiv geladen, während Neutronen (n) keine elektrische Ladung tragen. Durch die Anzahl der Protonen wird das Element bestimmt, z. B. Wasserstoff (H) mit einem Proton, Kohlenstoff (C) mit sechs Protonen und Stickstoff (N) mit sieben Protonen.

Um diesen Kern, in der Atomhülle, kreisen die negativ geladenen Elektronen (e) auf unterschiedlichen Bahnen, auch Schalen genannt. Die Anzahl der Elektronen bestimmt die Eigenschaften eines Elements.

Merke:

- Ein Atom besteht aus Protonen, Neutronen und Elektronen. Die Protonen (p) sind positiv geladen und befinden sich zusammen mit den Neutronen (n) im Atomkern.
- Die negativ geladenen Elektronen (e) kreisen auf Schalen drumherum.

In Abbildung 3-2 ist der Aufbau der Elemente Wasserstoff und Sauerstoff dargestellt. Im Kern in der Mitte befinden sich die Protonen (p): eins beim Wasserstoff und acht beim Sauerstoff. Auf der innersten Bahn, auch K-Schale genannt, können maximal zwei Elektronen kreisen. Die zweite Bahn, die L-Schale, kann maximal acht Elektronen beherbergen, die dritte (M-Schale) 18 und die vierte (N-Schale) 32.

Anordnung im Periodensystem

Alle chemischen Elemente sind im Periodensystem der Elemente (PSE) erfasst (Abb. 3-3). Die Stellung

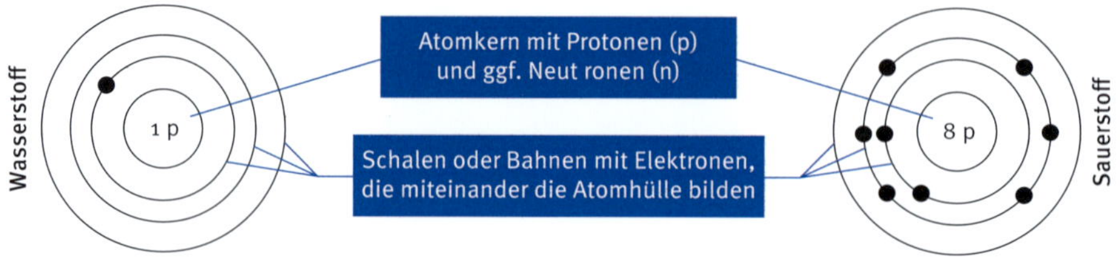

Abb. 3-2: Atommodelle für Wasserstoff (links) und Sauerstoff (rechts)

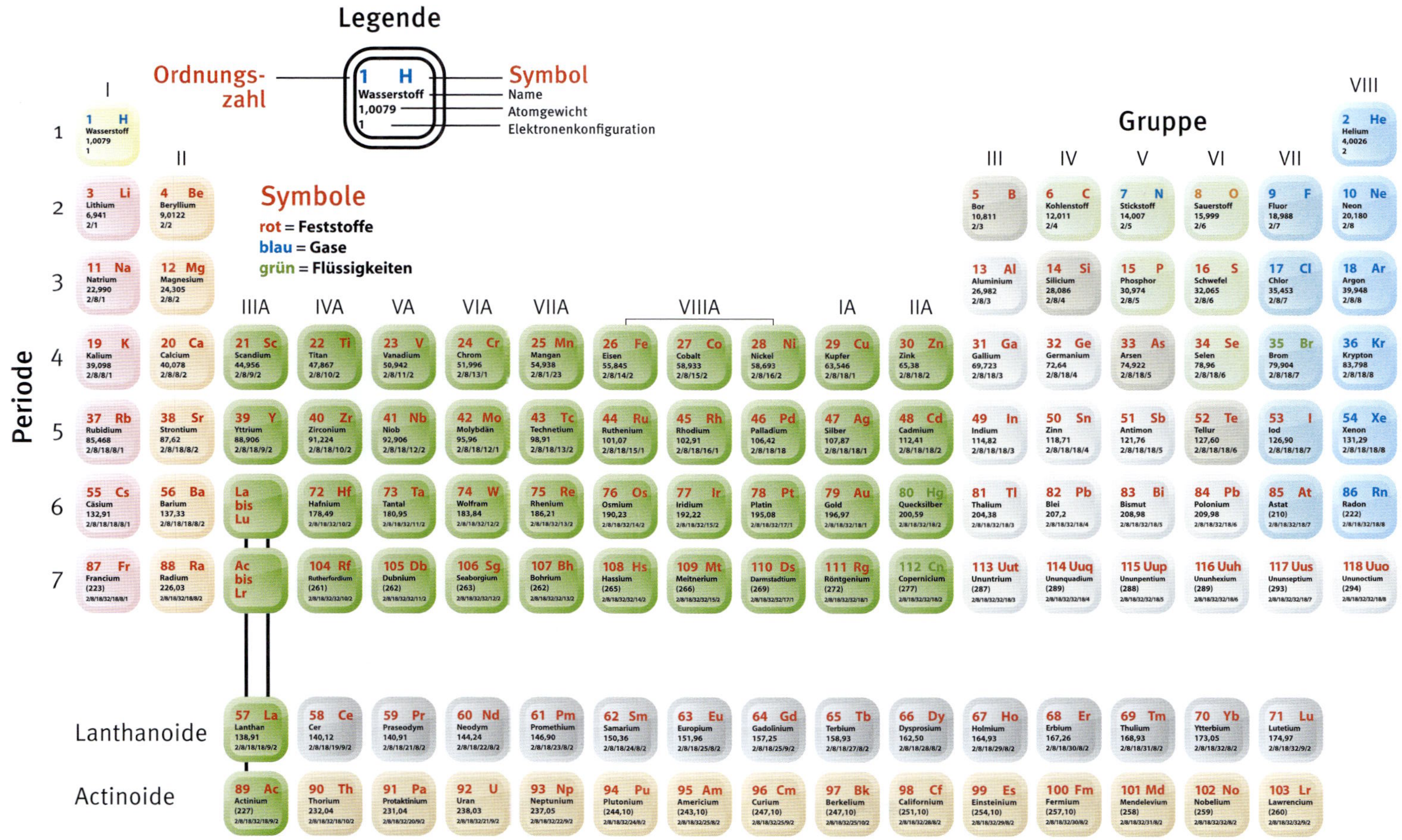

Abb. 3-3: Periodensystem der Elemente (ein PSE mit zusätzlichen Informationen befindet sich auf der letzten Doppelseite des Buchs)

eines Elements im PSE wird durch die Anzahl seiner Protonen bestimmt. Diese Zahl wird als Kernladungszahl oder Ordnungszahl bezeichnet. Die Elemente sind nach steigender Kernladungszahl angeordnet.

Das zurzeit gültige Periodensystem besteht aus horizontalen Reihen, Perioden genannt, und senkrechten Spalten, den Gruppen. Im Periodensystem wird in Haupt- und Nebengruppenelemente unterschieden. Ganz auf der linken Seite des Perioden-
S. 120 systems stehen die Alkali- und Erdalkalimetalle
S. 124 (Hauptgruppe I und II), rechts Halogene und Edelmetalle (Hauptgruppe VII und VIII).

Die Elemente einer Hauptgruppe verfügen jeweils über ähnliche chemische Eigenschaften, da sie alle die gleiche Anzahl an Außenelektronen in der letzten Schale aufweisen. Die Elemente aus der ersten und zweiten Hauptgruppe geben z. B. gerne Elektronen ab; die aus den Hauptgruppen V bis VII nehmen gerne Elektronen auf. Innerhalb derselben Periode haben die Elemente die gleiche Zahl an Elektronenschalen.

Die Einheit Mol

S. 56 Das Mol ist die Einheit für Mengenangaben in chemischen Reaktionen. Ein Mol eines Stoffs enthält
S. 19 ungefähr $6{,}022 \cdot 10^{23}$ Teilchen. Die Molmasse, auch Atomgewicht genannt, wird in g/mol ausgedrückt. Sie entspricht dem Wert der Atommasse der einzelnen Teilchen. Die Molmasse jedes einzelnen Atoms ist im Periodensystem angegeben.

Arabische und römische Zahlen

In der westlichen Welt gebräuchlich ist die Zahlenschreibweise 1, 2, 3 usw. (arabische Schriftzeichen). Außerdem gibt es noch die Schreibweise, die Zahlen mit Strichen darstellt (römische Schriftzeichen).

I = 1	IV = 4	VII = 7	X = 10
II = 2	V = 5	VIII = 8	XII = 12
III = 3	VI = 6	IX = 9	XX = 20

Als Beispiel soll Ammoniak (NH_3) dienen: NH_3 S. 12
besteht aus einem Atom Stickstoff (N) mit der Masse 14 g/mol und drei Atomen Wasserstoff (H) mit der Masse 1 g/mol. Dies ergibt eine Molmasse von 17 g, davon 14 g Stickstoff.

Ionen

Ist bei einem Element die Anzahl der Protonen gleich der Anzahl der Elektronen, ist seine Ladung neutral. Unterscheidet sich die Anzahl der Protonen und Elektronen eines Atoms, besitzt es eine Ladung und man nennt es Ion.

Anionen und Kationen

Wird ein Elektron – oder mehrere davon – abgegeben, ist das Teilchen positiv geladen. Wird ein Elektron, oder mehrere, aufgenommen, ist es negativ geladen (Abb. 3-4). Man unterscheidet also:

- **Kationen** = positiv geladene Teilchen,
- **Anionen** = negativ geladene Teilchen.

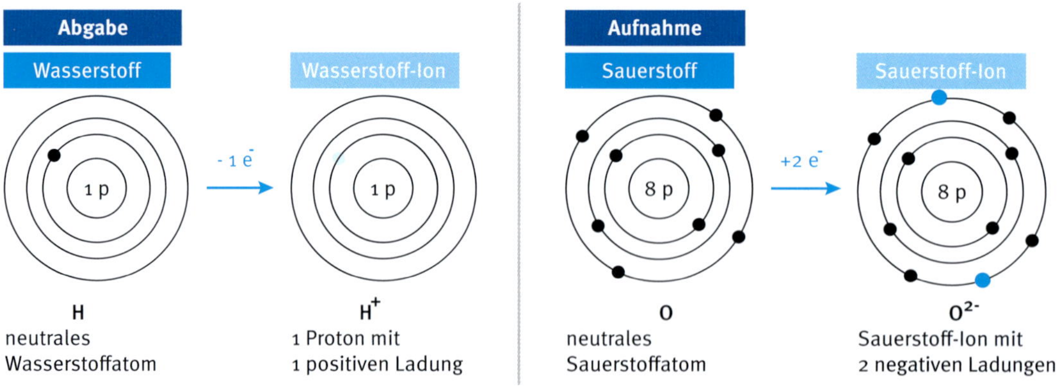

Abb. 3-4: Abgabe und Aufnahme von Elektronen am Beispiel von Wasserstoff und Sauerstoff

Tab. 3-1: Wertigkeit chemischer Elemente

Wertigkeit	Hauptgruppe im Periodensystem	Beispiele, die Ionen abgeben	Beispiele, die Ionen aufnehmen
1 (einwertig)	I und VII	+1: Natrium (Na), Kalium (K)	-1: Chlor (Cl)
2 (zweiwertig)	II und VI	+2: Calcium (Ca), Magnesium (Mg)	-2: Sauerstoff (O)
3 (dreiwertig)	III und V	+3: Aluminium (Al), Stickstoff (N)	-3: Phosphor (P)

Wertigkeit und Oxidationszahl

Die Ionenladung eines Atoms wird mit der Wertigkeit oder Valenz beschrieben. Atome, die ein Elektron abgeben oder aufnehmen, werden als einwertig bezeichnet. Zur Kennzeichnung wird der Zahl jeweils ein + oder - vorangestellt.

- +1: Ein Elektron kann abgegeben werden.
- -1: Ein Elektron kann aufgenommen werden.

Es gibt aber auch zwei- und dreiwertige Elemente (Tab. 3-1). Jedem mehratomigen Ion lässt sich innerhalb einer chemischen Verbindung, z. B. der OH^--Gruppe, eine Wertigkeit zuordnen – die Oxidationszahl. Sie gibt die Ionenladung an, die vorliegen würde, wenn die Verbindung aus einatomigen Ionen bestehen würde. Zur Kennzeichnung von Oxidationszahlen wird der Zahl ebenfalls ein + oder – vorangestellt.

Aggregatzustände

Chemische Stoffe können in drei Aggregatzuständen vorkommen:

- fest,
- flüssig,
- gasförmig.

Warum ist ein Stoff nun flüssig, fest oder gasförmig? Dies hängt mit den zwischenmolekularen Anziehungskräften zusammen, die die einzelnen Teilchen – also Atome, Ionen oder Moleküle – eines Stoffs aufeinander ausüben. Ein Beispiel sind die Van-der-Waals-Kräfte. Ursachen für die unterschiedlichen Anziehungskräfte sind die Größe und Anordnung der Teilchen sowie der herrschende Druck und die Temperatur.

Temperatur bedeutet nichts anderes als Teilchenbewegung. Je höher die Temperatur eines Stoffs ist, desto schneller bewegen sich seine Teilchen. Die Bindungsenergien zwischen den Teilchen werden kleiner. Sie streben so lange auseinander, bis ein Gas entsteht.

Durch Abkühlung wird der Prozess umgekehrt. Die Teilchen bewegen sich immer langsamer, bis sie schließlich fast erstarren; der Stoff wird fest. Je nach der zugeführten Wärmemenge ändert ein Stoff also S. 95
seinen Aggregatzustand (Abb. 3-5).

Den Übergang von fest zu flüssig nennt man Schmelzpunkt und von flüssig zu gasförmig Sie- S. 97
depunkt. Anhand der Temperaturen, die notwendig sind, um diese Übergänge zu erreichen, kann man den Stoff bestimmen, weil jeder Stoff spezifische Schmelz- und Siedepunkte hat.

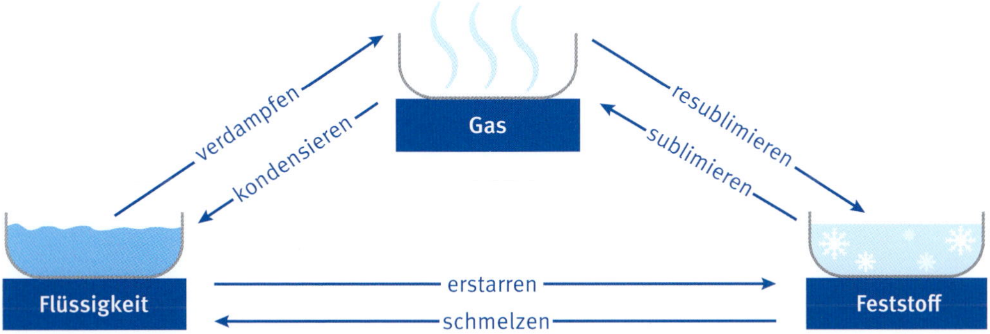

Abb. 3-5: Aggregatzustände und ihre Übergänge

3.1.3 Bindungen

Wofür brauchen das …?

- **Gärtner:** Ein Mehrnährstoffdünger enthält 14 % N, 6 % P_2O_5 und 16 % K_2O. Sie sollten diese Bezeichnungen »übersetzen« können.
- **Fachkräfte Agrarservice:** Maschinenteile in der Agrartechnik sind meist aus Stahl hergestellt. Die Umformung und Verbindung von Metallen ist dabei von Bedeutung. Aber warum sind Metalle verformbar und Kochsalz nicht?
- **Tierwirte:** Bei der Reinigung der Melkanlage ist eine erfolgreiche Fettentfernung mit Wasser alleine nicht möglich. Warum?

Alle Atome streben danach, acht Elektronen auf ihrer äußersten Schale zu haben. Denn dadurch ist diese vollständig besetzt und es wird ein energetisch stabiler Zustand erreicht (Oktettregel).

Eine Ausnahme bildet das Element Wasserstoff: Ihm genügen zwei Außenelektronen, da er nur eine Schale besitzt. Bei den Elementen der achten Hauptgruppe (mit Ausnahme von Helium), den Edelgasen, ist diese Regel von Natur aus erfüllt. Man nennt den Zustand daher **Edelgaskonfiguration**. Durch Bindungen mit anderen Atomen wird diese möglich.

Mehrere aneinander gebundene Atome nennt man **Molekül**. Man unterscheidet drei unterschiedliche Bindungsarten: Ionenbindung, Atombindung und metallische Bindung.

Ionenbindung

Bei der Ionenbindung handelt es sich um eine Verbindung zwischen Kationen und Anionen. Kationen entstehen aus Metallatomen, die Elektronen abgeben. Anionen bilden sich aus Elementen der rechten Seite des Periodensystems, etwa den Halogenen wie Fluor, Chlor, Brom und Jod; sie nehmen Elektronen auf. S. 124

Die Vorgänge spielen sich in der Elektronenhülle der Atome ab. Betrachtet man etwa Kochsalz (auch Natriumchlorid oder NaCl), reagiert das positiv geladene Natrium-Ion (Na^+) mit dem negativ geladenen Chlor-Ion (Cl^-), wie Abbildung 3-6 zeigt.

In Gleichungen können die Elektronen entweder einzeln als Punkte oder als Elektronenpaare mit Strichen um die Buchstaben dargestellt werden. So wird deutlich, dass die Atome durch die Bindung jeweils acht Außenelektronen besitzen und den gewünschten stabilen Zustand erreichen. Natrium und Chlor sind demnach einwertig. Die Ladung des jeweiligen Atoms beträgt 1.

Geht Chlor mit Magnesium eine Verbindung ein, lautet die Reaktionsgleichung:

$$Mg^{2+} + 2\ Cl^- \rightarrow MgCl_2$$

Es entsteht Magnesiumchlorid. Magnesium ist in diesem Fall zweiwertig und geht eine Verbindung mit zwei einwertigen Chlor-Ionen ein. Wie in der Mathematik muss in der Reaktionsgleichung auf der rechten Seite genauso viel stehen wie auf der linken.

Ionen ordnen sich aufgrund der wechselseitigen Anziehungs- und Abstoßungskräfte zu regelmä-

Abb. 3-6: Ionenbindung von Natriumchlorid

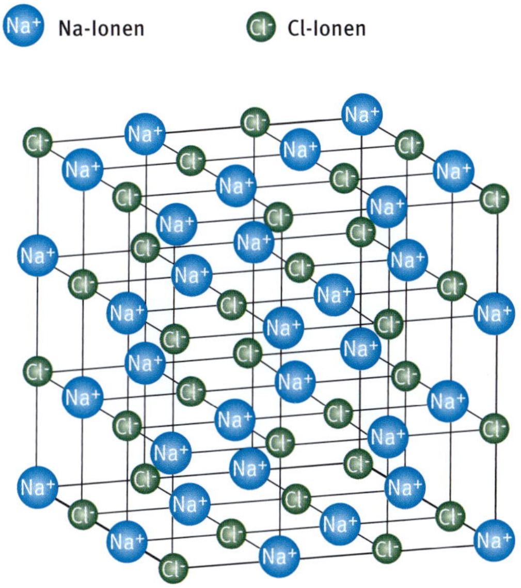

Abb. 3-7: Ionengitter von Natriumchlorid

ßigen Kristallgittern an (Abb. 3-7). Man spricht hier von Ionengittern. Ionengitter sind immer
112 Salze.

Atombindungen

Im Gegensatz zu den Ionenbindungen erfolgt bei der Atombindung der Zusammenhalt nicht durch die Anziehung wechselseitig geladener Teilchen. Vielmehr bilden sich gemeinsame Elektronenpaare. Die Atombindung findet man bei Nichtmetallen, also Elementen, die im Periodensystem eher rechts stehen. Typische Beispiele sind die Kohlenwasser-
132 stoffverbindungen in der organischen Chemie.

Bei Atombindungen gibt es einige Besonderheiten. Neben so genannten Einfachbindungen kommen auch Mehrfachbindungen vor. Weiter unterscheidet man zwischen unpolaren und polaren Atombindungen.

Einfach- und Mehrfachbindungen

Bei der einfachen Atombindung steuert jedes Element jeweils ein Elektron zur Bindung bei. Man nennt diese beiden dann ein Elektronenpaar. In Valenzstrichformeln werden Elektronenpaare häufig durch einen Strich dargestellt (Abb. 3-8).

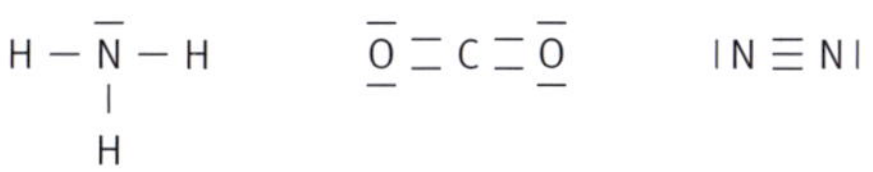

Abb. 3-8: Einfachbindung von Ammoniak (links), Doppelbindung von Kohlendioxid (Mitte) und Dreifachbindung von elementarem Stickstoff (rechts)

Nun gibt es aber in der Mitte des Periodensystems Elemente, die zwei oder mehr Elektronen benötigen oder abgeben, um die Edelgaskonfiguration zu erfüllen. Diese können sich nun mehrere Partner suchen, mit denen sie jeweils ein Elektronenpaar teilen, oder sie können mit einem Partner zwei oder drei Elektronenpaare teilen. Dadurch werden im Idealfall keine weiteren Bindungspartner mehr benötigt.

Unpolare Atombindungen

Bei unpolaren Atombindungen sind die miteinander verbundenen Atome gleich. Ein Beispiel ist gasförmiger Sauerstoff (O_2), in Abbildung 3-9 dargestellt.

Polare Atombindungen

Bei der Bindung unterschiedlicher Atome wie Wasserstoff (H) und Sauerstoff (O) oder Kohlenstoff (C) und Sauerstoff (O) sind die gemeinsamen Elektronenpaare ungleich auf die jeweiligen Bindungspartner verteilt. Hier spricht man von polaren Atombindungen.

Durch die ungleiche Verteilung der Ladung wird das bindende Elektronenpaar mehr zu einem Atom hin verzogen. Das heißt, das neutrale Molekül besitzt einen Ladungsschwerpunkt. Man spricht hier von einem Dipolmolekül.

Eine starke Polarität hat das Wassermolekül. Sauerstoff hat eine höhere Elektronegativität als Wasserstoff. Sauerstoff kann die negativ geladenen

Abb. 3-9: Unpolare Atombindung bei Sauerstoff

Elektronen deshalb stärker an sich binden und zieht die Bindungselektronen weit zu sich. Es ergibt sich eine Elektronegativitätsdifferenz mit δ+ und δ-, wobei das Symbol δ Delta gesprochen wird (Abb. 3-10).

Dies verursacht ein Ungleichgewicht innerhalb des Moleküls. Beim Sauerstoff entsteht so eine negative, bei den beiden Wasserstoffmolekülen eine positive Teilladung. Nach außen hin ist das Molekül ungeladen. Viele Eigenschaften des Wassers ergeben sich aus diesem Zusammenhang.

Metallische Bindungen

Eine dritte Bindungsform gehen Metalle untereinander ein: Die Metallatome bilden durch Abspaltung von Bindungselektronen positiv geladene Teilchen, so genannte Kationen. Die abgespaltenen Elektronen bewegen sich innerhalb des Metalls frei wie ein Gas. Man spricht in diesem Zusammenhang von Elektronengas. Die frei beweglichen Elektronen S. 87 machen Metalle zu elektrischen Leitern.

Durch die negative Ladung der Elektronen werden die positiv geladenen Metallteilchen zusammengehalten. Durch die Abstoßung der Metallkationen untereinander und die Anziehung der negativ geladenen Elektronen formt sich eine Gitterstruktur in den Metallen. Man nennt diese Metallgitter (Abb. 3-11).

Abb. 3-10: Polarität des Wassermoleküls

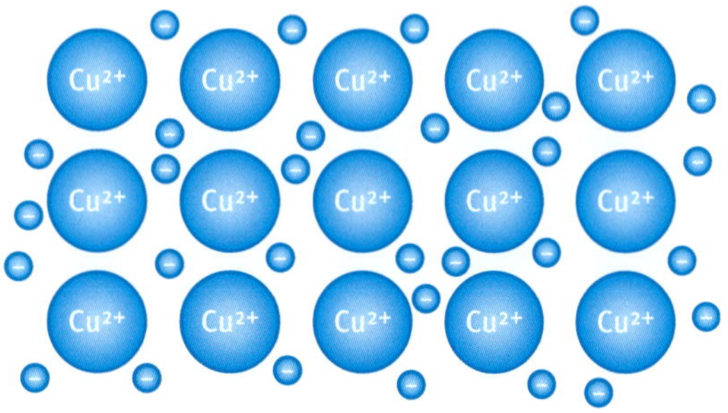

Abb. 3-11: Metallgitter von Kupfer

Metalle mit ähnlichen Atomradien können sich gegenseitig ersetzen. In diesem Fall entstehen Mischkristalle; diese nennt man auch Legierungen.

3.1.4 Säuren, Basen und Salze

Wofür brauchen das …?

- **Landwirte:** Zur Sicherung des Gärverlaufs werden der Silage Milchsäurebakterien zugesetzt. Die rasche Herabsetzung des pH-Werts hilft, die Verluste im Silo zu minimieren.
- **Tierwirte:** Sauren Kälbertränken wird Essigsäure zugesetzt. Durch die pH-Wert-Absenkung wird die Kälbertränke länger haltbar.
- **Gärtner:** Viele Dünger sind Salze. Was kann man daraus schließen?

pH-Wert

Betrachtet man die Ergebnisse von Bodenuntersuchungen, wird darin immer der pH-Wert aufgezeigt. Was bedeutet dieser Wert und warum ist er so wichtig? Die Bezeichnung **pH** steht für **pondus hydrogenii** und ist ein Maß für die Konzentration von Wasserstoff-Ionen in einer Lösung. Wie in Abbildung 3-12 dargestellt, wird der pH-Wert in sauer, neutral und alkalisch eingeteilt.

Die Säurewirkung wird durch Wasserstoff-Ionen verursacht. Gelangt eine Säure in den Boden, löst sie sich im Bodenwasser und spaltet Wasserstoff ab. Es bilden sich Wasserstoff-Ionen (H^+-Ionen oder auch Protonen genannt), die sauer wirken.

Der pH-Wert kann mit so genannten Indikatoren bestimmt werden. Indikatoren sind Stoffe, die in Abhängigkeit vom pH-Wert ihre Farbe verändern. Bekannte Indikatoren sind Bromthymolblau, Phenolphthalein und Methylrot (Abb. 3-13). Universalindikatoren werden durch Mischen verschiedener Indikatoren hergestellt. Mit deren Hilfe kann der pH-Wert relativ genau bestimmt werden.

Säuren und Basen

Säuren

Eine Säure ist eine chemische Verbindung, die in der Lage ist, H^+-Ionen abzugeben. Wird z. B. Chlorwasserstoff in Wasser geleitet, entstehen H^+- und Cl^--Ionen. Die wässrige Lösung heißt Salzsäure. Weil Chlor eine hohe Elektronegativität besitzt, zieht es die ebenfalls polaren Wassermoleküle so stark an, dass fast alle HCl-Moleküle »zerrissen« werden; sie dissoziieren:

$$HCl \rightleftharpoons H^+ + Cl^-$$

Abhängig davon, wie stark eine Säure dissoziiert, wird sie als starke, mittelstarke oder schwache Säure bezeichnet. HCl ist eine starke Säure.

Zu den mittelstarken Säuren zählt z. B. Phosphorsäure (H_3PO_4). Außerdem werden viele organische Säuren, auch Carbonsäuren genannt, hier eingeordnet. S. 146 Schwache Säuren sind z. B. Kohlensäure ($H_2CO_3^-$) und das Ammonium-Ion (NH_4^+).

Basen oder Laugen

Als Base oder Lauge werden Verbindungen bezeichnet, die in der Lage sind, Hydroxid-Ionen (OH^-) zu bilden. Ein Beispiel ist Natronlauge (NaOH), die genau wie Säure in Wasser stark dissoziiert. NaOH ist also eine starke Lauge. Es bilden sich überwiegend Na^+- und OH^--Ionen:

$$NaOH \rightleftharpoons Na^+ + OH^-$$

Weitere wichtige Laugen sind Kalilauge (KOH), die genau wie Natronlauge stark dissoziiert, und

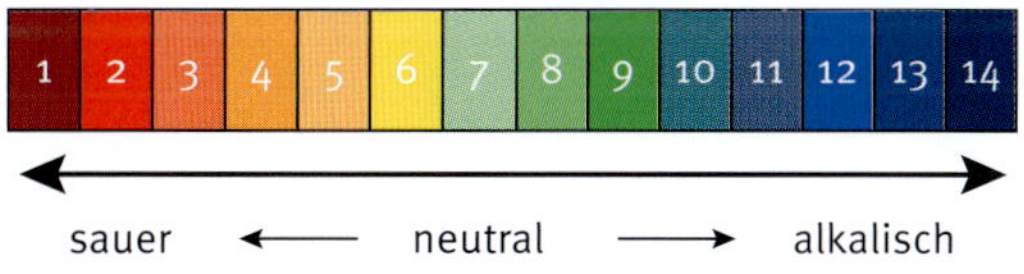

Abb. 3-12: Einteilung der pH-Werte

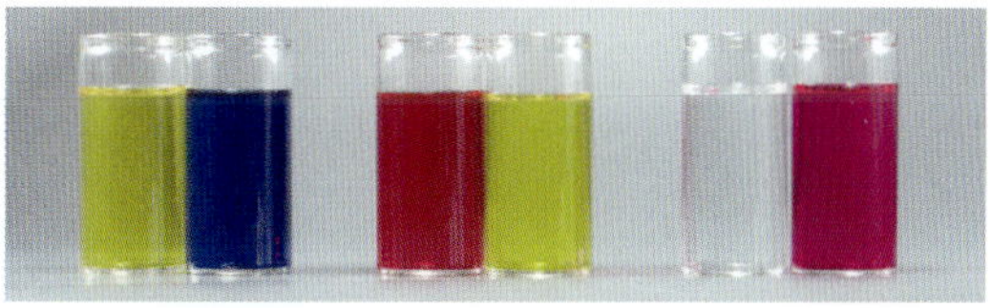

Abb. 3-13: Indikatoren (v. l. n. r.): Bromthymolblau (sauer, basisch), Methylrot (sauer, basisch) und Phenolphthalein (sauer, basisch)

Kalkwasser, das aus Wasser und darin gelöstem Calciumhydroxid ($Ca(OH)_2$) besteht. Calciumhydroxid wird auch als Löschkalk bezeichnet und in der Mörtelbereitung eingesetzt.

Salze

Gibt man nun zu einer Säure in einer wässrigen Lösung eine Base, nennt man diese Reaktion Neutralisation oder Säure-Base-Reaktion. Bei der Neutralisation entstehen aus einer Säure und einer Base Wasser und ein Salz. Natriumchlorid, unser Kochsalz, ist beispielsweise das Salz aus Salzsäure und Natronlauge (Abb. 3-14).

Neben der Neutralisation von Säuren und Laugen gibt es noch weitere Reaktionen, die zur Bildung von Salzen führen:

1. Metall + Säure = **Salz** + Wasserstoff
   Aluminium + Zitronensäure = **Aluminiumcitrat** + Wasserstoff
2. Metalloxid + Säure = **Salz** + Wasser
   Kupferoxid + Schwefelsäure = **Kupfersulfat** + Wasser

$$NaOH + HCl \rightleftharpoons Na^+ + H^+ + OH^- + Cl^-$$
$$\rightleftharpoons Na^+ + H_2O + Cl^-$$
$$\rightleftharpoons NaCl + H_2O$$

Natronlauge + Salzsäure ⇄ Natriumchlorid + Wasser

Abb. 3-14: Reaktionsgleichung von Salzsäure und Natronlauge

Salze bestehen, wie aus den Reaktionen zu sehen ist, aus Ionen von Metallen und Nichtmetallen. Durch deren Verbindung entstehen Ionengitter, S. 10 die man als Kristalle bezeichnet. Sie zeichnen sich durch unterschiedliche Löslichkeiten aus. S. 11

Salze sind für den Pflanzenbau die wichtigste chemische Verbindung. Viele Handelsdünger bestehen aus Salzen und die in organischen Düngern vorliegenden Nährstoffe müssen, bevor sie pflanzenverfügbar werden, in Salze umgewandelt werden. Auch einige Pflanzenschutzmittel, etwa Wuchsstoffe, sind als Salz formuliert. Eine Übersicht der pflanzenbaulich wichtigen Salze zeigt Tabelle 3-2.

Tab. 3-2: Pflanzenbaulich wichtige Salze (Krähling, K. W.: Wichtige Pflanzennährstoffe. Unterrichtsmaterialien, 2003)

Formel		Dissoziation (= Zerfall mit Wasser)		Kalilauge KOH	Natriumlauge NaOH	Ammoniaklauge NH4OH	Calciumlauge $Ca(OH)_2$	Magnesiumlauge $Mg(OH)_2$
				K^+ OH^-	Na^+ OH^-	NH_4^+ OH^-	Ca^{2+} 2 OH^-	Mg^{2+} 2 OH^-
Salpetersäure	HNO_3	H^+	NO_3^- Nitrate	KNO_3 Kaliumnitrat Schießpulver	$NaNO_3$ Natriumnitrat Chilesalpeter	NH_4NO_3 Ammoniumnitrat in Kalkammonsalpeter	$Ca(NO_3)_2$ Calciumnitrat in Kalksalpeter/in Mauern	
Salzsäure	HCl	H^+	Cl^- Chloride	KCl Kaliumchlorid im 40er-, 50er-Kali	NaCl Natriumchlorid Kochsalz	NH_4Cl Ammoniumchlorid Salmiak		$MgCl_2$ Magnesiumchlorid
Schwefelsäure	H_2SO_4	2 H^+	SO_4^{2-} Sulfate	K_2SO_4 Kaliumsulfat im Kalimagnesia		$(NH_4)_2SO_4$ Ammoniumsulfat schwefelsaures Ammoniak	$CaSO_4$ Calciumsulfat Gips	$MgSO_4$ Magnesiumsulfat im Bittersalz, Kieserit
Kohlensäure	H_2CO_3	2 H^+	CO_3^{2-} Carbonate			$(NH_4)_2CO_3$ Ammoniumcarbonat (Hirschhornsalz)	$CaCo_3$ Calciumcarbonat kohlensaurer Kalk	$MgCO_3$ Magnesiumcarbonat
Phosphorsäure	H_3PO_4	H^+	$H_2PO_4^-$ Monophosphate			$NH_4H_2PO_4$ Monoammoniumphosphat (MAP-Dünger)	$Ca(H_2PO_4)_2$ Monocalciumphosphat	
		2 H^+	HPO_4^{2-} Diphosphate			$(NH_4)_2HPO_4$ Diammonphosphat	$CaHPO_4$ Dicalciumphosphat	
		3 H^+	PO_4^{2-} Triphosphate				$Ca_3(PO_4)_2$ Tricalciumphosphat	

3.1.5 Diffusion und Osmose

Diffusion

Wenn sich ein Stoff mit einem anderen selbstständig vermischt oder sich ein Stoff in einem anderen selbstständig verteilt, nennt man diesen Vorgang Diffusion. Diffusion kann bei Flüssigkeiten und Gasen beobachtet werden. Die Geschwindigkeit, mit der dieser Vorgang abläuft, ist abhängig von zwei Parametern:

- S. 94 von der Temperatur, weil sich die Teilchen bei Kälte langsamer bewegen als bei Hitze,
- . 117 vom Konzentrationsunterschied.

Bei der Aufnahme von Nährstoffen durch Pflanzenwurzeln spielt die Diffusion eine entscheidende Rolle. Wichtig für die Nährstoffaufnahme ist, mit welcher Geschwindigkeit die Nährstoff-Ionen zur Wurzeloberfläche gelangen. Dies hängt von folgenden Faktoren ab:

- **dem Wassergehalt des Bodens:** Bei hohen Wassergehalten im Boden können sich die Nährstoffe schnell bewegen. Ist Wasser knapp, kann es zu Mangelerscheinungen bei den Pflanzen kommen;
- **der Konzentration der Nährstoff-Ionen**: Bei hohen Konzentrationen von Nährstoffen im Umfeld und in der Nähe der Wurzel diffundieren diese schnell zur Wurzel hin, ein Umstand, den man sich bei der Düngerplatzierung zunutze macht;
- **der Entfernung des Nährstoff-Ions von der Wurzel**;
- **dem Nährstoff-Ion und dessen Diffusionskoeffizient**: Die Diffusionsgeschwindigkeit hängt von der Molekülmasse ab. Daher diffundieren Kalium- und Nitrat-Ionen wesentlich schneller als große, schwere Phosphat-Ionen.

Praxisversuch:

Diffusion von Tee-Extrakt beobachten

Geben Sie in ein Glas mit lauwarmem Wasser einen Teebeutel und beobachten Sie, wie sich die Farbe des Wassers verändert. Das Gleiche machen Sie mit einem Glas mit heißem Wasser. Sie werden feststellen, dass sich aus dem Teebeutel heraus Farbe im Wasser verteilt. Je heißer das Wasser ist, desto schneller geht dieser Vorgang (Abb. 3-15).

Abb. 3-15: Diffusion von Tee-Extrakt in Wasser

Osmose

Als Osmose bezeichnet man die Diffusion durch eine semipermeable Membran. Semipermeabel bedeutet halbdurchlässig. Eine semipermeable Membran ist z. B. eine Haut oder Zellwand, die bestimmte Stoffe durchlässt, andere nicht (Abb. 3-16).

Wasser kann durch die Zellwand in die Zelle S. 168 eindringen. In der Zelle gelöste Stoffe können aber

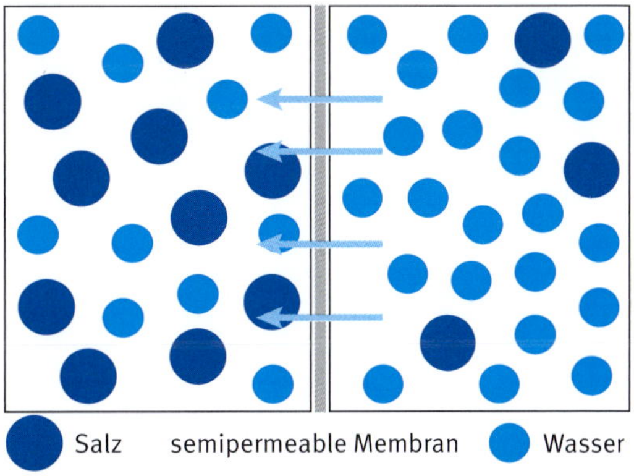

Abb. 3-16: Wirkungsweise der Osmose: Wasser diffundiert von rechts nach links, um dort die höhere Salzkonzentration auszugleichen

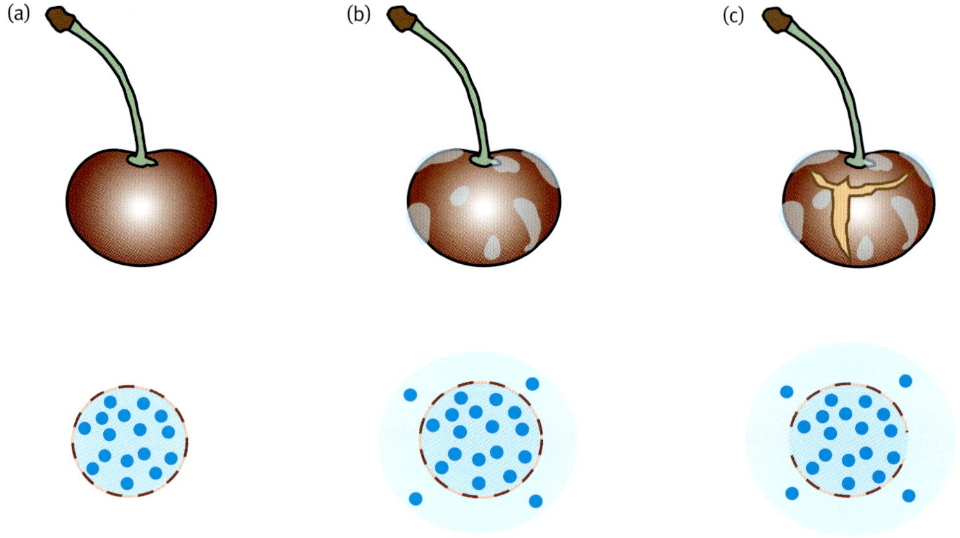

Abb. 3-17: Osmose am Beispiel einer Kirsche bei Regen: (a) Zucker in Wasserlösung im Inneren der Kirsche; (b) bei Regen wird ein Gleichgewicht zwischen innen und außen angestrebt; (c) der Druck im Inneren der Kirsche nimmt so stark zu, dass die Kirsche platzt

nicht nach außen gelangen. So wird das Wasser in die konzentrierte Lösung innerhalb der Zelle gezogen, bis die Lösung ausgeglichen ist. Der Ausgleich führt entweder zu einer Ausdehnung des Volumens (Anschwellen), wie im Praxisversuch, oder zu einer Druckerhöhung, osmotischer Druck genannt.

Die Osmose ist ein wichtiger Prozess, der etwa bei der Aufnahme von Nährstoffen durch die Pflanzenwurzel und deren Weiterleitung stattfindet. Auch die Aufnahme von Nährstoffen durch die Darmzellen erfolgt überwiegend nach diesem Prinzip. Osmose kann sich aber auch negativ auswirken, wie das Beispiel der Kirsche zeigt (Abb. 3-17).

Praxisversuch:

Osmose am Beispiel einer Kartoffel beobachten

Halbieren Sie eine Kartoffel und schaben Sie die beiden Hälften mit einem Teelöffel aus, sodass eine Kuhle in der Mitte der Kartoffelhälften entsteht. In die Kuhle der einen Hälfte geben Sie destilliertes Wasser, in die der anderen Hälfte eine 3-prozentige Kochsalzlösung. Lassen Sie die Kartoffelhälften eine Zeit lang stehen und beobachten Sie anschließend, was geschehen ist.

In der mit Kochsalzlösung befüllten Kartoffelhälfte ist keine Veränderung sichtbar. In der mit destilliertem Wasser gefüllten Hälfte ist ein Aufquellen zu beobachten. Wasser ist durch die Zellwand in das Innere der Zelle gedrungen.

3.1.6 Wasser (H_2O)

Wofür brauchen das …?

- **Fachkräfte Agrarservice:** Ob ein Stoff in Wasser löslich ist oder nicht, ist bei der Entfernung von Schmutzrückständen an Maschinen ein entscheidendes Kriterium.
- **Gärtner:** Beim Ausbringen von Pflanzenschutzmitteln bleiben die Tröpfchen an den Blättern hängen. Warum ist das so?
- **Pferdewirte:** Minusgrade stellen eine Gefahr für frei verlegte Leitungssysteme zur Tränkwasserversorgung dar. Das liegt an der so genannten Anomalie des Wassers.

Wasser ist der wohl bedeutendste und am weitesten verbreitete Stoff auf der Erde. Ca. 75 % der Erdoberfläche sind mit Wasser bedeckt. Der Boden besteht zu einem erheblichen Teil aus Wasser und auch Organismen enthalten Wasser in großen Teilen: Menschen zwischen 60 und 70 % und Pflanzen 60 bis 95 %. Zur Bildung von 1 kg Trockensubstanz benötigen die Kulturpflanzen zwischen 300 und 800 kg Wasser.

Eigenschaften und Besonderheiten von Wasser

Wasserstoffbrücken und Oberflächenspannung

Wasser besteht aus zwei Atomen Wasserstoff und einem Atom Sauerstoff (H_2O). Weil Sauerstoff eine
109 sehr starke Elektronegativität hat, ergibt sich ein Ladungsschwerpunkt auf der Seite des Sauerstoffs, denn Wasser ist ein Dipolmolekül.

Wassermoleküle vereinigen sich aufgrund der Wasserstoffbrücken zu Molekülgruppen, so genannten Clustern (Abb. 3-18). Wasserstoffbrücken sind keine starren Bindungen, sondern Wechselwirkungen zwischen den gebundenen Wasserstoffatomen und den stärker negativen Sauerstoffatomen eines anderen Moleküls.

Bei Temperaturen von 0 °C sind 112 Moleküle zu einem Cluster vereinigt, bei 60 °C nur 5,5. Lediglich 3 % des Wassers liegen bei allen Temperaturen als freie Moleküle vor.

Daraus erklärt sich die hohe Oberflächenspannung von Wasser. Alle Wassermoleküle wollen möglichst an allen Atomen Wasserstoffbrücken bilden. Das ist an der Wasseroberfläche nicht möglich, weshalb die vorhandenen Wasserstoffbrücken stärker ausbildet sind (Abb. 3-19). Sie sind so stark, dass Wasser auf einer Fläche Tropfen bildet und Insekten auf Wasser laufen können.

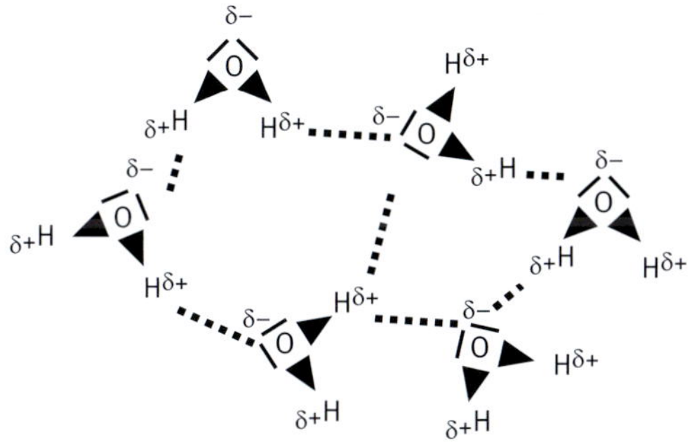

Abb. 3-18: Clusterbildung aufgrund von Wasserstoffbrücken

Abb. 3-19: Wassertropfen auf Getreide

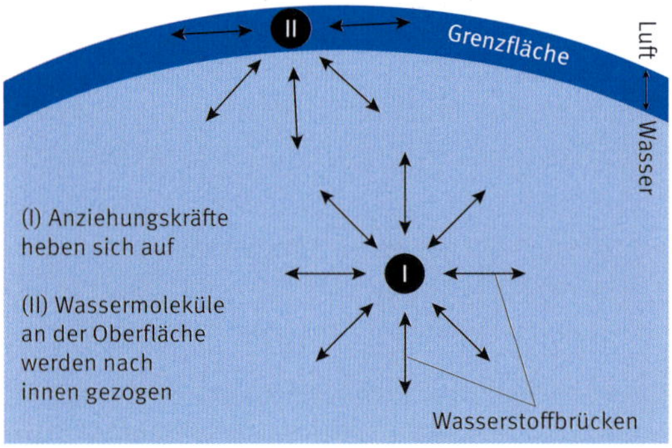

Abb. 3-20: Wassercluster an der Oberfläche

Viskosität, Kohäsion, Adhäsion

Mit der **Viskosität** wird die Zähigkeit bzw. umgangssprachlich das Fließverhalten von Flüssigkeiten ausgedrückt. Je wärmer Wasser ist, desto geringer ist die Viskosität, desto leichter kann es also fließen. Durch die Fließfähigkeit von Flüssigkeiten wird auch die Oberflächenspannung beeinflusst.

Die **Kohäsion** beschreibt den inneren Zusammenhalt eines Stoffs. Das Fließverhalten einer Flüssigkeit hängt davon ab, wie stark die einzelnen Teilchen darin aneinander gebunden sind.

Wassermoleküle besitzen hohe Kohäsionskräfte. Dabei spielen die Wasserstoffbrücken eine große Rolle. Die Kohäsionskräfte beeinflussen also auch die Oberflächenspannung einer Flüssigkeit. Sie sind verantwortlich für die Tröpfchenbildung von Wasser. Oberflächen können daher schlecht mit Wasser benetzt werden (Abb. 3-20).

Die **Adhäsion** beschreibt das Verhalten zweier Stoffe an der Grenzschicht, also dort, wo sie aufeinandertreffen. Der Begriff beschreibt z. B. die Fähigkeit des Wassers, Oberflächen von Feststoffen zu benetzen.

Bei der Applikation von Pflanzenschutzmitteln und der Formulierung der einzelnen Präparate spielen diese Zusammenhänge eine wichtige Rolle. Der ankommende Tropfen muss zunächst auf dem Blatt haften – Adhäsion. Anschließend muss sich das Wasser auf dem Blatt verteilen. Dafür ist eine Verringerung der Kohäsionskraft und der Oberflächenspannung nötig. Dies darf jedoch nicht so weit gehen, dass der Tropfen vom Blatt abfließt.

Anomalie des Wassers

Jeder weiß, dass Eis auf Wasser schwimmt. Aber woran liegt das? Die maximale Dichte hat Wasser S. 62
bei Temperatur von +4 °C. 1 l Wasser hat dann die Masse von 1 kg. Die Dichte von Eis ist also kleiner als die von Wasser.

Dies erklärt, warum Fische in Standgewässern auch bei tiefem Frost überleben können. Das 4 °C kalte Wasser ist am schwersten und sinkt nach unten, sodass auf dem Grund von Standgewässern immer Wasser mit dieser Temperatur liegt und so das Gewässer vor vollständigem Zufrieren geschützt ist. Man nennt dies die Dichteanomalie des Wassers.

Wasser als Lösungsmittel

Lösungen sind homogene Gemische zweier oder S. 10
mehrerer Stoffe. Wasser gilt als das wichtigste Lösungsmittel. Viele biochemische Prozesse wie Nährstoffaufnahme und Nährstofftransport, etwa die Stoffumwandlungsprozesse bei der Nahrungsaufnahme, laufen in wässriger Lösung ab.

Stoffe können sich nur bis zu einer bestimmten Grenze im jeweiligen Lösungsmittel auflösen. Ist diese Grenze erreicht, spricht man von der Sättigung der Lösung. Die Löslichkeit sagt aus, welche Menge eines Stoffs in einer Lösung gelöst werden kann. Sie wird in g/100 ml oder g/l angegeben.

Zum Lösen eines Stoffs wird Energie benötigt. Diese wird in der Regel aus der Wärmeenergie des S. 95
Lösungsmittels gezogen. Die zu lösenden Stoffe müssen sich beim Lösungsvorgang gleichmäßig im Lösungsmittel, z. B. in Wasser, verteilen. Ist ein Stoff schon fein verteilt, wird weniger Lösungsenergie verbraucht. Aus diesem Grund nimmt die Löslichkeit von Salzen bei steigenden Temperaturen zu.

Lösen von polaren Stoffen S. 10

Ein Grund, warum Wasser als das wichtigste Lösungsmittel gilt, ist seine dipolare Eigenschaft. Aufgrund der Dipoleigenschaft des Wassers können sich polare Moleküle, z. B. Säuren, Laugen und Zucker, leicht darin lösen. Diese Stoffe nennt S. 15

Tab. 3-3: Löslichkeit von Salzen

Löslichkeit	Konzentration	Beispiele
leicht löslich	größer als 1 g/l	Nitrate, Azetate, die meisten Chloride, Bromide, Jodide, Sulfate, alle Salze der ersten Hauptgruppe (Natrium, Kalium, Lithium) und des Ammoniums
schwer löslich	kleiner als 1 g/l	die meisten Hydroxide, Carbonate, Phosphate und Sulfide

. 106

man hydrophil, wasserliebend. Bei den Salzen wird zwischen leicht und schwer löslichen unterschieden (Tab. 3-3).

Während des Lösungsvorgangs umhüllen die Lösungsmittelmoleküle die Teilchen des zu lösenden Stoffs. Die Wassermoleküle lagern sich an die Ionen von Salzkristallen oder anderen polaren Stoffen an und lockern die Bindungen zwischen den einzelnen Ionen. Dadurch verteilen und lösen diese sich gleichmäßig im Wasser.

Salze, Säuren und Hydroxide sind somit, wenn sie in Wasser gelöst sind, in einzelne Ionen zerteilt und mit Wassermolekülen umhüllt (Abb. 3-21). Dieser Vorgang wird als Hydration bezeichnet.

Lösen von unpolaren Stoffen

Unpolare Moleküle, darunter fallen viele organische
. 151 Verbindungen, wie z. B. Öle und Fette, sind in Wasser nicht löslich. Stoffe, die sich in Wasser schwer oder gar nicht lösen, nennt man hydrophob, wasserabstoßend. Um mit diesen Stoffen, z. B. Benzin oder Ether, Lösungen herstellen zu können, müssen so genannte unpolare Lösungsmittel verwendet werden.

> ***Merke:***
>
> **Polare Moleküle** sind wasserliebend (hydrophil) und fettabstoßend (lipophob), z. B. Wasser, Säuren, Laugen, Salze und Zucker.
>
> **Unpolare Moleküle** sind fettliebend (lipophil) und wasserabstoßend (hydrophob), z. B. Fette und Öle.

$$NaOH \rightleftharpoons Na^{+} + OH^{-}$$

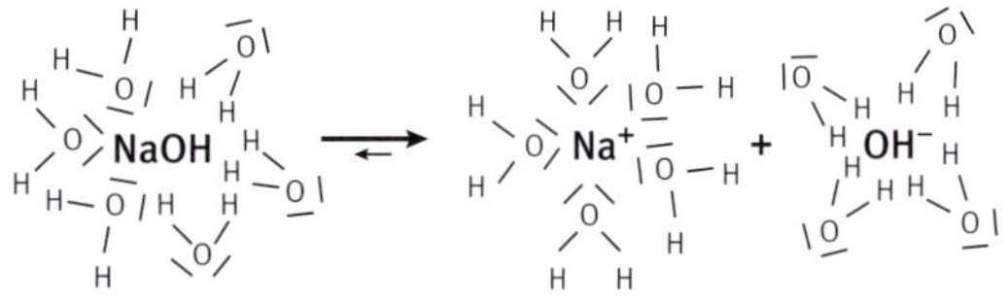

Abb. 3-21: Chemische Anordnung von Natronlauge in Wasser

Regeln der Löslichkeit von Stoffen

Es gibt einige allgemeingültige Regeln für die Löslichkeit von Stoffen:

1. Die Löslichkeit der meisten Stoffe in Wasser nimmt mit steigender Temperatur zu.
2. Die Löslichkeit von Gasen in Wasser nimmt mit steigender Temperatur ab.
3. Am besten lösen sich Stoffe in Lösungsmitteln, die ihnen ähnlich sind: polare Stoffe in polaren Lösungsmitteln, z. B. Salz in Wasser, und unpolare Stoffe in unpolaren Lösungsmitteln, z. B. Öl in Benzin.

Bei der Formulierung und Anwendung von Pflanzenschutzmitteln spielt die Polarität eine große Rolle. Das Pflanzenschutzmittel benötigt Wasser als Trägerstoff und muss daher wasserliebende Eigenschaften haben. Gelangt es dann auf die Wachsschicht der Blätter, braucht es, um einzudringen, lipophile, also fettliebende Eigenschaften. Diese sind in der Regel mit wasserabstoßenden Eigenschaften verknüpft.

Das Pflanzenschutzmittel braucht also lipophobe (fettabstoßende) und lipophile Eigenschaften. Dies wird über die Formulierung der Pflanzenschutzmittel erreicht. Sie gewährleistet, dass möglichst viel Wirkstoff an den Wirkungsort gelangt.

Konzentration von Lösungen

Die Konzentration von Lösungen kann durch den Massengehalt, den Volumengehalt in Prozent (%) oder die Stoffmengenkonzentration, veraltet Molarität, angegeben werden (Tab. 3-4).

Tab. 3-4: Beispiele für die Angabe von Konzentrationen von Lösungen

Angabe der Konzentration	Einheit	Beispiel
Massengehalt in % (g gelöster Stoff in g Lösung)	g/g (Masse-%)	eine 20-prozentige Kochsalzlösung (NaCl) erhält man durch das Lösen von 20 g NaCl in 80 g Wasser
Volumengehalt in % (cm^3 bzw. ml Flüssigkeit in der Gesamtflüssigkeit)	cm^3/cm^3 bzw. ml/cm^3 bzw. ml/ml (Vol.-%)	30-prozentigen Trinkalkohol (Ethanol) erhält man, indem man 30 ml 100-prozentiges Ethanol mit Wasser auf 100 ml auffüllt
Stoffmengenkonzentration oder S. 106 Molarität (Mol gelöster Stoff in 1 l Lösung)	mol/l	eine 1-molare Kochsalzlösung (NaCl) erhält man, indem man 58,44 g Kochsalz in Wasser auflöst und die Lösung auf 1 l auffüllt

In der Landwirtschaft kann es notwendig sein, Lösungen zu verdünnen, etwa bei der Anwendung von Reinigungs- und Desinfektionsmitteln im Stall. Die jeweiligen Anteile der Mischungspartner können mithilfe des Mischungskreuzes errechnet S. 48 werden.

3.1.7 Die wichtigsten Elemente und ihre Verbindungen

Wofür brauchen das ...?

- **Landwirte:** Ammonium und Ammoniak sind chemische Verbindungen aus Stickstoff und Wasserstoff. Dennoch haben sie völlig verschiedene Eigenschaften.
- **Fachkräfte Agrarservice:** Calcium- und Magnesiumdünger erhöhen den pH-Wert eines Bodens. Warum gerade diese?
- **Fischwirte:** Schwermetalle sind häufig anzutreffende Schadstoffe in Gewässern. Warum sind sie so bedenklich?

In der Landwirtschaft gibt es einige Elemente, die besonders wichtig sind, sei es als Bestandteil aller Lebewesen oder als Nährstoffe für Pflanzen und Tiere. Ausgehend von ihrer Anordnung in S. 105 den Hauptgruppen des Periodensystems sollen die wichtigsten Elemente vorgestellt werden.

Erste Hauptgruppe – Alkalimetalle

Die wichtigsten Elemente der ersten Hauptgruppe sind Wasserstoff, Natrium und Kalium. Alle Ele- S. 107 mente dieser Gruppe sind einwertig. Sie geben in Bindungen ein Elektron ab. Die Ionen sind immer einfach positiv geladen, z. B. Na^+.

Wasserstoff (H)

Wasserstoff nimmt im Periodensystem den ersten Platz ein. Im Universum ist Wasserstoff das häufigste chemische Element. Auf der Erde ist er Bestandteil des Wassers und in fast allen organischen Verbindungen enthalten. Es ist das Element mit der geringsten Atommasse. Bei der Bildung von Säuren spielt das H^+-Ion eine entscheidende Rolle.

Natrium (Na)

Natrium ist vor allem aus dem Kochsalz bekannt, chemisch Natriumchlorid (NaCl) genannt. Kochsalz gehört zu den wichtigsten und am weitesten verbreiteten Salzen. Es löst sich leicht in Wasser.

Durch konzentrierte Salzlösungen kann organischem Material, wie Lebensmitteln oder Futtermitteln, Wasser entzogen werden. Dies hat einen konservierenden Effekt. Zur Aufrechterhaltung des Zelldrucks benötigen Menschen und Tiere begrenzte Salzmengen. Blut enthält eine etwa 0,9-prozentige Salzlösung.

Kalium (K)

Kalium kommt in der Natur nicht frei vor; seine Verbindungen sind allerdings sehr weit verbreitet. In der Erdrinde sind ca. 3 % Kalium enthalten. In den Böden schwankt der Wert zwischen 0,2 und 3 %. Man unterscheidet im Boden vier Formen der Kaliumbindung:

- in Silikaten enthaltenes Kalium (Abb. 3-22),
- nicht austauschbares Kalium in sekundären Tonmineralien, S. 122
- austauschbar gebundenes Kalium an Sorbenten (z. B. Tonminerale, Huminstoffe),
- Kalium in der Bodenlösung.

Die Pflanzenverfügbarkeit des im Boden vorhandenen Kaliums hängt sehr stark von der Bindungsform im jeweiligen Boden ab. 98 % sind in Silikaten und sekundären Tonmineralien enthalten.

In den Tonmineralen wird Kalium als K^+-Ion in den Zwischenräumen eingelagert (Abb. 3-23). Je

Abb. 3-22: Kalimineralien

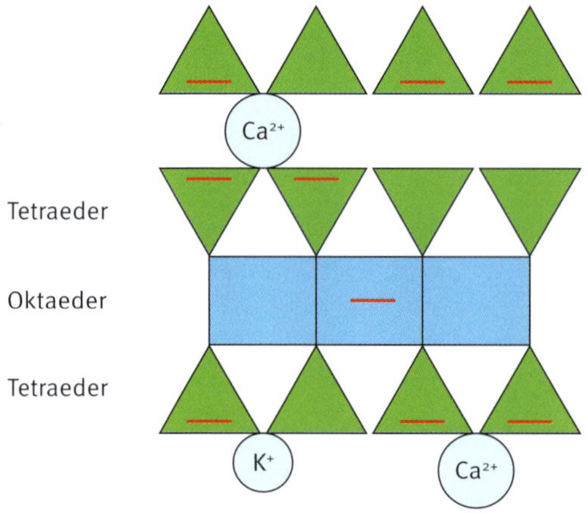

Abb. 3-23: Aufbau eines Dreischichtminerals: Zwischen den Schichten sind austauschbare Kationen eingelagert, z. B. K^+

nachdem, wie fest diese Kalium-Ionen gebunden sind, unterscheidet man zwischen austauschbarem (pflanzenverfügbarem) und nicht austauschbarem Kalium. Gerade in sehr tonhaltigen Böden findet man hohe Fixierungsraten.

Kalium gehört bei Mensch und Tier zu den unentbehrlichen Nährstoffen. Zusammen mit Natrium
S. 113 regelt es den osmotischen Druck in den Zellen. Über die Regelung des Zelldrucks ist es bei Pflanzen an der Standfestigkeit und Frosthärte beteiligt.

Von Pflanzen wird Kalium als K^+-Ion aus der Bodenlösung aufgenommen. Der Kaliumbedarf von Nutztieren wird durch pflanzliche Futtermittel gedeckt. Kalimangel oder -überschuss kann zu Störungen der Reiz- und Erregungsleitung führen.

Zweite Hauptgruppe – Erdalkalimetalle

Die bedeutendsten Elemente der zweiten Hauptgruppe sind Magnesium und Calcium. Die Erdal-
S. 107 kalimetalle sind zweiwertig und ihre Ionen zweifach positiv geladen, z. B. Mg^{2+}. Sie geben in Bindungen zwei Elektronen ab.

Magnesium (Mg)

Als Erdalkalimetall gehört Magnesium zu den essenziellen Nährelementen für Pflanzen, Menschen
S. 187 und Tiere. Es ist Hauptbestandteil des Chlorophylls und hat eine große Bedeutung bei der Aktivierung

Tab. 3-5: Wichtige calciumhaltige Mineralien

Mineral	Beispiel	Chemische Bezeichnung
Kalkfeldspat	Kalzit	$CaCO_3$
Kalknatronfeldspat	Dolomit	$CaMg(CO_3)_2$
Augite und Hornblenden	Gips	$CaSO_4$

zahlreicher Enzyme. Magnesiummangel vermindert S. 201
bei den Pflanzen die Kohlenhydratproduktion.

Bei Menschen und Tieren ist Magnesium nötig, um die Anspannung der Muskeln wieder zu lösen. Magnesiummangel führt bei Rindern zum Krankheitsbild Weidetetanie.

Calcium (Ca)

Calcium ist ein wichtiges Element in Mineralien (Tab. 3-5) und Hauptbestandteil von Kalkstein (Abb. 3-24). Der Calciumgehalt in Böden liegt zwischen 0,1 und 1,5 %, wobei Böden aus Kalksteinverwitterung Calciumgehalte von über 8 % aufweisen können.

Calciumverluste entstehen durch Nährstoffentzug und Auswaschung (Abb. 3-25), die Bildung bodeneigener Säuren, die Verwendung von ammoniumhaltigen Düngern und den sauren Regen. Zum Ausgleich dieser Prozesse muss in der Pflan-

Abb. 3-24: Kalkstein ($CaCO_3$) aus Meeressediment

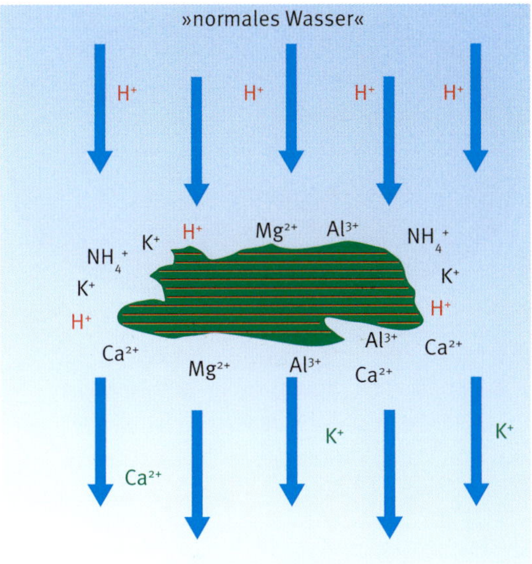

Abb. 3-25: Auswaschung von Kationen durch Regen; verstärkt wird der Vorgang durch Säureeintrag

127 zenproduktion den meisten Böden Kalk zugeführt werden, um die Bodenfruchtbarkeit zu erhalten.

Calcium ist ein essenzieller (lebensnotwendiger) Nährstoff für Pflanzen und Tiere. Es ist Bestandteil der Zellwände und an vielen Umsetzungsprozessen in der Zelle beteiligt. Mittels Ca^{2+}-Ionen wird das osmotische Gleichgewicht zwischen den Gewebszellen von Tieren und Pflanzen aufrechterhalten. Es steht im bestimmten Gegensatz zur Wirkung von Kalium.

Calcium ist auch der Hauptbestandteil von Knochen und Zähnen. Bei der Blutgerinnung spielt es eine wichtige Rolle. Als Ca^{2+}-Ion ist Calcium an Stoffwechselprozessen, an der Erregungsleitung von Nerven- und Muskelzellen und an membrangebundenen Prozessen beteiligt. Weil Milch einen hohen Calciumgehalt hat, spielt dieser Nährstoff in der Versorgung von Hochleistungskühen eine wichtige Rolle.

Dritte Hauptgruppe – Borgruppe

Die wichtigsten Elemente dieser Hauptgruppe, auch Erdmetalle genannt, sind Aluminium und Bor. Sie sind dreiwertig. In Bindungen geben sie bevorzugt drei Elektronen ab. Die Ionen sind dreifach positiv geladen, z. B. Al^{3+}.

Aluminium (Al)

Aluminium ist nach Sauerstoff und Silizium das dritthäufigste Element und das häufigste Metall in der Erdkruste. In Alumosilikaten gebunden kommt Aluminium in den Gesteinen Gneis und Granit vor. Bei pH-Werten unter 4,2 werden aus Alumosilikaten Al^{3+}-Ionen freigesetzt. Diese sind für viele Pflanzen giftig; sie schädigen die Feinwurzeln und hemmen die Magnesiumaufnahme.

Für Tiere und Menschen ist Aluminium ein essenzielles Spurenelement. Dennoch sollte die Aufnahme möglichst eingeschränkt werden, denn eine Anreicherung kann toxisch wirken.

Bor (B)

Bor ist ein eher seltenes Halbmetall. Es ist für Menschen und Tiere ein essenzielles Spurenelement, das für verschiedene Stoffwechselprozesse benötigt wird. In größeren Mengen wirkt es aber giftig.

Bor wird in der pflanzlichen Erzeugung den Mikronährstoffen zugeordnet. Bei borbedürftigen Kulturen wie Zuckerrüben und Raps kann eine Düngung mit diesem Nährstoff sinnvoll sein. In zu hohen Mengen wirkt es toxisch. Bei sehr hohen pH-Werten im Boden wird Bor festgelegt und ist S. 111
nicht pflanzenverfügbar.

Vierte Hauptgruppe – Kohlenstoff-Silizium-Gruppe

Die Elemente der vierten Hauptgruppe sind vierwertig. Die wichtigsten Vertreter sind Kohlenstoff und Silizium. Die Elemente dieser Gruppe treten nur selten und unter speziellen Bedingungen als Ionen auf.

Kohlenstoff (C)

Kohlenstoff gehört zu den Nichtmetallen. Die Atome des Kohlenstoffs haben die besondere Eigenschaft, sich in einfacher, zweifacher oder dreifacher Bindung S. 109
fast in beliebiger Weise in Ketten oder verschiedenen

S. 132 Ringsystemen miteinander verknüpfen zu können. Deshalb ist Kohlenstoff die Grundlage organischer Substanzen.

Wichtige Vertreter der anorganischen Kohlenstoffverbindungen sind: Kohlendioxid (CO_2), Kohlenmonoxid (CO) sowie die Kohlensäure (H_2CO_3) und ihre Salze, die Carbonate (CO_3^{2-}). In Form von Kalkstein, Kreide oder Dolomit bilden Karbonate ganze Gebirgszüge. Etwa 0,1 % der obersten Erdrinde besteht aus Kohlenstoff.

Silizium (Si)

Nach Sauerstoff ist Silizium mit 26 % das zweitwichtigste Element der Erdkruste (Abb. 3-26). Silizium hat ähnliche Eigenschaften wie Kohlenstoff. Es S. 132 kann lange Ketten und Ringe bilden, ist jedoch reaktionsträger als die aus Kohlenstoff.

Am häufigsten kommt Silizium in Silikaten und Siliziumoxiden vor. Silikate sind die Salze verschiedener Kieselsäuren. Dazu gehören technisch wichtige Rohstoffe und bodenbildende Mineralien, z. B. Feldspat und Glimmer.

Von besonderer Bedeutung für die Nährstoffdynamik im Boden sind die **sekundären Tonminerale**. Hier finden Festlegung, Freisetzung und Austausch S. 106 von Pflanzennährstoffen und anderen Kationen statt. Zu den Siliziumoxiden gehört Quarz, ein Hauptbestandteil des Sands.

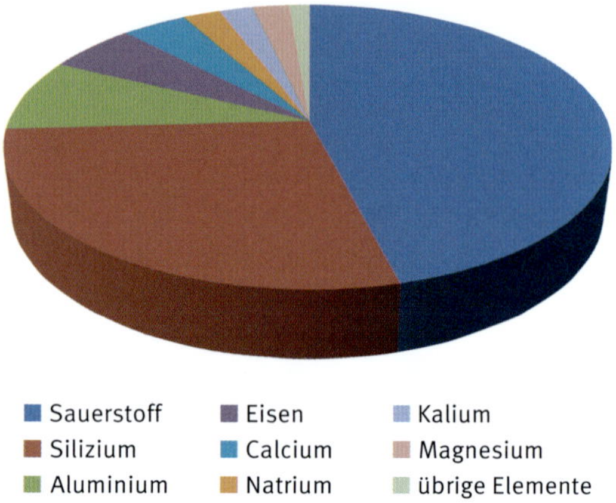

Abb. 3-26: Zusammensetzung der Erdkruste in Gewichtsanteilen (Masse-%)

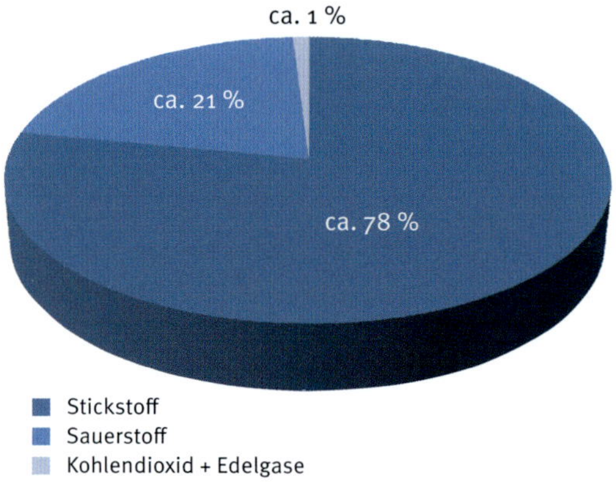

Abb. 3-27: Zusammensetzung der Luft nach Gewichtsanteilen (Masse-%)

Fünfte Hauptgruppe – Stickstoffgruppe

Die Elemente der Stickstoffgruppe sind wie die der dritten Hauptgruppe dreiwertig. Allerdings nehmen sie bevorzugt drei Elektronen auf. Ionen bilden diese Elemente vor allem mit Wasserstoff oder Sauerstoff, wobei verschiedene Oxidationszahlen möglich sind.

Stickstoff (N)

Stickstoff liegt größtenteils elementar als N_2 vor. Er bildet mit ca. 78 % den Hauptbestandteil der atmosphärischen Luft (Abb. 3-27).

Da die Bindung zwischen den beiden Stickstoffatomen sehr fest ist, ist Luftstickstoff (N_2) sehr reaktionsträge. Durch starke Wärmezufuhr oder elektrische Entladung spalten sich die Moleküle in atomaren Stickstoff. Dieser reagiert intensiv mit den meisten Elementen.

In seinen Bindungen kommt Stickstoff mit Wertigkeiten zwischen -3 und +5 vor. Tabelle 3-6 zeigt die Oxidationszahlen und die jeweiligen Hauptbindungsformen.

Stickstoff ist ein wichtiger Bestandteil der Eiwei- S. 1
ße. Pflanzen sind in der Regel nicht in der Lage, elementaren Stickstoff aufzunehmen. Sie verwerten Ammonium- und Nitrat-Ionen. Über bakterielle Umsetzungen wird der Stickstoff immer wieder pflanzenverfügbar gemacht.

Tab. 3-6: Oxidationszahl und Bindungsformen von Stickstoff (verändert nach Schlungbaum, 2005)

Oxidationszahl	Hauptbindungsformen
-3	Ammoniak (NH_3), Ammonium-Ion (NH_4^+), organischer Stickstoff
-1	Hydroxylamin (NH_2OH)
0	elementarer Stickstoff (N_2)
+1	untersalpetrige Säure ($H_2N_2O_2$ = $(HNO)_2$)
+2	--
+3	salpetrige Säure (HNO_2) und deren Salze = Nitrite (NO_2^-)
+5	Salpetersäure (HNO_3) und deren Salze = Nitrate (NO_3^-)

Die Bindung von gasförmigem Stickstoff aus der Atmosphäre hat eine Schlüsselstellung in der landwirtschaftlichen Produktion, denn Fritz Haber und Carl Bosch entwickelten Anfang des 20. Jahrhunderts das Haber-Bosch-Verfahren. Damit kann elementarer Luftstickstoff und Wasserstoff zu Ammoniak umgewandelt werden. Die Umwandlung erfolgt bei einem Druck von 200 bis 1 000 bar und einer Temperatur von 550 °C und ist sehr energieintensiv.

. 112 Der Ammoniak kann zu Salpetersäure oder unter Zugabe von CO_2 zu Düngemittel weiter verarbeitet werden. Heute kommen ca. 50 % des in Lebewesen gebundenen Stickstoffs aus der technischen Festlegung. Dies hat massive Probleme für unsere Umwelt zur Folge.

Phosphor (P)

Phosphor tritt in der Natur häufig in Form von
. 148 Phosphaten (Salze und Ester der Ortophosphorsäure – H_3PO_4) auf. Das wichtigste Vorkommen ist das Mineral Apatit mit der Summenformel $Ca_5(PO_4)x$, wobei x für Chlor (Cl), Fluor (F) oder ein Hydroxid-Ion (OH^-) steht. Als Phosphorit bezeichnet man ein Apatit von erdiger Struktur. Daneben gibt es PO_4-Verbindungen mit Eisen (Fe) oder Aluminium (Al), die von geringerer Bedeutung sind.

Eine wichtige Quelle von Phosphat ist Guano, ein trockenes Verwitterungsprodukt aus den Exkrementen von Seevögeln. Guano findet man an den regenarmen Felsküsten von Peru und Chile. Des Weiteren findet man Phosphat in kleineren Mengen in Böden verteilt.

Phosphat gilt als der Nährstoff in der Landwirtschaft, dessen Ressourcen am schnellsten erschöpft sein werden. Es wird unterschieden zwischen:

- anorganisch gebundenen Phosphaten an Tonmineralen (z. B. Kaolinit) und Metallhydroxiden und
- organisch gebundenen Phosphaten an Carbonaten.

Phosphor ist als Baustein in Eiweißen ein wichtiger Nährstoff für Menschen und Tiere. Besonders viel Phosphor ist in Nüssen und auch in Leguminosen enthalten.

Sechste Hauptgruppe – Chalkogene

Die Chalkogene sind wie die Erdalkalimetalle (zweite Hauptgruppe) zweiwertig. Sie geben in S. 107
Verbindungen zwei Elektronen ab, wobei sie ionisch fast nur als Moleküle auftreten und so verschiedene Oxidationszahlen aufweisen können.

Sauerstoff (O)

Sauerstoff tritt elementar oft in der Verbindung von zwei Sauerstoffatomen (O_2) auf. Molekularer Sauerstoff wird bei der Fotosynthese gebildet und S. 187
in die Atmosphäre und Hydrosphäre abgegeben. In der Luft ist Sauerstoff mit ca. 21 % enthalten (Abb. 3-27). Der Sauerstoffkreislauf auf der Erde ist eng mit dem CO_2-Kreislauf verknüpft.

Alle Tiere und auch der Mensch brauchen Sauerstoff zum Atmen. Er spielt eine entscheidende Rolle bei vielen oxidativen und reduktiven Reaktionsschritten:

- Bei oxidativen Reaktionen (Oxidation) werden Elektronen abgegeben.
- Bei reduktiven Reaktionen (Reduktion) werden Elektronen aufgenommen.

S. 140
S. 146

Sauerstoff ist einer der wichtigsten Bestandteile von organischen Verbindungen wie Alkoholen und Carbonsäuren. Als Bestandteil von Fetten, Kohlenhydraten und Eiweißen wäre eine Ernährung ohne Sauerstoff nicht möglich. Weil all diese Verbindungen auch Kohlenstoffatome enthalten, werden sie der organischen Chemie zugeordnet.

Schwefel (S)

Schwefel kommt in elementarer Form in vulkanischen und sedimentären Ablagerungen vor. Gebundener Schwefel tritt hauptsächlich in den Oxidationsstufen -2 und +6, aber auch +4 auf (Tab. 3-7).

Natürliche Vorkommen von Schwefel findet man in Pyrit (FeS), Gips ($CaSO_4 \cdot 2\ H_2O$) und Anhydrit ($CaSO_4$). Von Pflanzen kann Schwefel nur als SO_4^{2-} aufgenommen werden. Die Umsetzung anderer Schwefelformen in Sulfat erfolgt mithilfe verschiedener Bakterien.

S. 158

Schwefel ist ein wichtiger Baustein der essenziellen Aminosäuren. Verderben Eiweiße, bildet sich Schwefeldioxid, ein stechend riechendes, farbloses bis leicht gelbliches Gas. Die Schwefelbestandteile des Eiweißes sind daher neben Stickstoffen auch für den üblen Geruch verantwortlich.

In Erdöl, Ölschiefer und Kohle ist ebenfalls Schwefel enthalten; er wird bei der Verbrennung als Schwefeldioxid (SO_2) freigesetzt. Das stechend riechende, farblose bis leicht gelbliche Gas kann als Schadstoff in der Luft Blätter, Nadeln und das Plasma von Pflanzen schädigen.

Mit Wasser bildet Schwefeldioxid schweflige Säure (H_2SO_3), die in Verbindung mit Luftsauerstoff zu Schwefelsäure (H_2SO_4) umgewandelt wird. Dies führte in den 80er- und 90er-Jahren des vorherigen Jahrhunderts zu großen Schäden in den Wäldern. Mittlerweile wurde der Schwefelausstoß durch den Einsatz schwefelarmer Brennstoffe stark reduziert.

S. 107

Tab. 3-7: Oxidationszahlen und Bindungsformen von Schwefel (verändert nach Schlungbaum, 2005)

Oxidationszahl	Hauptbindungsform
-2	Schwefelwasserstoff (H_2S) und seine Salze = Sulfide, organische Schwefelverbindungen
+ 4	Schwefeldioxid (SO_2)
+ 6	Schwefelsäure (H_2SO_4) und ihre Salze = Sulfate

Siebte Hauptgruppe – Halogene

Zu den Halogenen gehören die Elemente Fluor (F), Chlor (Cl), Brom (Br) und Jod (J). Sie sind allesamt einwertig und kommen als Moleküle zweiatomig vor, z. B. als F_2.

Halogene nehmen als Atome gerne Elektronen auf, sind also sehr reaktionsfreudig, und kommen häufig als Ionen vor, z. B. als Cl^-. Mithilfe von Halogenen kann daher im Labor analysiert werden, ob ein Stoff Doppelbindungen enthält, z. B. bei Fetten. S. 10

Halogene reagieren gerne mit Wasserstoff zu den Halogenwasserstoffen. Diese sind gasförmig und bilden in Wasser gelöst starke Säuren.

Chlor (Cl)

Chlor ist ein gefährliches Gas, das eine desinfizierende Wirkung besitzt. Es wird daher zur Desinfektion von Trinkwasser verwendet. Das Chlorid-Ion (Cl^-) gehört zu den essenziellen Nährelementen. Es beeinflusst den Wasserhaushalt und das Kationen-Anionen-Gleichgewicht der Zellen. In höheren Konzentrationen wirkt es toxisch. S. 10

Fluor (F)

Fluor ist das reaktionsfreudigste Halogen. Es kommt in geringen Mengen in Knochen und Zahnschmelz vor. Daher wird die Verwendung von fluorhaltigen Zahncremes empfohlen, um die Zahngesundheit zu erhalten.

Die so genannten FCKWs, Fluorchlorkohlenwasserstoffe, wurden bzw. werden in Kältemitteln, Treibgasen und Lösungsmitteln vielfach verwendet. In den 1980er-Jahren stellte sich heraus, dass sie sehr stark am Abbau der Ozonschicht beteiligt sind. In vielen Ländern wurden sie aus diesem Grund verboten.

Jod (J)

Jod ist ein Feststoff, der sich in Alkohol löst. In Wasser ist er unlöslich. Aufgrund seiner desinfizierenden Wirkung kann er zur Reinigung von Wunden eingesetzt werden (Jodtinktur). Aufgrund der ätzenden Wirkung wird diese heute jedoch nur noch selten angewendet.

Jod ist Bestandteil des Schilddrüsenhormons Thyroxin und daher für das Wachstum und die Entwicklung von Mensch und Tier ein unentbehrliches Element. Es ist in der Regel in Mineralfuttermitteln enthalten.

Brom (Br)

Brom ist eine braune, übel riechende Flüssigkeit, die leicht verdunstet. Bromdämpfe sind giftig und stark ätzend. Brom wird wie Jod in der Pharmazie angewendet.

Achte Hauptgruppe – Edelgase

Zu den Edelgasen gehören z. B. Helium (He), Neon (Ne) und Xenon (Xe). Weil diese Elemente von Natur aus acht Elektronen in der Außenschale tragen (Edel-
108 gaskonfiguration), sind sie nicht auf Bindungspartner angewiesen. Sie sind deshalb sehr reaktionsträge.

Die Edelgase werden vor allem in der Leuchtmittelindustrie eingesetzt (»Neon«-Röhren, Xenon-Scheinwerfer). Für die Ernährung haben sie keine Bedeutung.

Metalle der Nebengruppen

Die Elemente der Nebengruppen sind meist zwei- oder dreiwertig. Sie unterscheiden sich von den Hauptgruppenelementen durch die Belegung der
104 dritten Schale (M-Schale) im Bohr'schen Atommodell.

Mangan (Mn)

Mangan steht in der siebten Nebengruppe des Periodensystems. Manganverbindungen können
107 Oxidationszahlen zwischen -3 und +7 aufweisen. In vielen Eigenschaften ähnelt Mangan dem Eisen.
201 Es hat als Bestandteil verschiedener Enzyme eine hohe biologische Bedeutung. So ist es z. B. an der
Fotosynthese beteiligt. S. 187

Eisen (Fe)

Eisen steht im Periodensystem in der achten Nebengruppe. Die Elemente dieser Gruppe werden auch als Übergangselemente bezeichnet. Sie können verschiedene Wertigkeiten aufweisen. So kann Eisen
als zwei- oder dreiwertiges Kation (Fe^{2+} oder Fe^{3+}) S. 106
auftreten.

In der Erdkruste kommt Eisen zu 4,5 % vor. Im Boden ist es in Form von Eisenoxiden bzw. -hydroxiden Bestandteil von vielen Mineralien. Aufgrund der Verwitterung zeigen diese Minerale eine braune Färbung (Abb. 3-28). Das Eisen ist hierbei in der Regel dreiwertig.

Zweiwertige Eisenverbindungen kommen in der Regel unter reduktiven Bedingungen vor, wie sie in Staunässe- oder Grundwasserböden zu finden sind. Sie zeigen eine grünlich graue Färbung.

Eisen ist ein wichtiges Nährelement für Pflanzen.
Es ist Bestandteil des Chlorophylls. Für Men- S. 187
schen und Tiere ist Eisen eines der wichtigsten Spurenelemente. Es wird für die Bildung von roten Blutkörperchen und zahlreichen Enzymen gebraucht.

Ein Erwachsener benötigt ca. 12 mg am Tag. Aufgenommen wird Eisen mit Nahrungsmitteln wie Fleisch, Getreide und Hülsenfrüchten. Ferkel haben

Abb. 3-28: Braunfärbung des Bundsandsteins durch eisenhaltige Minerale

in den ersten Lebenstagen einen hohen Eisenbedarf. Sie bekommen deshalb Eisenpräparate injiziert.

Kupfer (Cu)

Kupfer ist ein Element der elften Nebengruppe des Periodensystems. In allen Organismen erfüllt S. 142 Kupfer wichtige Funktionen als Katalysator. Bei Mensch und Tier ist es in dieser Funktion an der Blutbildung beteiligt. Der Bedarf eines erwachsenen Menschen liegt zwischen 2 bis 5 mg pro Tag.

Kupfer hat eine fungizide Wirkung. Im ökologischen Landbau wird es daher zur Bekämpfung von Pilzkrankheiten eingesetzt.

Zink (Zn)

Zink steht in der zwölften Nebengruppe des Periodensystems. Es ist Bestandteil wichtiger S. 201 Enzyme und daher für alle Lebewesen unentbehrlich. Im menschlichen Organismus werden z. B. das Immunsystem, die Nukleinsäuresynthese S. 17 und der Hormonstoffwechsel durch Zink beeinflusst. Bei sehr hohen Gehalten kann Zink für Mikroorganismen und Pflanzen toxisch sein.

Schwermetalle

Als Schwermetalle werden Metalle bezeichnet, deren Dichte größer als 4,5 g/m^3 ist. Schwermetalle können lebensnotwendige Stoffe sein. Der steigende Einsatz in der Industrie und im Verkehr in den letzten 100 Jahren hat jedoch dazu geführt, dass bestimmte Stoffe in der Umwelt in erhöhten Mengen vorliegen und diese belasten.

Insbesondere Kupfer (Cu), Zink (Zn), Cadmium (Cd), Quecksilber (Hg) und Blei (Pb) haben sich in Wasser, Boden, Luft und der Biosphäre angereichert. Man spricht bei diesem Vorgang von Akkumulation. Auch Nahrungsmittel können mit Schwermetallen belastet sein.

3.1.8 Wichtige chemische Reaktionen

Wofür brauchen das …?

- **Fachkräfte Agrarservice:** Ein Kunde des Lohnunternehmens von Max hat neue Flächen dazugepachtet und weiß nicht, ob eine Kalkdüngung erforderlich ist. Max könnte das ganz einfach testen.
- **Landschaftsgärtner:** Der pH-Wert des Bodens in einem Steingarten soll erhöht werden. Wie kann man abschätzen, wie viel Kalk von welcher Kalkdüngerform nötig ist?
- **Landwirte:** Jens Chef will der Gülle einen Nitrifikationshemmer zufügen, um die Nitratauswaschung zu verringern. Was bewirkt dieser Zusatz genau?

Säuren und Basen

Prüfen des Kalkgehalts

Will man Gestein oder Böden auf das Vorhandensein von Kalk ($CaCO_3$) prüfen, kann man die Oberfläche mit Salzsäure beträufeln. Die ablaufende Reaktion ist in Abbildung 3-29 dargestellt.

Ist Kalk vorhanden, entsteht Kohlensäure. Diese zerfällt in CO_2 und Wasser, was das Sprudeln verursacht (Abb. 3-30). Die starke Säure (HCl) treibt die schwache Säure (H_2CO_3) aus deren Salzen ($CaCO_3$).

Abb. 3-30: Am Sprudeln der mit Salzsäure benetzten Flächen erkennt man das Vorhandensein von Kalk

Reaktion von ammoniumhaltigen Düngern mit Kalk

Es ist nicht ratsam, ein Feld zu kalken, auf das ammoniumhaltige Dünger ausgebracht wurden, denn aufgrund der chemischen Reaktion des Düngers mit dem Kalk wird Ammoniak frei. Eine Ammoniakemmission soll aber sowohl aus Umweltschutzgründen als auch wegen des Nährstoffverlusts vermieden werden. Die Konsequenz für den Landwirt ist: keine Anwendung von ammoniumhaltigen Düngern und Kalk in kurzer Zeitfolge. Der Praxisversuch auf der folgenden Seite veranschaulicht dies.

Kalkung

Die meisten landwirtschaftlichen Böden unterliegen einer natürlichen und anthropogenen (durch Menschen verursachten) Versauerung. Kalkmangel kann zu Schäden an den Kulturen führen (Abb. 3-31). Um dem entgegenzuwirken, muss den Böden regelmäßig Kalk zugeführt werden.

$$CaCO_3 + 2\,HCl \rightarrow CaCl_2 + H_2CO_3$$

Calciumcarbonat + Salzsäure → Calciumchlorid + Kohlensäure

Abb. 3-29: Reaktionsgleichung von Salzsäure auf Calciumcarbonat

Praxisversuch:

Ammoniumsulfat mit Branntkalk und Wasser mischen

Man gibt etwas Ammoniumsulfat-Dünger in eine Schüssel und fügt etwas Branntkalk (CaO) hinzu. Anschließend zerkleinert man die Mischung und gibt Wasser hinzu. Es kommt zu folgender Reaktion:

$(NH_4)_2SO_4$	+	CaO	+	H_2O	→	$CaSO_4$	+	$2\ NH_4OH$
Ammoniumsulfat	+	Calciumoxid	+	Wasser	→	Calciumsulfat	+	Ammoniumhydroxid

Nach kurzer Zeit bemerkt man einen stechenden Geruch, der von freigesetztem Ammoniak verursacht wird. Ammoniumhydroxid zerfällt an der Luft schnell zu Ammoniak (NH_3) und Wasser (H_2O). Wird rotes Lackmuspapier in die Dämpfe gehalten, färbt sich dieses blau, ein Zeichen für deren hohen pH-Wert.

Chemische Reaktionen

S. 112 Die Wirkung der Kalke basiert auf der Neutralisation der H^+-Ionen im Boden durch die aus dem Kalk freigesetzten OH^--Ionen: OH^-- und H^+-Ionen reagieren zu H_2O (Wasser). Zudem wirken sich die Ca^{2+}-Ionen günstig auf die Bodenstruktur aus.

Verschiedene Kalkformen reagieren unterschiedlich, wie Abbildung 3-32 zeigt. In einem biologisch aktiven Boden (warm, feucht und hohe CO_2-Freisetzung aus Bodenatmung) wird Hütten- oder Konverterkalk schneller umgesetzt.

Abb. 3-31: Kalkmangelerscheinungen an Wintergerste, Mitte Mai

Basische Wirksamkeit berechnen

Die unterschiedlichen Kalkformen unterscheiden sich in ihrer basischen Wirksamkeit. Damit sie miteinander verglichen werden können, muss auf einen Basiswert umgerechnet werden. Es gelten folgende Gleichungen:

- $CaO \cdot 1{,}785 = CaCO_3$ bzw. $CaCO_3 \cdot 0{,}56 = CaO$
- $MgO \cdot 2{,}092 = MgCO_3$ bzw. $MgCO_3 \cdot 0{,}478 = MgO$
- $MgO \cdot 1{,}4 = CaO$

1,8 dt kohlensaurer Kalk mit 90 % $CaCO_3$ entsprechen demnach 50 % CaO (Umrechnung: $90 \cdot 0{,}56 = 50$). Sie haben die gleiche basische Wirkung wie 1 dt Branntkalk mit 90 % CaO (Umrechnung: $50 \cdot 1{,}8 = 90$).

Bei Magnesiumkalken (Mg-Kalken) wird der Gehalt an Magnesiumoxid (MgO) mit 1,4 multipliziert, um die basische Wirksamkeit in CaO anzugeben. Das ist nötig, weil Magnesium ein geringeres Atomgewicht hat als Calcium, pro Molekül aber die gleiche Kalkwirkung aufweist. S. 1

Ein kohlensaurer Magnesiumkalk mit 70 % $CaCO_3$ und 15 % $MgCO_3$ wird demnach folgendermaßen in CaO umgerechnet:

$$70\,\% \cdot 0{,}56 + 15\,\% \cdot 0{,}478 \cdot 1{,}4 = 49{,}2\,\%\ CaO$$

Stickstoffumsetzungen

Stickstoff ist in der Pflanzenproduktion ein unersetzliches Nährelement und muss jedes Jahr den S. 1

CaO	+	H_2O	→	$Ca(OH)_2$	→	Ca^{2+}	+	$2\ OH^-$
Branntkalk	+	Wasser	→	Calciumhydroxid	→	Calcium-Ion	+	Hydroxid-Ion

$CaCO_3$	+	CO_2	+	H_2O	→	$Ca(HCO_3)_2$
Calciumcarbonat	+	Kohlendioxid	+	Wasser	→	Calciumhydrogencarbonat (kohlensaurer Kalk)

$Ca(HCO_3)_2$	→	Ca^{2+}	+	$2\ OH^-$	+	$2\ CO_2$
Calciumhydrogencarbonat	→	Calcium-Ion	+	Hydroxid-Ion	+	Kohlendioxid

Ca_2SiO_4	+	H_2O	→	$2\ Ca^{2+}$	+	$2\ OH^-$	+	SiO_3^{2-}
Hüttenkalk	+	Wasser	→	Calcium-Ion	+	Hydroxid-Ion	+	Silikat

Abb. 3-32: Reaktionsgleichungen von Düngekalken

ackerbaulichen Produktionssystemen in hohen Mengen zugeführt werden. Stickstoffverbindungen spielen aber auch als Klimagas, bei der Grundwasserqualität und bei der Belastung von Oberflächengewässern eine bedeutende Rolle. Daher ist es wichtig für den Landwirt, sorgsam mit diesem Nährstoff umzugehen.

Für die Umsetzung der unterschiedlichen Stickstoffformen aus anorganischen und organischen Düngern sind verschiedene Reaktionen von besonderer Bedeutung. Sie sind Teil des globalen Stickstoffkreislaufs (Abb. 3-33).

Ammonifikation

Die Ammonifikation ist ein so genannter Mineralisierungsprozess, bei dem aus organischen Verbindungen Ammoniak und schließlich Ammonium freigesetzt werden. Beides sind anorganische oder auch mineralische Stoffe.

Der Vorgang läuft unter Beteiligung unterschiedlicher Mikroorganismen und Ektoenzyme S. 201 ab. Beim Abbau organischer Verbindungen nimmt Harnstoff ($CO(NH_2)_2$) eine besondere Stellung ein. Die Ammonifikation erfolgt in zwei Schritten, wie Abbildung 3-34 zeigt.

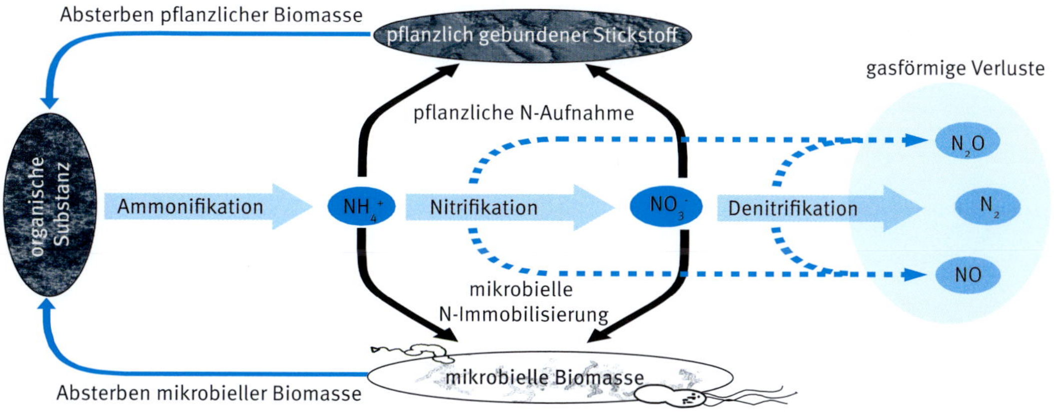

Abb. 3-33: Die am Stickstoffkreislauf beteiligten Umsetzungsprozesse in Böden

1. Schritt:	$H_2N\text{-}CO\text{-}NH_2$	+	H_2O	→	$2\ NH_3$	+	CO_2
	Harnstoff	+	Wasser	→	Ammoniak	+	Kohlendioxid
2. Schritt:	NH_3	+	H_2O	→	NH_4^+	+	OH^-
	Ammoniak	+	Wasser	→	Ammonium	+	Hydroxid-Ion

Abb. 3-34: Ammonifikation am Beispiel von Harnstoff

1. Schritt:	$2\ NH_4^+$	+	$3\ O_2$	→	$2\ NO_2^-$	+	$2\ H_2O$	+	$4\ H^+$
	Ammonium	+	Sauerstoff	→	Nitrit	+	Wasser	+	Wasserstoff-Ion
2. Schritt:	$2NO_2^-$	+	O_2	→	$2\ NO_3^-$				
	Nitrit	+	Sauerstoff	→	Nitrat				

Abb. 3-35: Schema der Nitrifikation

Im ersten Schritt wird in Wasser gelöster Ammoniak gebildet. Daraus entstehen im zweiten Schritt Ammonium-Ionen, die direkt von den Pflanzen aufgenommen oder in Nitrat umgewandelt werden können. Die Reaktion zeigt, dass bei der Anwendung von Harnstoff als Dünger feuchte Bedingungen vorherrschen sollten, um Verluste zu vermeiden.

In Tierställen sollte besonders der erste Prozessschritt Beachtung finden. Hohe Ammoniakkonzentrationen in der Luft, die durch Ammonifikation von Kot und Harn entstehen, sollten vermieden werden.

Nitrifikation

Bei der Nitrifikation wandeln Bakterien Ammonium über Nitrit zu Nitrat um. Den ersten Schritt von Ammonium zu Nitrit übernehmen Bakterien der Gattung Nitrosomonas. Bei der Umsetzung von Nitrit in Nitrat im zweiten Schritt sind Nitrobakter beteiligt. Abbildung 3-35 zeigt die Gleichungen.

Die Nitrifikation geht über die Oxidationsstufen -3 bis +5. Der Prozess der Nitrifizierung ist an Wärme (über 6 °C) und einen neutralen pH-Wert (pH 6 bis 7) gebunden. Außerdem sind ausreichend Feuchtigkeit und Luftsauerstoff nötig, wie aus den Gleichungen ersichtlich wird (Abb. 3-35).

S. 1(

Nitratreduktion – Denitrifikation

Der gegenläufige Prozess zur Nitrifikation ist die Reduktion von Nitrat über Nitrit zu Ammoniak. Im engen Zusammenhang hierzu steht die Denitrifikation, bei der Nitrit weiter zu elementarem Stickstoff umgewandelt wird (Tab. 3-8).

Tab. 3-8: Prozessschritte der Denitrifikation

Stufe	Prozessschritt	Formel
1	Nitratreduktase (von Nitrat zu Nitrit)	$NO_3^- + 2\ H^+ + 2\ e^- \rightarrow NO_2^- + H_2O$
2	Nitritreduktase (von Nitrit zu Stickstoffmonoxid)	$NO_2^- + 2\ H^+ + 2\ e^- \rightarrow NO + H_2O$
3	Stickstoffmonoxid-Reduktase (von Stickstoffmonoxid zu Distickstoffmonoxid)	$2\ NO + 2\ H^+ + 2\ e^- \rightarrow N_2O + H_2O$
4	Distickstoffmonoxid-Reduktase (von Distickstoffmonoxid zu elementarem Stickstoff)	$N_2O + 2\ H^+ + 2\ e^- \rightarrow N_2 + H_2O$

Abb. 3-36: Verschlemmte Böden neigen zur Nitratreduktion

Der Prozess läuft unter Beteiligung von Nitrat veratmenden Bakterien ab und ist an anaerobe Bedingungen (unter Ausschluss von Sauerstoff) gebunden.

Unter ungünstigen Bedingungen wird Schritt 4 behindert, sodass es zur Bildung von klimaschädlichem Distickstoffmonoxid (N_2O) kommt, umgangssprachlich Lachgas genannt. In der Pflanzenproduktion sind Denitrifikationsprozesse zu vermeiden, weil sie mit Nährstoffverlusten verbunden sind. Sie treten häufig bei staunassen und verdichteten oder verschlemmten Böden auf (Abb. 3-36).

3.2 Organische Chemie

Die organische Chemie wird als die Chemie der Lebensstoffe bezeichnet. Die Herstellung von Alkohol durch die alkoholische Gärung, die Verwendung von Konservierungsstoffen oder die Synthese von Vitaminen sind typische Beispiele aus der Praxis der organischen Chemie.

Die organische Chemie kann in verschiedene Bereiche unterteilt werden. Dazu zählen unter anderem:

- Lebensmittelchemie,
- Petrochemie (Herstellung von Produkten aus Erdgas und Erdöl),
- Waschmittelchemie,
- Kunststoff- und Farbstoffchemie,
- pharmazeutische Chemie,
- Biochemie (Stoffwechselprozesse im Organismus).

Die organische Chemie unterscheidet sich im Auf-
S. 102 bau sehr von der anorganischen Chemie. Das Haupt-
element aller organischen Verbindungen ist der
S. 121 Kohlenstoff (C). Zusätzlich sind in der organischen
Chemie die Elemente Wasserstoff (H), Sauerstoff
(O), Stickstoff (N) und Schwefel (S) vertreten. Auf-
S. 124 grund der Reaktionsfähigkeit mit den Halogenen
(siebte Hauptgruppe) müssen auch diese Elemente in der organischen Chemie ergänzt werden.

> **Merke:**
> Die organische Chemie ist die lebende Chemie bzw. die Kohlenstoffchemie.

Das Kohlenstoffatom hat jeweils sechs Protonen
und Neutronen im Atomkern und sechs Elektro- S. 10
nen in der Atomhülle. Vier davon sitzen auf der äußeren Schale.

Kohlenstoff kann mit anderen Kohlenstoff-
atomen mittels Atombindungen verzweigte und S. 10
unverzweigte Ketten beliebiger Länge und Ringe unterschiedlicher Größen bilden (Abb. 3-37). Durch die Aufnahme von weiteren Atomen, meistens Wasserstoff, wird die Edelgaskonfiguration erreicht.

> **Merke:**
> Edelgaskonfiguration heißt, dass ein Element acht Elektronen auf der Außenschale hat und somit der Edelgaszustand erreicht ist. Ausnahmen sind Helium und Wasserstoff mit maximal zwei Elektronen in der Außenschale.

Da in der organischen Chemie sehr lange Kohlenstoffketten (C-Ketten) vorkommen können, wird zur Vereinfachung der Strukturdarstellung der Wasserstoff meist nicht ausgeschrieben. Stattdessen werden nur die Bindungsarme dargestellt. Wenn in einer Verbindung nur der Bindungsarm vorhanden ist, ohne dass ein Element angegeben ist, stellt dies immer eine Wasserstoffbindung dar (Abb. 3-38).

Stoffe und Produkte der organischen Chemie weisen viele gemeinsame Eigenschaften auf:

- Sie besitzen einen niedrigen Schmelz- und
Siedepunkt. S. 97

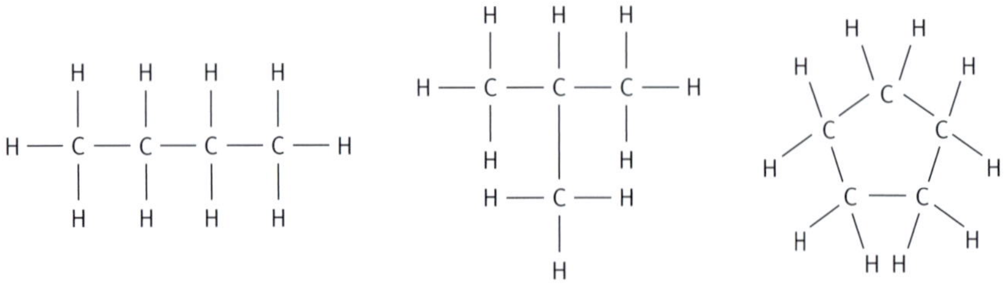

Abb. 3-37: Aufbau von Molekülen mit Kohlenstoffen: unverzweigte Kette (links), verzweigte Kette (Mitte) und Ringform (cyclo, rechts)

- Sie weisen einen typischen Geruch auf.
- Sie sind brennbar.
- Sie zersetzen sich leicht. Wird z. B. Zucker . 107 erhitzt, verändert sich sein Aggregatzustand bis zur kompletten Zersetzung.
- Der vorherrschende Bindungstyp ist die Atombindung.

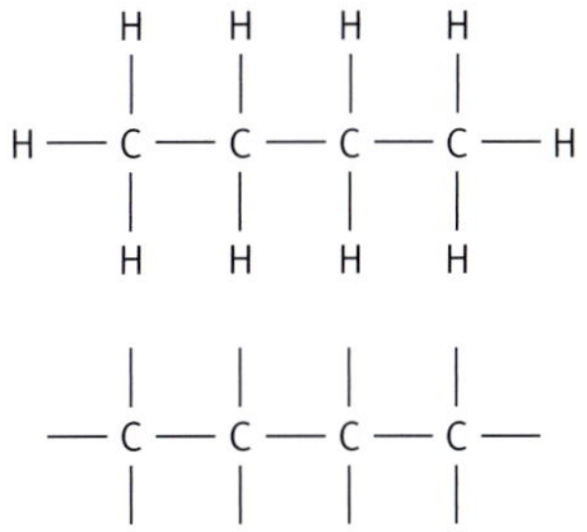

Abb. 3-38: Strukturformel von Butan, unten in der vereinfachten Schreibweise

3.2.1 Kohlenwasserstoffe

Wofür brauchen das ...?

- **Gärtner:** Die Gaskanone der Gewächshausheizung wird mit Propan oder Butan betrieben. Worum handelt es sich genau?
- **Landwirte:** Kunststoff ist nicht gleich Kunststoff. Silofolie besteht häufig aus PE, Kunststoffbehälter aus PP. Was bedeuten diese Abkürzungen und warum haben die Materialien verschiedene Eigenschaften?
- **Fachkräfte Agrarservice:** Beim Gasschmelzschweißen setzt man ein Acetylen-Sauerstoff-Gemisch ein. Doch was ist Acetylen?

Die Grundstruktur aller organischen Verbindungen sind Kohlenwasserstoffe. Sie bestehen aus Kohlenstoff- und Wasserstoffatomen. Es gibt unendlich viele Moleküle, die in diese Gruppe fallen. Eines der Unterscheidungsmerkmale der Kohlenwasserstoffe sind die Bindungen zwischen den C-Atomen.

S. 109 Kohlenwasserstoffe können Einfach- oder Mehrfachbindungen eingehen, also ein oder mehrere Elektronenpaare mit einem Bindungspartner teilen. C-Ketten, die ausschließlich Einfachbindungen aufweisen, nennt man gesättigt.

C-Ketten, die mindestens eine Zwei- oder Dreifachbindung aufweisen, werden als ungesättigt bezeichnet. Beispiele sind in Abbildung 3-39 dargestellt. Für die Bezeichnung ungesättigt reicht es aus, wenn eine einzige Doppel- oder Dreifachbindung in der C-Kette vorkommt.

Merke:

Gesättigt bedeutet, dass Atome nur durch Einfachbindungen miteinander verbunden sind.
Ungesättigt bedeutet, dass im Molekül mindestens eine Mehrfachbindung vorliegt.

Alkane

Alkane sind gesättigte Kohlenwasserstoffe. Sie werden aus Erdöl und Erdgas gewonnen. Alkane dienen unter anderem als Energieträger bzw. als Rohstoff in der chemischen Industrie.

S. 117 Alkane sind nur in unpolaren Lösungsmitteln löslich. Alkohol und Benzin zählen zu den unpolaren Lösungsmitteln.

Methan als einfachstes Alkan

Das einfachste Alkan ist Methan. Das Gas entsteht aus einer anaeroben Gärung. Das heißt, es findet S. 20 eine Gärung ohne Sauerstoffzufuhr statt. Dieser Vorgang findet z. B. in Sümpfen und im Pansen S. 20 von Rindern statt.

Methan besteht aus **einem** C-Atom, also Kohlenstoff, und **vier** H-Atomen, also Wasserstoff. Die Summenformel lautet daher CH_4. Die Strukturformel ist in Abbildung 3-40 dargestellt. Weil die H-Atome jeweils zwei Außenelektronen brauchen und das C-Atom vier Elektronenpaare ausbilden kann, wird mit dieser Bindungsform die Edelgaskonfiguration S. 10 erreicht (Abb. 3-41).

Um das nächste Molekül der Gruppe der Alkane zu erhalten, muss nur eine CH_2-Gruppe angehängt

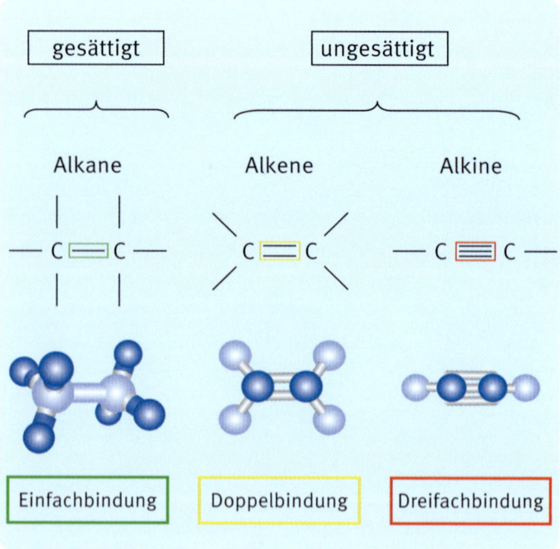

Abb. 3-39: Überblick über die Kohlenwasserstoffverbindungen

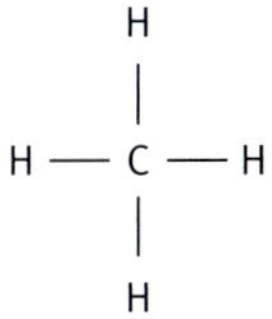

Abb. 3-40: Strukturformel des einfachsten Alkans Methan (CH_4)

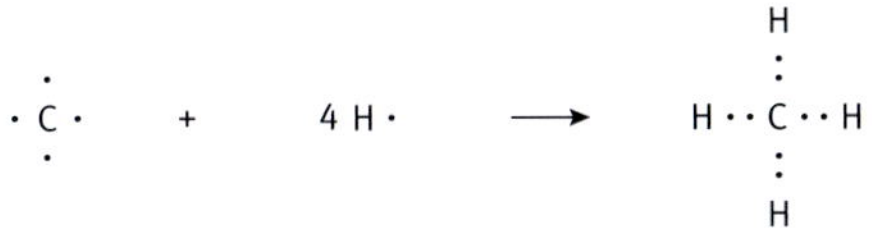

Abb. 3-41: Atombindung des Methans (CH_4)

werden. Aus CH_4 wird C_2H_6. Das entstehende Element wird als Ethan bezeichnet (Abb. 3-42). Ein Ethan-Molekül besteht somit aus zwei C-Atomen und sechs H-Atomen.

Die Entstehung der Alkane setzt sich so fort. Man bezeichnet sie daher als **homologe Reihe der Alkane.** Aufgrund dieser Reihung kann man eine allgemeine Summenformel ableiten, die als C_nH_{2n+2} bezeichnet wird. Möchte man also ein Alkan mit fünf Kohlenstoffen bilden, ergibt sich die Summenformel C_5H_{12}.

Merke:

Weil die Alkane eine **homologe Reihe** bilden, kann eine **allgemeine Summenformel** abgeleitet werden. Sie lautet $\mathbf{C_nH_{2n+2}}$.

Aggregatzustände der Alkane

Damit die Kohlenstoff-Wasserstoff-Kette auch stabil zusammenhält, wirken Bindungskräfte zwischen den Atomen. Es gibt verschiedene zwischenmolekulare Anziehungskräfte. Bei den Alkanen wirken die so
. 107 genannten Van-der-Waals-Kräfte.

Die Van-der-Waals-Kräfte zählen eher zu den schwachen Bindungskräften in der Chemie. Je

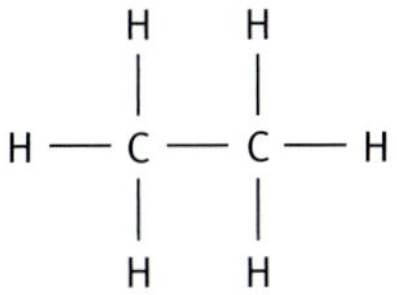

Abb. 3-42: Strukturformel von Ethan (C_2H_6)

Tab. 3-9: Schmelz- und Siedepunkte von Methan und Decan

Phasenwechsel	Methan (1 C-Atom)	Decan (10 C-Atome)
Schmelzpunkt (°C)	-183	-30
Siedepunkt (°C)	-162	174

länger die C-Ketten werden, desto stärker wirken die Van-der-Waals-Kräfte. Mit steigender Kettenlänge benötigt man somit mehr Kraft, also Energie, um S. 80
diese Ketten auseinanderzureißen.

Deshalb steigen mit steigender Kettenlänge die Schmelz- und Siedepunkte der Verbindungen; der Aggregatzustand wird also von der Kettenlänge beeinflusst. In Tabelle 3-9 sind die unterschiedlichen Schmelz- und Siedepunkte für Methan und Decan dargestellt.

Räumliche Struktur von Alkanen

Die Alkane unterscheiden sich neben den Aggregatzuständen auch in ihrer räumlichen Struktur. Beim einfachsten Alkan, Methan, befindet sich das Kohlenstoffatom im Mittelpunkt eines Tetraeders. Dessen Eckpunkte werden von Wasserstoffatomen eingenommen. Es entsteht hierbei ein Bindungswinkel von 109,5° (Abb. 3-43).

Diese tetraedrische Struktur ist beweglich. Aufgrund der Molekülbewegung bei Wärmezufuhr nehmen die Moleküle im gasförmigen und flüssigen Zustand verschiedenste Formen an.

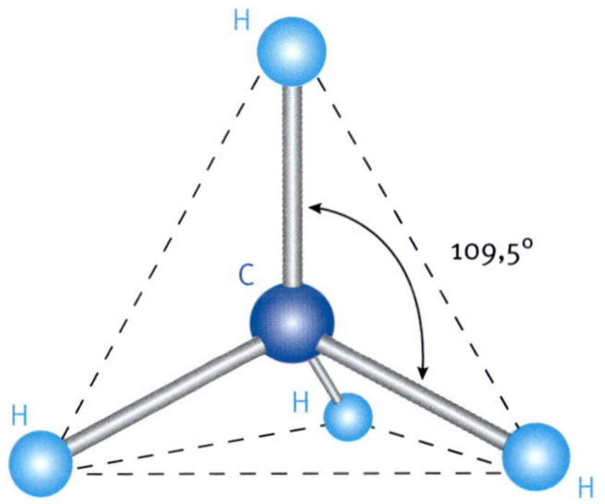

Abb. 3-43: Tetraedrischer Aufbau von Methan

Konfigurationsisomerie

Liegt ein Alkan als Feststoff vor, bildet sich hingegen eine gestreckte Kette. Durch die mögliche Drehung an den Einfachbindungen zwischen den C-Atomen entstehen so genannte Konformationen. Man nennt dies Konformationsisomerie.

Was ist eine Isomerie? Unter Isomeren versteht man Verbindungen mit gleicher Summenformel, aber unterschiedlicher Strukturformel. Die beiden Strukturformeln in Abbildung 3-44 stellen das gleiche Molekül dar, nämlich Propan.

Strukturisomerie

Eine weitere Form der Isomerie ist die Strukturisomerie. Als Beispiel ist Butan (C_4H_{10}) in Abbildung 3-45 dargestellt. Beide Butangase haben die gleiche Summenformel. Das heißt, sie bestehen jeweils aus vier Kohlenstoffatomen und zehn Wasserstoffatomen.

Allerdings ist die Anordnung, also die Strukturformel, unterschiedlich. N-Butan besteht aus einer geraden Kette, während i-Butan eine Abzweigung am mittleren C-Atom hat. Daher handelt es sich um verschiedene Moleküle mit verschiedenen Eigenschaften.

Handelt es sich bei i-Butan um eine Konformation? Nein, eine Konformation liegt nur vor, wenn das erste oder das letzte Kohlenstoffatom der Kette nach oben oder unten gedreht ist. Finden Verzweigungen

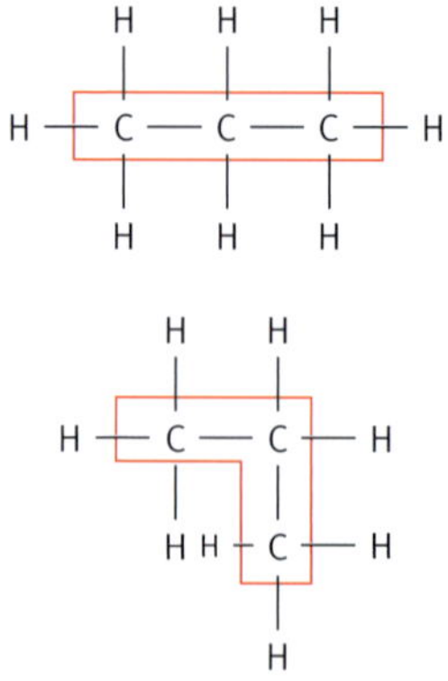

Abb. 3-44: Verschiedene Strukturen von Propan: gerade Kette (oben) und Propan-Konformation (unten)

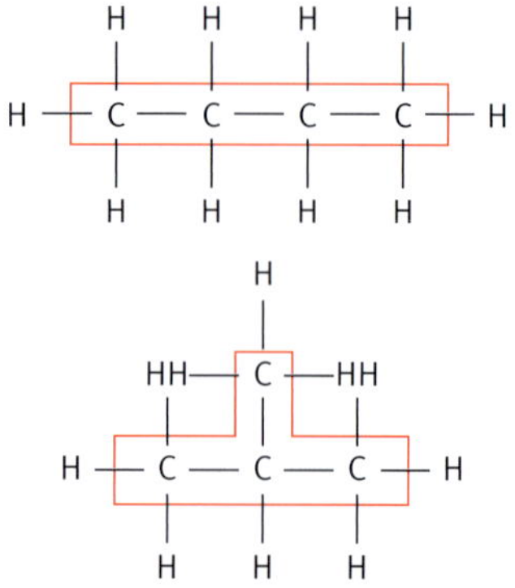

Abb. 3-45: Verschiedene Strukturen von Butan (C_4H_{10}): n-Butan (oben) und i-Butan (unten)

in der Mitte der C-Kette statt, spricht man von einem i-Alkan, also einen Strukturisomer.

Benennung der Alkane

Die ersten vier Alkane in der **homologen Reihe** – Methan, Ethan, Propan, Butan – haben Trivialnamen. Das heißt, diese haben keinen Bezug zum Aufbau des Stoffs. Die Namen aller folgenden gesättigten Kohlenwasserstoffverbindungen werden aus den griechischen Zahlen abgeleitet (z. B. Pentan, Heptan, Octan) und die Endung -an hinzugefügt (Abb. 3-46).

Methan	CH_4	Abb. 3-40	bei Raumtemperatur gasförmig
Ethan	C_2H_6	Abb. 3-42	
Propan	C_3H_8	Abb. 3-44	
Butan	C_4H_{10}	Abb. 3-45	
Pentan	C_5H_{12}		bei Raumtemperatur flüssig
Hexan	C_6H_{14}		
Heptan	C_7H_{16}		
Octan	C_8H_{18}		
Nonan	C_9H_{20}		
Decan	$C_{10}H_{22}$		
ab Hectadecan	$C_{17}H_{36}$		bei Raumtemperatur fest

Abb. 3-46: Die homologe Reihe der Alkane mit den entsprechenden Aggregatzuständen

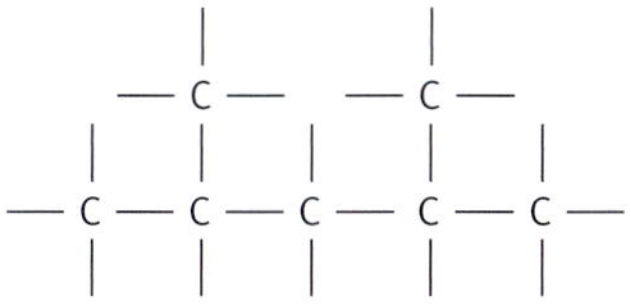

Abb. 3-47: Benennung der Alkane am Beispiel 2,4-Dimetylpentan

Um die räumliche Anordnung und die Strukturisomerie in den Namen einzubinden, sodass diese eindeutig erkennbar sind, wurden Regeln ausgearbeitet. Als Beispiel dient 2,4-Dimethylpentan in Abbildung 3-47.

1. Zuerst wird die längste durchlaufende Kette gesucht. Die Anzahl der Kohlenstoffatome bestimmt den Stammnamen des Alkans.
2. Diese Hauptkette wird so durchnummeriert, dass die Verknüpfungsstellen zu den Seitenketten die kleinstmögliche Zahl erhalten.
3. Die Seitenketten erhalten ebenfalls ihren Namen nach der Anzahl der Kohlenstoffatome. Die Endung -an wird dabei durch die Endung -yl ersetzt.
4. Wenn gleiche Seitenketten mehrfach auftreten, wird die Anzahl durch das griechische Zahlwort für zwei, drei, vier (di, tri, tetra) usw. als Vorsilbe gekennzeichnet.
5. Die Zahl (Stelle) des C-Atoms, an der die jeweilige Seitenkette hängt, wird dem jeweiligen Namen der Seitenkette vorangestellt.
6. Mehrere Seitenketten werden alphabetisch geordnet, z. B. Ethyl vor Methyl.

Alkene und Alkine

Alkene und Alkine sind ebenfalls Kohlenwasserstoffverbindungen. Das heißt, sie bestehen ausschließlich aus den Elementen Kohlenstoff und Wasserstoff. Der Unterschied zu den Alkanen liegt darin, dass es sich nicht um gesättigte Kohlenwasserstoffverbindungen, sondern um ungesättigte handelt.

Alkene und Alkine besitzen also Mehrfachbindungen. Um von einem Alken oder Alkin zu sprechen, reicht es vollkommen aus, wenn eine einzige Mehrfachbindung in der C-Kette vorkommt. Eine Mehrfachbindung kann eine Doppel- oder eine Dreifachbindung sein (Abb. 3-48):

Abb. 3-48: links das Alken Ethen mit einer Doppelbindung, rechts das Alkin Ethin mit einer Dreifachbindung

- Alkene besitzen eine Doppelbindung.
- Alkine besitzen eine Dreifachbindung.

Das einfachste Alken ist das Ethen, das einfachste Alkin das Ethin. Auch für Alkene und Alkine lassen sich **allgemeine Summenformeln** bilden:

- Die für Alkene lautet $\mathbf{C_nH_{2n}}$.
- Die für Alkine lautet $\mathbf{C_nH_{2n-2}}$.

> ***Merke:***
> **Alkene** tragen die Endung **-en**: z. B. Ethen. Die allgemeine Summenformel lautet $\mathbf{C_nH_{2n}}$.
> **Alkine** tragen die Endung **-in**: z. B. Ethin. Die allgemeine Summenformel lautet $\mathbf{C_nH_{2n-2}}$.
> Die Eigenschaften entsprechen größtenteils denen der gesättigten Kohlenwasserstoffe. Allerdings sind ungesättigte Verbindungen viel reaktionsfreudiger, weil eine Mehrfachbindung instabiler ist als eine Einfachbindung.

Benennung von Alkenen und Alkinen

Wie bei der homologen Reihe der Alkane werden mit Ausnahme der ersten Moleküle alle Alkene und Alkine nach den griechischen Zahlen benannt (Tab. 3-10). Eine Ziffer vor dem Namen des Kohlenwasserstoffs gibt an, **nach** welchem C-Atom die Mehrfachbindung auftritt.

Es können in einer Verbindung auch mehrere Mehrfachbindungen vorhanden sein. Diese werden durch die Silben **di-, tri-, tetra- und die jeweiligen Ziffern** ausgedrückt.

Die Mehrfachbindung erhält die kleinstmögliche Ziffer. Das heißt, man muss hierbei beachten, ob man die C-Atome von vorne oder von hinten abzählt. Wichtig ist, dass bei der Benennung die Ziffer

Tab. 3-10: Auszug aus der homologen Reihe der Alkene

Alken	Summenformel	Strukturformel
Ethen	C_2H_4	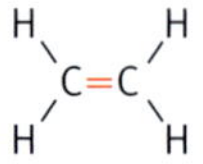
Propen	C_3H_6	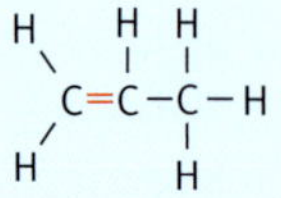
2-Buten	C_4H_8	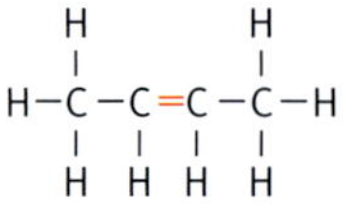
1-Buten	C_4H_8	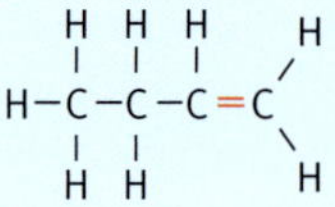
2-Penten	C_5H_{10}	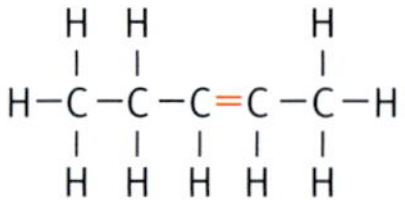
3-Hexen	C_6H_{12}	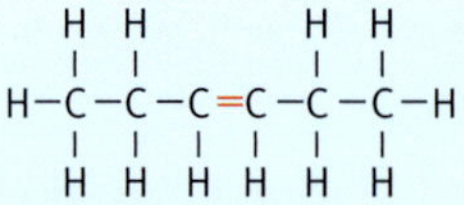
3-Hepten	C_7H_{14}	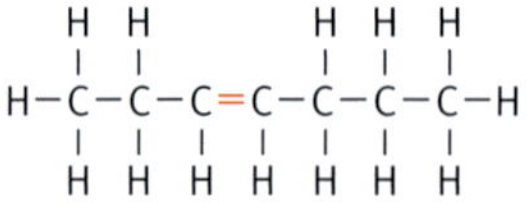
3-Octen	C_8H_{16}	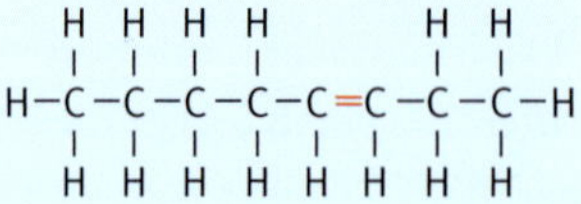

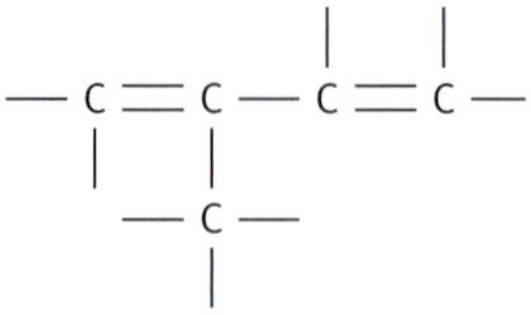

Abb. 3-49: Strukturformel von 2-Methyl-1,3-Dibuten

dem Namen vorangestellt wird. Die Benennung bei Verzweigung entspricht den gleichen Regeln wie bei den Alkanen (Abb. 3-49).

Bildung von Alkenen und Alkinen

Bei der Bildung eines Alkens aus einem Alkan findet eine **Dehydrierung** statt, d. h., Wasserstoff wird abgespalten. Durch eine weitere Abspaltung von Wasserstoff wird daraus ein Alkin (Abb. 3-50).

Dieser Vorgang ist umkehrbar; man spricht dann von einer **Hydrierung**. Aus Ethin entsteht dabei zuerst Ethen und nach einem weiteren Hydrierungsschritt Ethan (Abb. 3-51).

Additionsreaktionen

Addition bedeutet etwas hinzufügen. Genauso ist es auch in der Chemie. Man kann verschiedene Gruppen an die Mehrfachbindung addieren. Diese wird dadurch aufgebrochen und zu einer Doppel- bzw. Einfachbindung umgebaut. Eine Hydrierung, wie sie bei der Reaktion z. B. von Ethin zu Ethen in Abbildung 3-51 stattfindet, ist eine Addition von H_2.

Durch die Addition von verschiedenen Gruppen ergeben sich Moleküle, die unterschiedliche che-

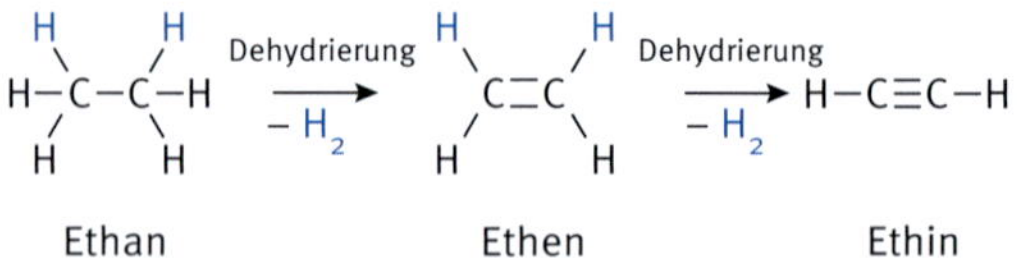

Abb. 3-50: Dehydrierung vom Alkan zum Alken und zum Alkin

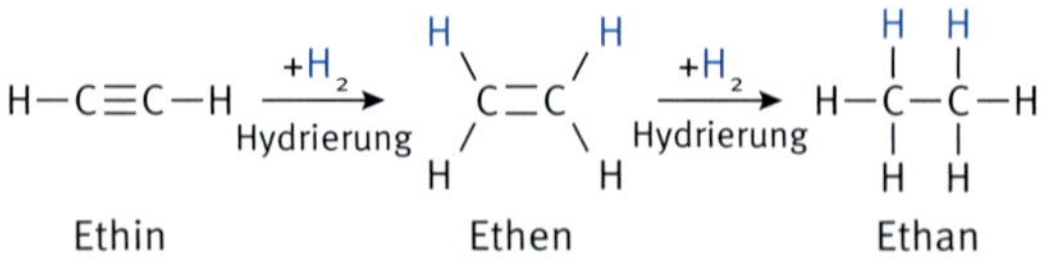

Abb. 3-51: Hydrierung vom Alkin zum Alken und zum Alkan

mische und physikalische Eigenschaften zeigen. Beispielhaft soll dies an der Addition von Brom,
. 124 einem Halogen, dargestellt werden.

. 125 Fügt man Ethan Brom hinzu, bleibt die braune Farbe des Broms erhalten. Das Gemisch bleibt braun, d. h., es findet keine Reaktion statt. Wenn Brom zu Ethen gegeben wird, findet dagegen eine entfärbende Reaktion statt.

Doch warum ist das so? Erklären lässt sich das ganz einfach anhand der ablaufenden Additionsreaktion. Da eine Mehrfachbindung viel reaktionsfreudiger ist, kann diese beim Ethen aufgebrochen werden, sodass sich das Brom darin anlagert, also hinzuaddiert (Abb. 3-52).

Die Additionsreaktion mit Halogenen ist in der Futtermittelindustrie von Bedeutung. Damit lässt sich im Labor nachweisen, ob es sich um gesättigte
. 151 oder ungesättigte Fette und Öle handelt. Meist wird statt Brom Jod oder Bromjodid verwendet. Die Additionsreaktion mit Halogenen ermöglicht somit den Nachweis für Doppelbindungen.

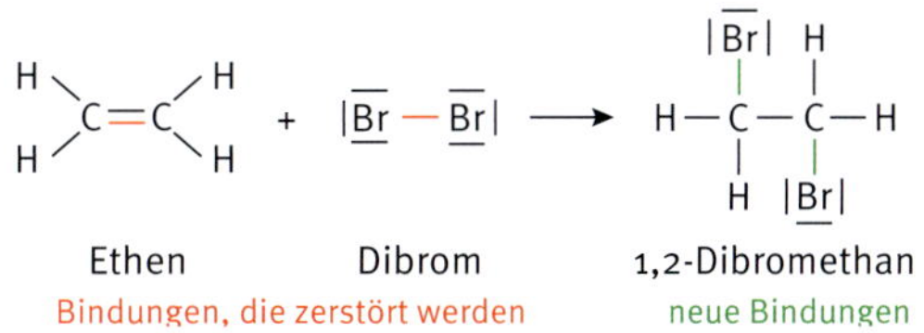

Abb. 3-52: Anlagerung von Brom an eine Mehrfachbindung

Verwendung von Alkenen und Alkinen

Die Verwendungsmöglichkeiten von ungesättigten Kohlenwasserstoffen sind vielseitig. Ethene und Propene werden unter anderem zur Herstellung von Kunststoffen und Verpackungsmaterialien wie Polyethylen (PE) und Polypropylen (PP) verwendet.

Alkine, vor allem Acetylen, werden aufgrund ihrer hohen Verbrennungswärme zum Schweißen und Schneiden genutzt. Wegen seiner Reaktionsfähigkeit war Ethin lange Zeit der wichtigste Grundstoff der organisch-chemischen Industrie. Mittlerweile wurde Ethin von Ethen verdrängt, weil Ethen billiger herzustellen und sicherer in der Verwendung ist.

3.2.2 Alkohole

Wofür brauchen das …?

- **Fachkräfte Agrarservice:** Der Frostschutzflüssigkeit in Scheibenwaschanlagen ist Methanol beigemischt. Warum ist das sinnvoll?
- **Landwirte:** Getreide und Zuckerrüben werden auch als Rohstoffe zur Ethanolgewinnung eingesetzt. Wie funktioniert die alkoholische Gärung?
- **Tierwirte:** Glycerin kann als Energiefutterzusatz bei vielen Tierarten eingesetzt werden. Wussten Sie, dass es sich dabei um einen Alkohol handelt?

Alkohole sind Abkömmlinge der Kohlenwasserstoffe, bei denen ein oder mehrere H-Atome durch OH-Gruppen ersetzt sind. Sie bestehen aus einer Kohlenwasserstoffkette, an der zusätzlich eine oder mehrere OH-Gruppen (Hydroxygruppen) gebunden sind.

Um die Moleküle der organischen Chemie auf einen Blick differenzieren zu können, ist die so genannte funktionelle Gruppe sehr hilfreich. Diese Gruppe charakterisiert quasi die Kohlenwasserstoffkette durch einen definierten Baustein des Moleküls, z. B. beim Alkohol die OH-Gruppe.

Einteilung der Alkohole

Alkohole können nach unterschiedlichen Eigenschaften eingeteilt und differenziert werden. Eine davon ist die Anzahl der OH-Gruppen. Man spricht hier auch von der Wertigkeit des Alkohols, z. B. einwertiger Alkohol, zweiwertiger Alkohol, dreiwertiger Alkohol usw. (Tab. 3-11).

Neben der Wertigkeit differenziert man zwischen primärem, sekundärem und tertiärem Alkohol (Tab. 3-12):

- Bei einem **primären Alkohol** ist das mit der OH-Gruppe verbundene C-Atom mit maximal einem weiteren C-Atom verbunden. Die OH-Gruppe ist endständig.
- Bei einem **sekundären Alkohol** ist das mit der OH-Gruppe verbundene C-Atom mit zwei weiteren C-Atomen verbunden. Die OH-Gruppe hängt an einem Kohlenstoffatom innerhalb der Kette.
- Bei einem **tertiären Alkohol** ist das mit der OH-Gruppe verbundene C-Atom mit drei weiteren C-Atomen verbunden. Die OH-Gruppe befindet sich an einer Verzweigung der Kohlenstoffkette.

Tab. 3-11: Einteilung der Alkohole nach der Wertigkeit

S. 143

Wertigkeit	Anzahl OH-Gruppen	Beispiel	Strukturformel des Beispiels
Einwertiger Alkohol	1 OH-Gruppe	Ethanol	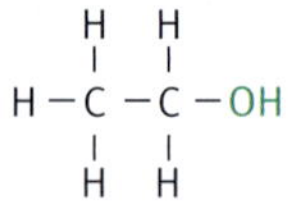
Zweiwertiger Alkohol	2 OH-Gruppen	1,2-Ethandiol	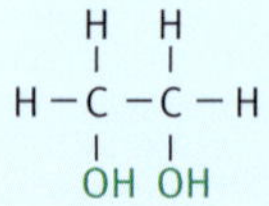
Dreiwertiger Alkohol	3 OH-Gruppen	1,2,3-Propantriol (Glycerin)	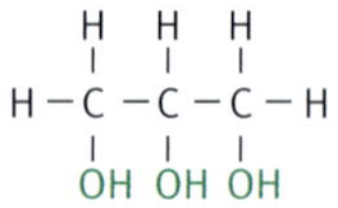

Tab. 3-12: Einteilung der Alkohole in primär, sekundär und tertiär

Isomere	Anzahl C-Atome am C-Atom mit OH-Gruppe	Beispiel	Strukturformel des Beispiels
Primärer Alkohol	1	1-Propanol	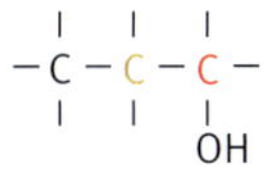
Sekundärer Alkohol	2	2-Propanol	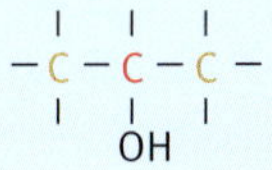
Tertiärer Alkohol	3	2-Methyl-2-Propanol	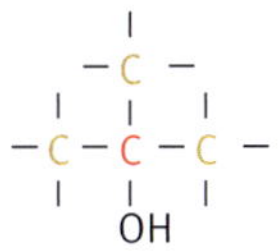

Benennung der Alkohole

Die Benennung erfolgt nach der standardisierten
136 Benennung der homologen Reihe, allerdings mit der Endung **-ol,** z. B. **Methanol, Ethanol**. Die Stellung der OH-Gruppe in der Kohlenwasserstoffkette wird durch eine Ziffer angegeben, die vor der Bezeichnung des Alkohols steht, z. B. 2-Propanol, 3-Heptanol usw.

Unter der Bezeichnung 3-Pentanol versteht man einen einwertigen sekundären Alkohol (Abb. 3-53). Er zeichnet sich aus durch:

- fünf Kohlenstoffe: Penta
- funktionale OH-Gruppe: -ol
- OH-Gruppe am dritten C-Atom: 3

Chemische Eigenschaften

Wasserlöslichkeit

Die an die Kohlenwasserstoffkette angegliederte
109 OH-Gruppe der Alkohole ist polar (Abb. 3-54). Weil Wasser ebenfalls ein polares Molekül ist, sind Alkohole in Wasser löslich. Je mehr OH-Gruppen an der Kohlenwasserstoffkette gebunden sind, umso

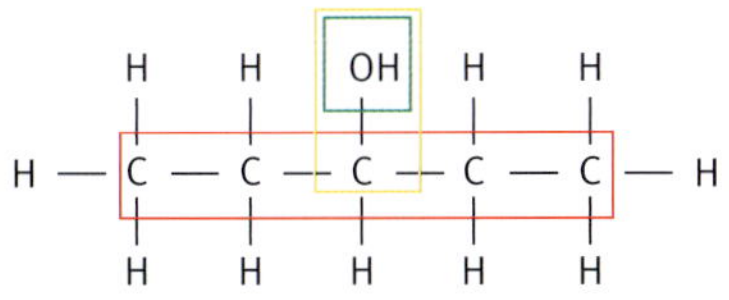

Abb. 3-53: Strukturformel des einwertigen sekundären Alkohols 3-Pentanol

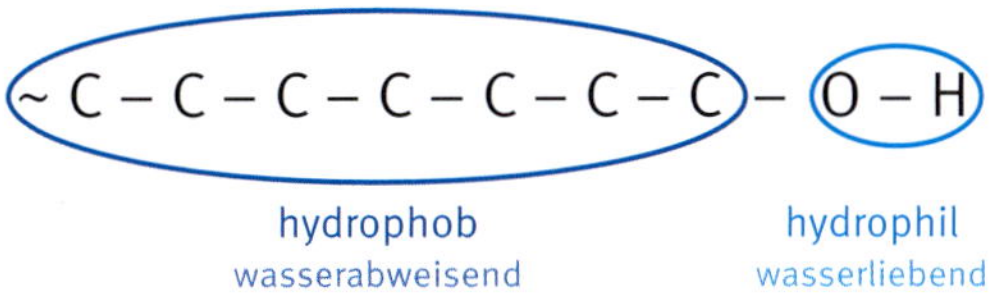

Abb. 3-54: Löslichkeit von Alkohol

besser ist das Molekül in Wasser löslich. Liegt allerdings eine lange Kohlenwasserstoffkette vor mit nur einer einzigen OH-Gruppe, ist dieser Alkohol schwer in Wasser löslich.

> ***Merke:***
>
> **Alkoholbrände** kann man mit Wasser löschen. Es ist mit polaren und unpolaren Lösungsmitteln möglich. **Benzinbrände** lassen sich nur mit unpolaren Lösungsmitteln löschen; nicht mit Wasser, sondern nur mit Schaum oder durch Ersticken der Flammen.

Siedepunkt

Ähnlich verhalten sich Alkohole bezüglich des Siedepunkts. Je länger die Kohlenwasserstoffketten sind, desto höhere Temperaturen sind notwendig, um den Alkohol zum Sieden zu bringen, denn
desto mehr Wärmeenergie ist nötig, um die zwi- S. 97
schenmolekularen Anziehungskräfte aufzubrechen.

Der Siedepunkt eines Alkohols steigt auch mit zunehmender Anzahl der OH-Gruppen. Wie beeinflusst die OH-Gruppe den Siedepunkt? Zwischen den OH-Gruppen bilden sich Wasserstoffbrückenbindungen S. 115 als zwischenmolekulare Kräfte aus. Diese sind noch aufwendiger aufzubrechen und erfordern noch mehr Energie, um den Alkohol zum Sieden zu bringen, als die Kräfte, die innerhalb der Kohlenwasserstoffkette wirken.

Verzweigte Alkohole, also tertiäre Alkohole, besitzen hingegen einen niedrigeren Siedepunkt als geradkettige Alkohole. Durch die Verzweigung werden die zwischenmolekularen Anziehungskräfte der Kohlenwasserstoffketten behindert. Der Alkohol beginnt daher schneller zu sieden.

Volumenreduktion

Werden Alkohole mit Wasser gemischt, findet eine Volumenverkleinerung statt. Wie lässt sich das erklären? Durch die Anziehung zwischen den polaren Wasserstoffmolekülen und den polaren Alkoholmolekülen rücken die Teilchen näher zusammen. Außerdem füllen die kleinen Wassermoleküle die Lücken zwischen den großen Alkoholmolekülen.

Praxisversuch:

Wasser und Alkohol mischen

Es werden 50 ml Wasser mit 50 ml Ethanol vermischt. Was passiert? Es entstehen keine 100 ml, sondern nur 96 ml Wasser-Alkohol-Mischung. Es findet also eine Volumenverkleinerung statt (Abb. 3-55).

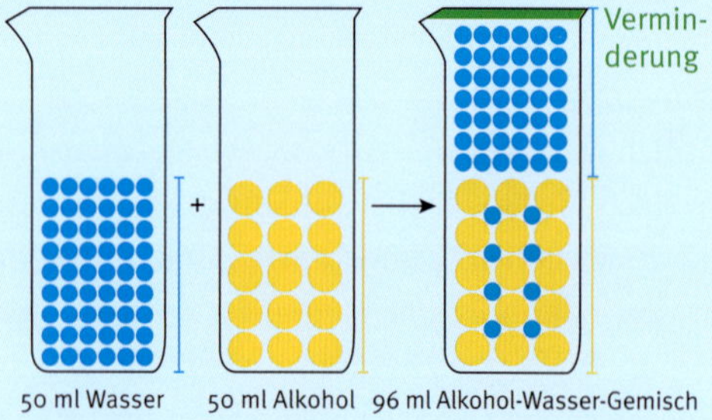

Abb. 3-55: Volumenreduktion beim Mischen von Wasser und Alkohol

Herstellung von Alkohol

Die Herstellung von Alkohol, hier am Beispiel von Ethanol dargestellt, ist durch eine alkoholische Gärung oder technisch aus Ethen möglich.

Alkoholische Gärung

Voraussetzung für die alkoholische Gärung ist ein zucker- oder stärkehaltiger Ausgangsstoff, also Kohlenhydrate. S. 15 Hier werden vor allem Glucose oder Fructose aus Früchten verwendet.

Bei der natürlichen alkoholischen Gärung bauen Hefepilze den Zucker zu Ethanol und Kohlendioxid ab (Abb. 3-56). Sie gewinnen daraus die von ihnen benötigte Energie. Die Reaktion wird bei einem Ethanolgehalt von 12 bis 13 % gestoppt, weil Alkohol ab dieser Konzentration für die Hefen giftig ist.

Technische Herstellung aus Ethen

Alkohol bildet sich bei der alkoholischen Gärung. Technisch kann mithilfe von Katalysatoren Wasser an Ethen addiert werden. Als Katalysator wird z. B. Phosphorsäure (H_3PO_4) eingesetzt (Abb. 3-57). S. 11 Des Weiteren sind für die Reaktion Hitze und Druck notwendig.

Merke:

Ein **Katalysator** senkt die Aktivierungsenergie und beschleunigt somit die chemische Reaktion. Der Katalysator selbst wird dabei nicht verbraucht, sondern bleibt unverändert erhalten.

$$C_6H_{12}O_6 \xrightarrow{\text{Hefe}} 2\,C_2H_5OH + 2\,CO_2$$

Glucose — *Ethanol* — *Kohlendioxid*

Abb. 3-56: Chemische Reaktion bei der alkoholischen Gärung

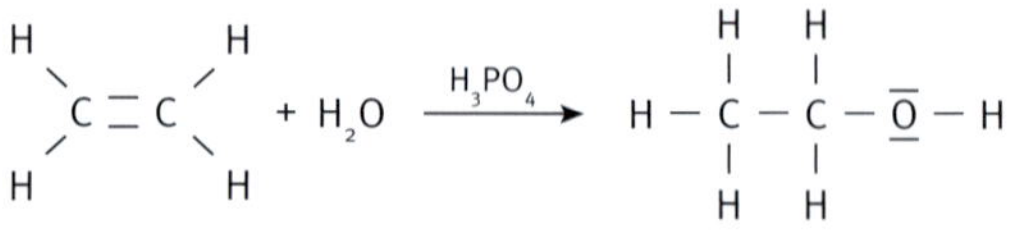

Ethen — Ethanol

Abb. 3-57: Reaktionsgleichung für die technische Herstellung von Ethanol mithilfe des Katalysators Phosphorsäure

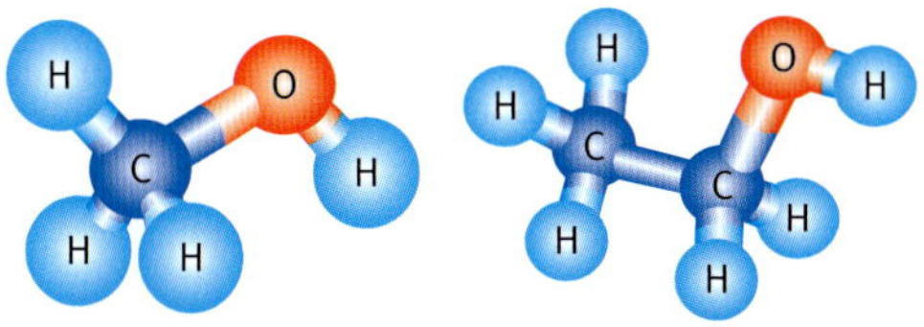

Abb. 3-58: Räumliche Struktur von Methanol (Metylalkohol, links) und Ethanol (Ethylalkohol, rechts)

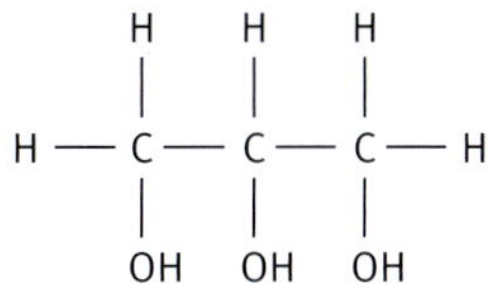

Abb. 3-59: Strukturformel von 1,2,3-Propantriol, meist Glycerin genannt

Verwendung von Alkoholen

Methanol

Metylalkohol oder Methanol ist chemisch betrachtet der einfachste Alkohol (Abb. 3-58 links). Die Flüssigkeit von Scheibenwaschanlagen enthält Methanol.

Methanol entsteht in kleinen Mengen bei der natürlichen alkoholischen Gärung. Es ist für den Verzehr ungeeignet und sehr giftig. Der Genuss von etwa 5 ml kann zur Erblindung führen und ab ca. 25 ml Konsum ist er tödlich. Wurde der Vorlauf (Methanol) beim Brennen von Schnaps nicht entfernt, sind im Trinkalkohol Methanolspuren enthalten.

Ethanol

Einer der wichtigsten Vertreter dieser Verbindungen ist der Trinkalkohol Ethanol, chemisch Ethylalkohol (Abb. 3-58 rechts). Ethanol ist leicht brennbar und flüchtig. Er dient vor allem als Reinigungs- und Desinfektionsmittel sowie als Lösungsmittel für verschiedene Duft- und Aromastoffe. Des Weiteren ist Ethanol die Grundlage für industriell hergestellte alkoholische Getränke.

Glycerin

Glycerin ist ein dreiwertiger Alkohol, weil drei OH-Gruppen an die Kohlenwasserstoffkette gebunden sind. Glycerin ist die am meisten verwendete Bezeichnung. Die chemische Bezeichnung leitet sich vom chemischen Aufbau ab: z. B. 1,2,3-Propantriol (Abb. 3-59).

Propan hat drei Kohlenstoffe in der Kette und am S. 136
ersten, zweiten und dritten C-Atom hängt jeweils eine OH-Gruppe. Daher heißt es tri für drei. Die Endung -ol wird angehängt, weil es sich um einen Alkohol handelt.

Glycerin ist ein Hauptbestandteil aller Fette und S. 151
Öle. Es spielt daher für die Ernährung eine wichtige Rolle. In der Tierhaltung wird Glycerin als energiereicher Futterzusatz verwendet. Es kann in Rationen von Milchkühen und Mastrindern sowie für Schweine, Legehennen und Broiler eingesetzt werden. Reinglycerin ist farblos und wird aufgrund des süßlichen Geschmacks gerne aufgenommen.

3.2.3 Aldehyde und Ketone

Wofür brauchen das …?

- **Tierwirte:** Formaldehyd spielt bei der Desinfektion von Schweineställen eine große Rolle. Wobei handelt es sich bei diesem Stoff?
- **Landwirte:** Der Name der Rinderkrankheit Ketose weist auf die chemische Verbindung Keton hin. Doch was sind Ketone?
- **Fachkräfte Agrarservice:** Mit Propanon kön-nen Fette und Öle gelöst werden. Deshalb eignet es sich als Reinigungsmittel für verfettete Flächen. Besser bekannt ist Propanon allerdings als Aceton.

Wenn Alkohole das Wasserstoffatom der Hydroxygruppe (OH-Gruppe) abspalten, spricht man von Aldehyden oder Ketonen. Gleichzeitig gibt das nächstgelegene C-Atom einen Wasserstoff ab. Es
S. 138 findet also eine Dehydrierung statt und der verbleibende Sauerstoff geht eine Doppelbindung mit dem C-Atom ein.

Chemischer Aufbau der Aldehyde und Ketone

Ob es sich um ein Aldehyd oder ein Keton handelt, ist davon abhängig, ob es sich um einen primären oder einen sekundären Alkohol handelt:

- **Aldehyde** entstehen aus primären Alkoholen.
S. 123 Aus 1-Propanol entsteht durch Oxidation (= Elektronenabgabe) das Aldehyd Propanal (Abb. 3-60).
- **Ketone** entstehen aus sekundären Alkoholen. Aus 2-Propanol entsteht durch Oxidation das Keton Propanon (Abb. 3-61).

Die funktionelle Gruppe der Aldehyde und Ketone kann durch die Schreibweise als Strukturformel dargestellt werden (Abb. 3-62).

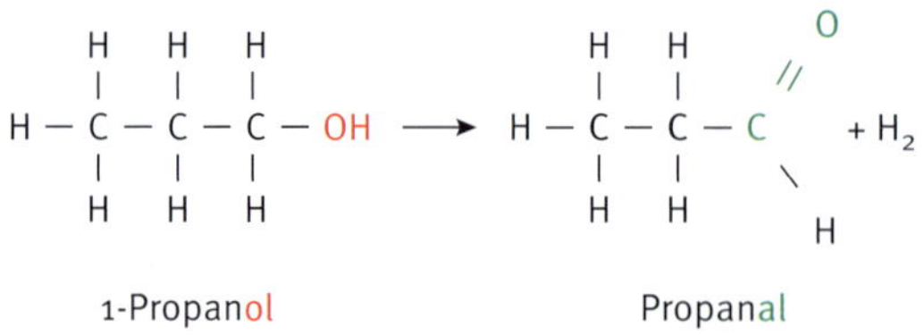

Abb. 3-60: Vom Alkohol zum Aldehyd am Beispiel von 1-Propanol

Alle Aldehyde tragen die Endung **-al**. Alle Ketone enden mit **-on**. Auch hier leitet sich die Bezeichnung der Aldehyde und Ketone aus der homologen Reihe ab. Im Alltag wird meistens nicht die offizielle S. 13 chemische Bezeichnung der Aldehyde verwendet.

Löslichkeit

Die Löslichkeit der Aldehyde und Ketone ist sehr S. 11 unterschiedlich. Sie ist wie bei den Alkoholen von der Länge der Kohlenwasserstoffkette abhängig. Die funktionelle Gruppe der Aldehyde und Ketone ist polar, also gut wasserlöslich. Die Kohlenwasserstoffkette hingegen ist unpolar und daher besser in Benzin löslich.

Bis zu einer Kettenlänge von fünf Kohlenstoffen spricht man daher von einer guten Wasserlöslichkeit

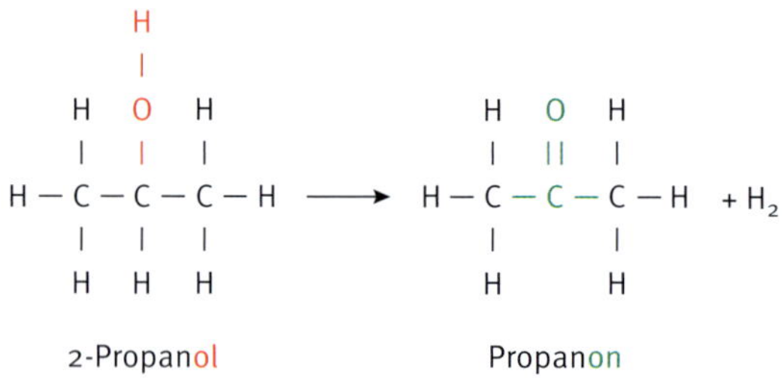

Abb. 3-61: Vom Alkohol zum Keton am Beispiel von 2-Propanol

Abb. 3-62: Strukturformeln der funktionellen Gruppen: links von Aldehyden und rechts von Ketonen

der Aldehyde und Ketone. Ab einer Kettenlänge von sechs Kohlenstoffen hingegen geht man von einer besseren Löslichkeit in Alkoholen und Benzin aus. Dies ist auch der Grund, weshalb viele Aromastoffe in Alkohollösungen besser und intensiver vorliegen als in Wasserlösungen.

Verwendung von Aldehyden und Ketonen

Aldehyde und Ketone sind brennbare, klare Flüssigkeiten. Kurzkettige Aldehyde und Ketone besitzen einen stechenden, unangenehmen Geruch. Die wichtigsten dieser Aldehyde und Ketone sind in den Tabellen 3-13 und 3-14 mit ihren Strukturformeln zusammengestellt.

Langkettige und aromatische Verbindungen (Anordnung in einem Kreis) sind hingegen sehr wohlriechend und dienen daher zur Herstellung von Aromastoffen wie Zimtaroma oder Vanillin. Aromatische Aldehyde kommen auch als Duftstoffe in vielen Pflanzen vor. Hier sind z. B. Benzaldehyd aus der bitteren Mandel oder Anisaldehyd in Anissamen zu nennen.

Tab. 3-13: Wichtige Aldehyde und ihre Verwendung

Name	Strukturformel	Verwendung und Bedeutung
Methanal – auch Formaldehyd	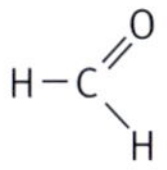	· zur Flächendesinfektion · zur Herstellung von Tierpräparaten · gilt als giftig und mutagen (Veränderung des Erbguts)
Ethanal – auch Acetaldehyd	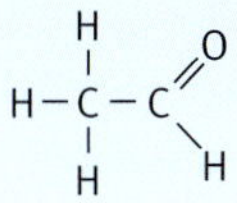	· entsteht beim Abbau von Alkohol · Rohstoff der chemischen Industrie, z. B. zur Herstellung von Essigsäure oder Trockenspiritus
Propanal – auch Propionaldehyd	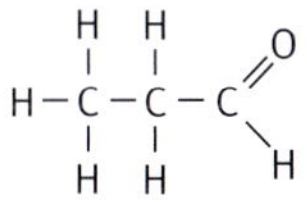	Rohstoff zur Herstellung von Weichmachern, Arzneimitteln und Aromastoffen
Butanal – auch Butyraldehyd	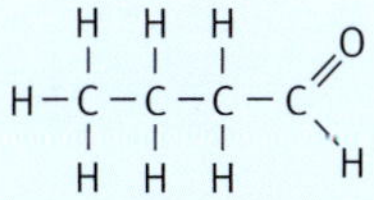	· Rohstoff zur Herstellung von Weichmachern und Kunstharzen · zur synthetischen Herstellung von Duftstoffen

Tab. 3-14: Wichtige Ketone und ihre Verwendung

Name	Strukturformel	Verwendung und Bedeutung
Propanon – auch Aceton	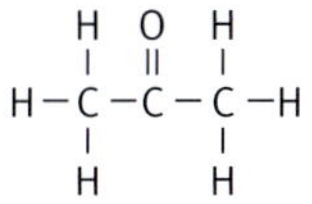	· Lösungsmittel für Farbe, Lacke, Klebstoffe, Fette und Öle · in Nagellackentferner · zur Herstellung von Plexiglas
Butanon	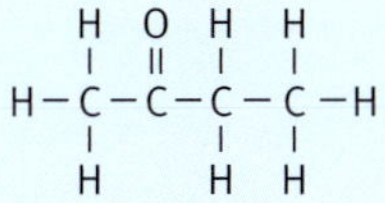	· Lösungsmittel für Lacke und Harze · zum Entfetten von Metalloberflächen · zur Sterilisation von Laborinstrumenten
2-Pentanon	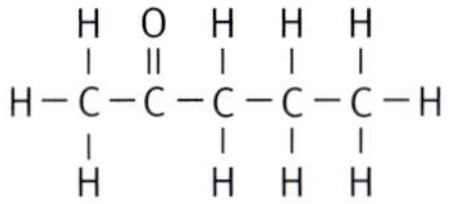	· gutes Lösungsmittel · zur Herstellung synthetischer Aroma- und Duftstoffe

3.2.4 Carbonsäuren

Wofür brauchen das …?

- **Landwirte:** Während des Silierprozesses sinkt der pH-Wert der Silage. Das liegt an der Entstehung der beiden Carbonsäuren 2-Hydroxypropansäure und Essigsäure. Erstere ist Ihnen sicher als Milchsäure bekannt.
- **Tierwirte:** Um den pH-Wert von Sauenfutter zu senken, kann Benzoesäure eingesetzt werden. Auch sie gehört zu den Carbonsäuren.
- **Fachkräfte Agrarservice:** Erucasäure ist eine ernährungstechnisch problematische Carbonsäure. Weil sie natürlicherweise in Raps vorkommt, wurden spezielle Sorten gezüchtet, die sehr geringe Mengen davon enthalten (00-Raps).

Carbonsäuren nennt man die organischen Säuren. Hierbei handelt es sich um Säuren, die unter anderem in Lebensmitteln vorkommen und eher als schwach einzustufen sind, z. B. Zitronensäure, Essigsäure oder Weinsäure.

Chemischer Aufbau – funktionelle Gruppe

Der chemische Grundaufbau von Carbonsäuren sind Kohlenwasserstoffe. Zu beachten ist hierbei allerdings, dass die Kohlensäure keine organische, sondern eine anorganische Säure ist, obwohl sie ebenfalls aus Kohlenstoff und Wasserstoff besteht.

Merke:

Kohlensäure ist eine anorganische Säure.

Carbonsäuren bilden sich aus Aldehyden. Durch
S. 123 die Oxidation von Alkoholen entstehen Aldehyde und durch die Oxidation von Aldehyden Carbonsäuren (Abb. 3-63).

In Abbildung 3-63 wird auch ersichtlich, wie die funktionelle Gruppe der Carbonsäuren aufgebaut ist: -COOH. Man bezeichnet diese Gruppe als Carboxylgruppe (Abb. 3-64). In einer Carbonsäure muss die COOH-Gruppe mindestens einmal vorkommen. Je nach Anzahl der Carboxylgruppen unterscheidet man Mono-, Di- und Tricarbonsäuren.

Die Carbonsäuren tragen meist Trivialnamen, die sich aus dem Stoff ableiten, aus dem sie zuerst isoliert wurden (z. B. Ameisensäure oder Zitronensäure). Die systematische Namensgebung hingegen leitet sich wieder aus der homologen Reihe des S. 13
Namens der Kohlenwasserstoffkette ab und trägt die **Endung -säure.**

Die Säure aus einer Kohlenwasserstoffkette mit vier C-Atomen, also Butan, heißt nach der Systematik Butansäure (Abb. 3-65). Der Trivialname lautet Buttersäure, weil sie in Butter entsteht, wenn diese ranzig wird. In Tabelle 3-15 sind wichtige Carbonsäuren aus der Landwirtschaft dargestellt.

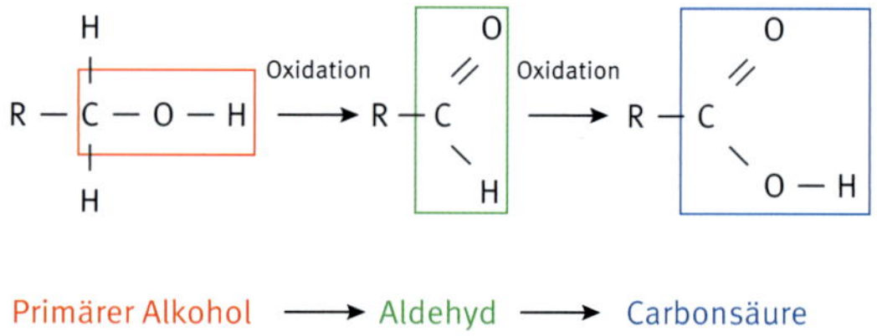

Abb. 3-63: Entstehung von Carbonsäuren (R = restliche Kohlenstoffkette)

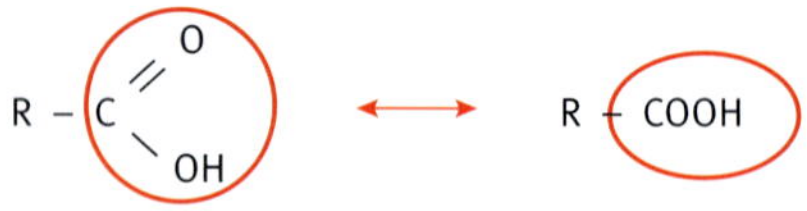

Abb. 3-64: Die Carboxylgruppe oder COOH-Gruppe, links als Strukturformel, rechts als Summenformel

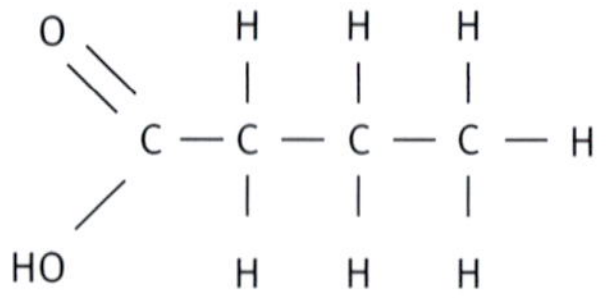

Abb. 3-65: Butansäure, besser bekannt als Buttersäure

Tab. 3-15: Wichtige Carbonsäuren

Strukturformel	Summen-formel	Systematische Bezeichnung	Trivialname	Eigenschaften und Verwendung
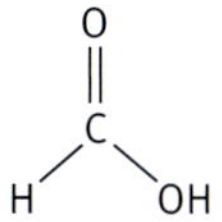	HCOOH	Methansäure	Ameisensäure	· in Ameisen und Brennnesseln · stärkste Carbonsäure
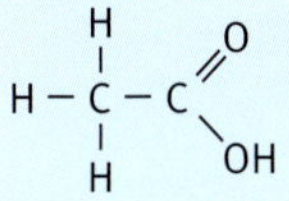	CH_3COOH	Ethansäure	Essigsäure	· Herstellung mithilfe von Essigsäurebakterien aus Ethanol · in Essig zur Konservierung und als Geschmacksstoff · zur Entfernung von Kalk
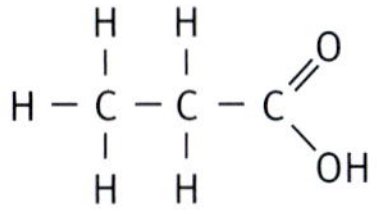	C_2H_5COOH	Propansäure	Propionsäure	· Bildung durch Bakterien (Milchsäuregärung) S. 209 · wichtigstes Konservierungsmittel von Silagen
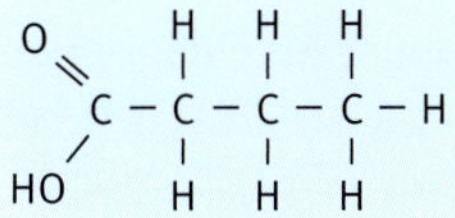	C_3H_7COOH	Butansäure	Buttersäure	· Geruch bei ranziger Butter · kürzeste Fettsäure · unerwünscht in Silagen

Es gibt zwei Unterscheidungsmöglichkeiten für Carbonsäuren:

- nach der **Sättigung der Kohlenwasserstoffkette**: Gesättigte Carbonsäuren besitzen nur Einfachbindungen; ungesättigte beinhalten auch mindestens eine Doppelbindung außerhalb der Carboxylgruppe.
- nach der **Anordnung der Kohlenwasserstoffkette**: Unverzweigte, langkettige Carbonsäuren werden mit dem Sammelnamen
152 Fettsäuren bezeichnet. Es gibt aber auch Ringformen, so genannte Aromate wie z. B. Benzoesäure.

Reaktionseigenschaften von Carbonsäuren

Carbonsäuren gehen wie anorganische Säuren
112 Neutralisationsreaktionen mit Laugen ein. Au-
148 ßerdem können Carbonsäuren eine Esterbindung bilden, was sehr wichtig für die Entstehung von Fetten und Ölen ist. Die Reaktionen der Carbonsäuren können demnach in zwei Gruppen eingeteilt werden:

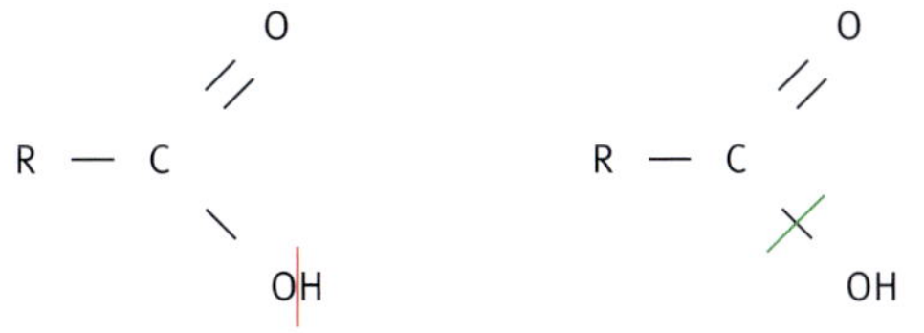

Abb. 3-66: Reaktionen der Carboxylgruppe: links Trennung der OH-Gruppe, rechts Abtrennung der gesamten OH-Gruppe

1. Reaktion an der OH-Bindung der Carboxylgruppe: die Säure-Base-Reaktion (Neutralisationsreaktion; Abb. 3-66, links)
2. Reaktion an der C-O-Bindung der Carboxylgruppe: Bildung von Estern (Abb. 3-66, rechts).

Säure-Base-Reaktion

Die Säure-Base-Reaktion basiert auf dem Säurecharakter der Carbonsäuren. Ähnlich wie bei den
anorganischen Säuren wird ein H-Atom abge- S. 111
spalten, das mit der OH-Gruppe der Lauge reagiert. Es werden ein Wassermolekül und ein organisches Salz gebildet. Bei den organischen Säuren kann

nur das H-Atom aus der Carboxylgruppe abgegeben werden.

Bei der Neutralisationsreaktion entsteht ein Salz aus dem Säurerest. Auch organische Salze besitzen systematische Benennungen. In Abbildung 3-67 ist
S. 111 die Neutralisation von Essigsäure mit Natronlauge dargestellt. Es entsteht ein Salz der Essigsäure, nämlich Natronacetat, und Wasser.

Esterbildung und Verseifung

Ester sind organische Verbindungen, die aus einer Säure und einem Alkohol unter Wasserabspaltung entstehen. Man nennt diese Reaktion **Kondensation**, d. h. ein Zusammenschluss von Verbindungen unter Abspaltung von Wasser (Abb. 3-68). Die Esterbildung, auch Veresterung genannt, ist eine wichtige Reaktion, weil so aus den langkettigen
S. 151 Carbonsäuren, Fette und Öle entstehen.

Die umgekehrte Reaktion von einem Ester in eine Carbonsäure und einen Alkohol nennt man Verseifung. Weil die Carbonsäure in diesem Fall ein H-Atom aufnimmt und den Ester dadurch aufspaltet, handelt es sich um eine **Hydrolyse**. In der Reaktionsgleichung von Essigsäure mit Ethanol in Abbildung 3-69 sind die Pfeile für die Kondensation und die Hydrolyse dargestellt.

Die Benennung erfolgt entsprechend der Ausgangsverbindungen: Essigsäureethylester setzt sich zusammen aus Säurename + Name des Alkoholrests (z. B. Ethyl von Ethanol) + Endung -ester.

Eigenschaften von Carbonsäuren

Schmelzpunkte und Löslichkeit

Die Eigenschaften der Carbonsäuren werden stark durch die polare und somit hydrophile (wasserliebende) Carboxylgruppe COOH beeinflusst. COOH-Gruppen besitzen die Fähigkeit zur Bildung von
Wasserstoffbrückenbindungen. Die unpolaren und S. 1
somit hydrophoben (wasserabweisenden) Kohlenwas- S. 1
serstoffketten wechselwirken durch ihre Fähigkeit zur Ausbildung von Van-der-Waals-Kräften (Abb. 3-70).

Vom Aufbau der Carbonsäuren werden verschiedene chemische und physikalische Eigenschaften
bestimmt, unter anderem das Schmelzverhalten: S. 9

- Langkettige Carbonsäuren (Fette) haben einen höheren Schmelzpunkt als kurzkettige,

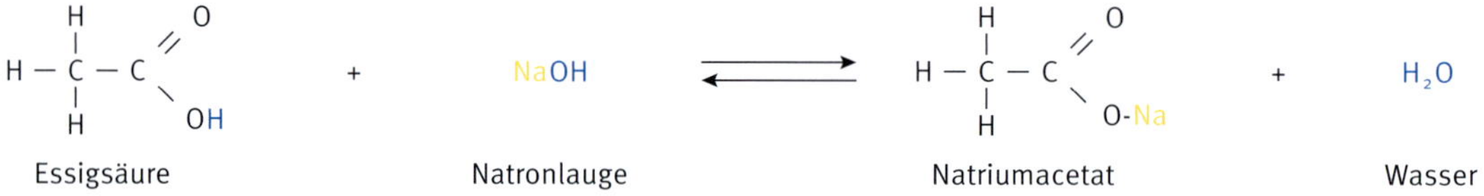

Abb. 3-67: Neutralisation von Essigsäure mit Natronlauge

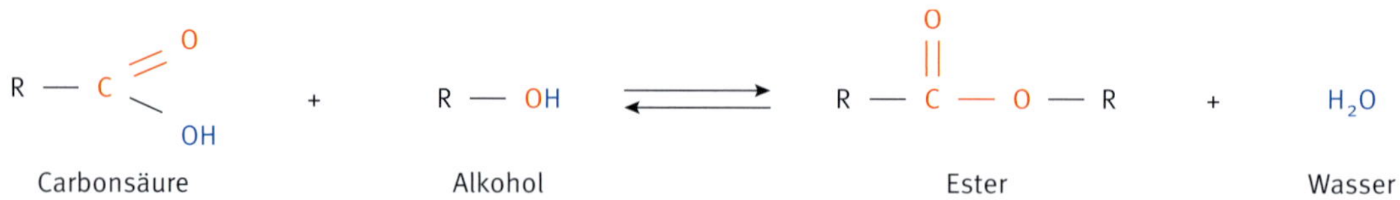

Abb. 3-68: Esterbildung von Carbonsäuren und Alkohol

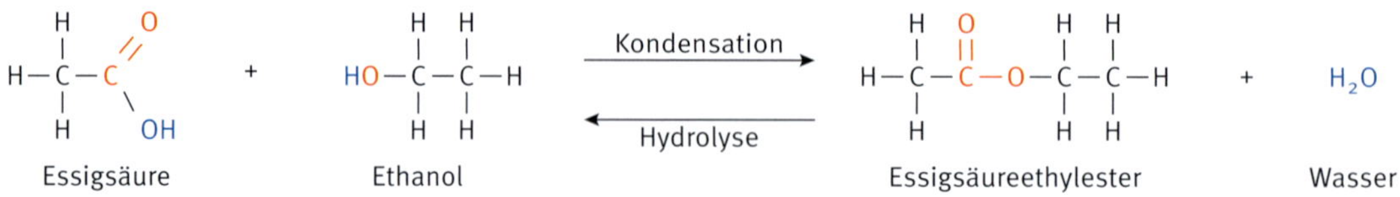

Abb. 3-69: Bildung von Essigsäureethylester aus Essigsäure und Ethanol

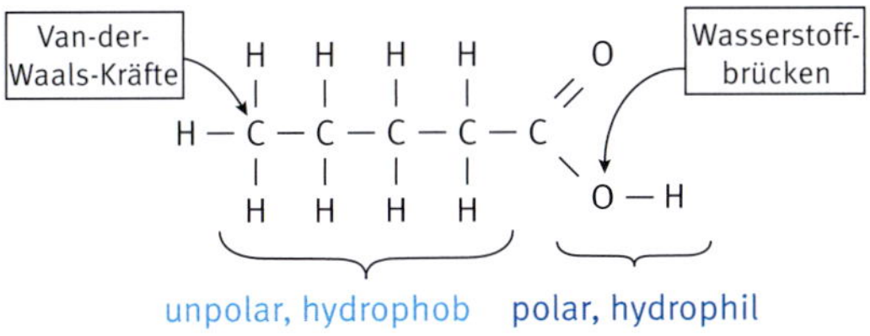

Abb. 3-70: Polarität von Carbonsäuren

denn je länger die Kohlenwasserstoffketten sind, desto stärker wirken die Van-der-Waals-Kräfte. Der Schmelzpunkt steigt.

- Gesättigte Carbonsäuren haben einen höheren Schmelzpunkt als ungesättigte Carbonsäuren (also mit mindestens einer Doppelbindung) mit gleicher Kohlenstoffzahl, weil durch die Doppelbindung ein Knick in der Molekülkette entsteht. Dadurch können die Moleküle nicht mehr so dicht gepackt werden und die Van-der-Waals-Kräfte zwischen den Molekülen sind schwächer. Liegen mehrere Doppelbindungen in einer Kohlenstoffkette vor, liegt der Schmelzpunkt noch niedriger (Tab. 3-16).

Der polare und unpolare Aufbau einer Carbonsäure
116 beeinflusst im Wesentlichen die Löslichkeit eines Moleküls. Carbonsäuren mit bis zu vier Kohlenstoffatomen sind sowohl im polaren Wasser als auch in unpolaren Flüssigkeiten wie Benzin löslich.

Mit steigender Kettenlänge nimmt die Wasserlöslichkeit ab und die Löslichkeit in unpolaren Stoffen zu. Daher sind Fette, die aus langkettigen Carbonsäuren bestehen, sehr gut in Alkohol löslich.

Optische Aktivität

Manche Carbonsäuren weisen die Eigenschaft einer optischen Aktivität auf. Als optische Aktivität bezeichnet man die Fähigkeit eines Stoffs, die Schwingungsebene von linear polarisiertem Licht zu drehen. Die Drehrichtung wird durch das Vorzeichen + oder – angegeben. Dabei steht + für eine Drehung nach rechts.

Merke:

Bei der optischen Aktivität steht (+) für rechtsdrehend und (–) für linksdrehend.

Praxisversuch:

Polarisiertes Licht sehen

Unpolarisiertes Licht schwingt in alle Richtungen. Deshalb blendet im Meer reflektiertes Sonnenlicht in den Augen. Durch eine Sonnenbrille mit Polarisationsfilter blendet das Meer nicht mehr. Warum? Das Licht, dass hinter der Brille auf die Augen trifft, ist polarisiert, schwingt also nur in eine Richtung. Brillengläser mit Polarisationsfilter lassen nämlich nur eine Schwingungsrichtung des Lichts durch; alle anderen Richtungen werden abgeschwächt. Übrigens: Der Versuch funktioniert auch mit Schnee.

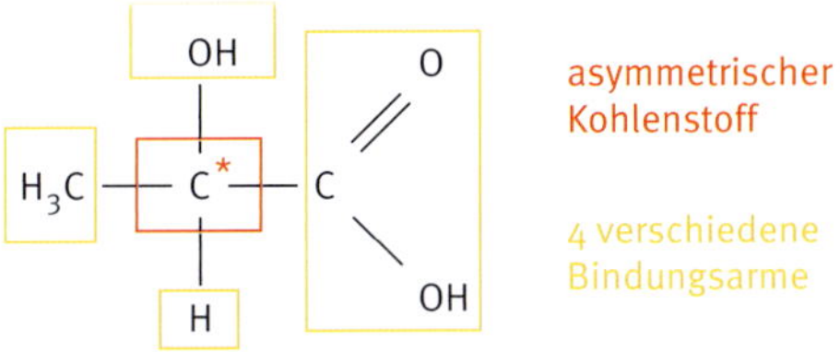

Abb. 3-71: Optische Aktivität von Carbonsäuren

Tab. 3-16: Schmelzpunkte von Carbonsäuren mit jeweils 18 C-Atomen, genannt C18; hinter dem Schrägstrich wird die Anzahl der Doppelbindungen genannt

Carbonsäure	Summenformel	Vorliegende Bindungsarten	Schmelzpunkt
Stearinsäure	$C_{17}H_{35}COOH$	$C_{18/0}$ (nur Einfachbindungen)	70 °C
Ölsäure	$C_{17}H_{33}COOH$	$C_{18/1}$ (eine Doppelbindung)	14 °C
Linolsäure	$C_{17}H_{31}COOH$	$C_{18/2}$ (zwei Doppelbindungen)	-5 °C

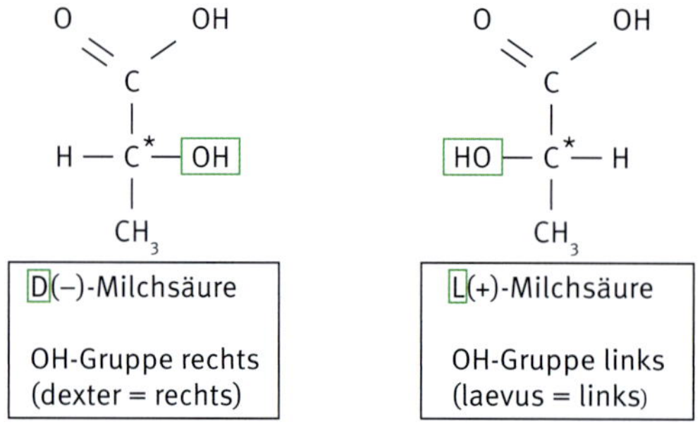

Abb. 3-72: Spiegelbildisomere der Milchsäure

Nachweisen lässt sich die Drehung mit einem Polarimeter. Die Wirkung von polarisiertem Licht kann man durch eine entsprechende Sonnenbrille testen.

Ein Molekül ist optisch aktiv, wenn ein asymmetrisches Kohlenstoffatom im Molekül vorliegt.

Asymmetrisch bedeutet, dass an allen vier Bindungsarmen ein anderer Rest gebunden ist, also verschiedene Atome oder Moleküle (Abb. 3-71). Asymmetrische C-Atome werden im Molekül mit einem Stern markiert.

Milchsäure ist z. B. eine Carbonsäure, die optisch aktiv ist. Aufgrund der Lichtdrehung bildet Milchsäure eine Spiegelbildisomerie aus (Abb. 3-72): S. 1

- D(–)-Milchsäure hat die OH-Gruppe rechts (= dexter) und ist linksdrehend (–).
- L(+)-Milchsäure hat die OH-Gruppe links (= laevus) und ist rechtsdrehend (+).

Die rechtsdrehende L(+)-Milchsäure ist für den Menschen physiologisch wertvoller, weil sie im Körper schneller abgebaut wird als die linksdrehende D(–)-Milchsäure.

3.2.5 Fette

Wofür brauchen das ...?

- **Fachkräfte Agrarservice:** Was haben Motoröl und Schmierfett mit Rapsöl und Kokosfett zu tun? Chemisch gibt es keine Unterschiede.
- **Tierwirte:** Fette sind wichtige Energielieferanten und werden auch in der Tierernährung eingesetzt. Welche kennen Sie?
- **Gärtner:** Die Wachsschicht sorgt für glänzende Blätter, ist aber bei Pflanzenschutzanwendungen problematisch. Was aber hat Wachs mit Fetten zu tun?

Fette stellen neben Kohlenhydraten und Eiweißen die wichtigsten Inhaltsstoffe von Lebens- und Futtermitteln dar. Die chemischen Elemente Kohlenstoff, Wasserstoff und Sauerstoff sind die wichtigsten Bausteine dieser Moleküle.

Aufbau der Fette

Fette setzen sich aus zwei Kohlenwasserstoffgruppen
S. 143 zusammen: dem dreiwertigen Alkohol Glycerin (1,2,3-Propantriol) und Fettsäuren. Da Glycerin dreiwertig ist, liegen drei funktionelle Gruppen des Alkohols, also drei Hydroxy- oder OH-Gruppen vor (Abb. 3-73).

An jede dieser OH-Gruppen kann unter Was-
S. 146 serabspaltung eine langkettige Carbonsäure (Fett-
S. 148 säure) gebunden werden (Esterbildung). Daher spricht man bei Fetten auch von Carbonsäureestern. Wird an jede OH-Gruppe des Glycerins eine Fettsäure verestert, entstehen drei Wassermoleküle (Abb. 3-74). Die vereinfachte Darstellung zeigt Abbildung 3-75.

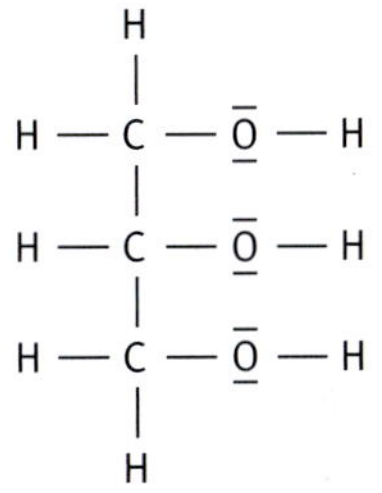

Abb. 3-73: Strukturformel von 1,2,3-Propantriol (Glycerin)

Es gibt viele verschiedene Arten von Fetten, die unterschiedliche Eigenschaften aufweisen. Beeinflusst wird dies durch die Art und die Anzahl der Carbonsäuren, die an das Glycerin gebunden sind. Es können an den drei OH-Gruppen des Glycerins drei gleiche oder auch unterschiedliche Fettsäuren gebunden sein.

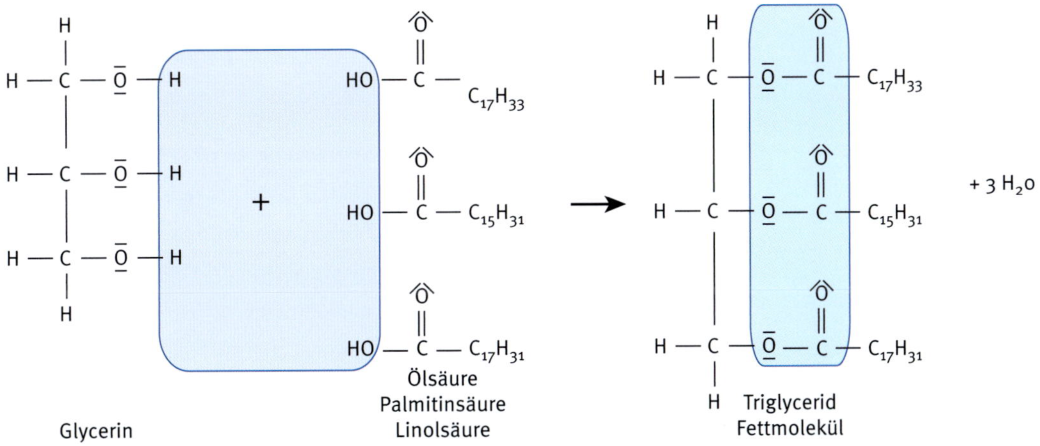

Abb. 3-74: Veresterung von Glycerin mit drei Fettsäuren

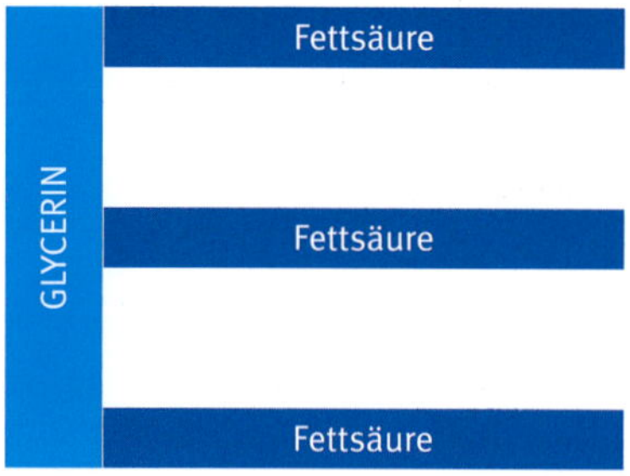

Abb. 3-75: Grundstruktur der Fette und Öle

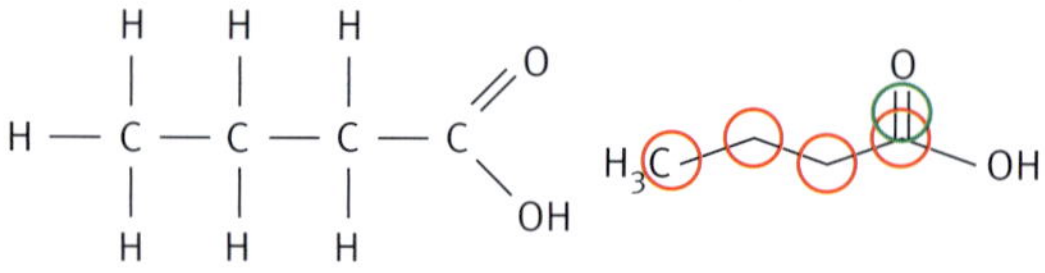

Abb. 3-76: Strukturformel (links) und Skelettformel (rechts) von Buttersäure

Des Weiteren ist es möglich, dass z. B. nur eine OH-Gruppe des Glycerins mit einer Carbonsäure verestert. In Tabelle 3-15 sind die verschiedenen Möglichkeiten des Aufbaus von Fetten dargestellt.

Die wesentlichen Fetteigenschaften werden allerdings vom Aufbau der Fettsäure beeinflusst, S. 134 z. B. ob es sich um eine gesättigte oder ungesättigte Fettsäure handelt. Fehlt zwei benachbarten Kohlenstoffatomen in der Kohlenwasserstoffkette einer Carbonsäure jeweils ein Wasserstoffatom, sind diese durch eine Doppelbindung zwischen den C-Atomen ersetzt.

Ungesättigte Fettsäuren kommen hauptsächlich in pflanzlichen Fetten vor. Sie sind daher von ihrer Konsistenz flüssig bzw. halbfest. Die am häufigsten vorkommende ungesättigte Fettsäure ist Ölsäure. Sie besteht aus 18 Kohlenstoffatomen und einer Doppelbindung.

Sind an mehreren Stellen der Kohlenwasserstoffkette H-Atome durch Doppelbindungen ersetzt, spricht man von mehrfach ungesättigten Fettsäuren. Hierzu zählen z. B. die Omega-3-Fettsäuren. Mehrfach ungesättigte Fettsäuren müssen über die Nahrung aufgenommen werden, weil der menschliche Körper sie nicht selbst herstellen kann. Man bezeichnet diese Fettsäuren daher als essenziell.

Fast alle Fettsäuren sind langkettig. Die kürzeste Fettsäure ist die Buttersäure (Butansäure) mit vier C-Atomen, die in Butter vorkommt. Weil der Aufwand, die chemische Strukturformel zu zeichnen, entsprechend groß ist, wird eine Kurzschreibweise angewendet (Abb. 3-76). Man bezeichnet diese Darstellung als Skelettformel.

Bei dieser Darstellung steht jede Spitze für ein Kohlenstoffatom (Abb. 3-76, rote Kreise). Für Buttersäure sind dies vier C-Atome. Wird ein Strich doppelt gezeichnet (grüner Kreis), stellt dies eine Doppelbindung dar. Abbildung 3-77 zeigt die wichtigsten Fettsäuren in Kurzschreibweise.

Eigenschaften der Fette

Je nach Zusammensetzung der Fette lassen sich verschiedene Eigenschaften ableiten. Durch die

Tab. 3-15: Unterscheidungen beim Aufbau von Fetten

Unterscheidung	Benennung	Beschreibung
Anzahl der Fettsäuren	Monoglyceride	1 OH-Gruppe mit einer Fettsäure verestert
	Diglyceride	2 OH-Gruppen mit Fettsäuren verestert
	Triglyceride	3 OH-Gruppen mit Fettsäuren verestert
Art der Fettsäuren	einfache Glyceride	mit drei gleichen Fettsäuren
	gemischte Glyceride	mit unterschiedlichen Fettsäuren
Aufbau der Fettsäuren	gesättigte Fettsäuren	Carbonsäuren mit Einfachbindungen
	einfach ungesättigte Fettsäuren	Carbonsäuren mit einer Doppelbindung
	mehrfach ungesättigte Fettsäuren	Carbonsäuren mit mindestens zwei Doppelbindungen

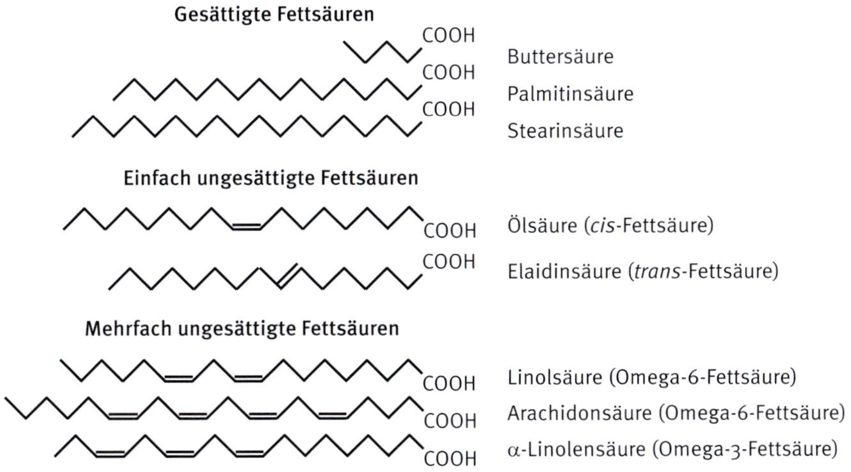

Abb. 3-77: Die wichtigsten Fettsäuren

Fettsäuren werden unter anderem das Schmelzverhalten der Fette und deren Aggregatzustand, die ernährungsphysiologische Bedeutung, die Haltbarkeit und die Brennbarkeit beeinflusst.

Schmelzbereich und Löslichkeit

Die Schmelztemperatur wird von der Kettenlänge der Fettsäuren und vom Vorhandensein von ungesättigten Fettsäuren bestimmt. Bei Fetten spricht man allerdings nicht von Schmelztemperatur, sondern von einem Schmelzbereich:

- Je länger die Fettsäurekette ist, umso höher liegt der Schmelzbereich.
- Gesättigte Fettsäuren mit gleicher Kettenlänge wie ungesättigte Fettsäuren haben einen höheren Schmelzbereich. Der Schmelzbereich liegt also umso höher, je höher der Anteil an gesättigten Fettsäuren ist.

Fette aus gesättigten Fettsäuren sind daher bei 25 °C fest. Fette mit einfach und mehrfach ungesättigten Fettsäuren sind bei 25 °C flüssig bis halbfest.

Da Fette von langen Kohlenwasserstoffketten
116 dominiert werden, sind sie unpolar, also hydrophob (wasserabweisend). Fette und Öle lösen sich daher nur in unpolaren Lösungsmitteln wie Ethanol und Petroleumbenzin.

Haltbarkeit

Lässt man Fette und Öle längere Zeit offen stehen, ist die Haltbarkeit sehr begrenzt. Verschiedene Parameter, wie z. B. Sauerstoff, Wärme, UV-Licht und Mikroorganismen, können zum Verderb führen. Erkennbar ist dies an einem ranzigen Geruch und Geschmack.

Grund hierfür ist, dass Fette durch das Einwirken von Sauerstoff oder ähnlichen Faktoren in ihre Ausgangsbestandteile Glycerin und Fettsäuren gespalten werden. Die Esterbindungen werden durch Wasseraufnahme aufgelost. Es entwickelt sich ein unangenehmer Geschmack und Geruch.

Bei mehrfach ungesättigten Fettsäuren tritt diese Reaktion häufiger und schneller auf, weil die Doppelbindungen reaktionsfreudiger sind. Leinsamenöl besitzt z. B. sehr viele mehrfach ungesättigte Fettsäuren. Daher ist die Haltbarkeit von Leinsamenöl in einer geöffneten Flasche sehr begrenzt.

Brennbarkeit

Fette und Öle sind brennbar. Man denke nur an Heizöl. Wichtig ist in diesem Zusammenhang, dass Ölbrände niemals mit Wasser gelöscht werden dürfen, weil Fette auf Wasser schwimmen. Diese Eigenschaft führt dazu, dass sich das brennende

Öl weitflächig verteilt. Geeignet sind stattdessen Branddecken und Löschschaum (Feuerlöscher).

Merke:
Ölbrände dürfen niemals mit Wasser gelöscht werden!

Vorkommen von Fetten

Pflanzliche und tierische Fette und Öle sind landwirtschaftliche Produkte. Raps wird hauptsächlich als Rohstoff für die Ölgewinnung angebaut und als Milchfett sind sie ein wertgebender Bestandteil der Milch. Milchfett ist in Butter enthalten. Zu den tierischen Fetten zählen außerdem Schmalz und Fischfett.

Erdöl ist fossilen Ursprungs. Es stammt von Pflanzen aus dem Carbon, einem weit zurückliegenden geologischen Zeitalter.

Verwendung von Fetten

Ernährungsphysiologische Bedeutung

Zu den Fetten aus gesättigten Fettsäuren zählen tierische Fette wie Butter oder Schmalz. Fette mit einfach und mehrfach ungesättigten Fettsäuren kommen überwiegend in Ölen, also pflanzlichen Fetten vor, aber auch in Fischfett. Ungesättigten und vor allem mehrfach ungesättigten Fettsäuren wird eine bessere Wirkung auf dem Stoffwechsel des menschlichen Körpers S. 20
zugesagt als gesättigten Fettsäuren. Aufgrund der positiven Wirkung auf den Cholesterinspiegel im Blut wird der regelmäßige Verzehr von Fisch und pflanzlichen Fetten empfohlen.

In der Tierernährung werden fetthaltige Futtermittel als Energielieferanten eingesetzt. Hierzu zählen vor allem Extraktionsschrote, aber auch Pflanzenöle als Futterzusätze. Von geschützten oder pansenstabilen Fetten in der Milchviehfütterung spricht man, wenn diese so aufbereitet sind, dass sie nicht von den Mikroorganismen im Pansen aufgeschlossen, sondern erst im Dünndarm verdaut werden.

Technische Verwendung von Fetten

Auch für technologische Zwecke können Fette und Öle vielseitig eingesetzt werden.

- Fossiles Erdöl dient als Heizöl und Treibstoff.
- Fette und Öle sind wichtige Trennmittel (Schmierstoffe) in Motoren und Maschinen.
- Altfette finden Verwendung als Rohstoff zur Herstellung von Seifen.

3.2.6 Kohlenhydrate

Wofür brauchen das …?

- **Gärtner:** Ist eine Pflanze von Blattläusen befallen, werden die Blätter klebrig. Was hat das mit Kohlenhydraten zu tun?
- **Fachkräfte Agrarservice:** Beim Zuckerrübenanbau ist das Anbauverfahren auf möglichst hohe Zuckergehalte in den Rüben aus-gerichtet. Bei Kartoffeln geht es hauptsächlich um den Stärkegehalt der Knollen. Was unterscheidet Zucker von Stärke?
- **Tierwirte:** Silagen, die Melasse enthalten, werden von Milchkühen sehr gut angenommen. Aber warum kann Melasse auch Siliermittel ersetzen?

Kohlenhydrate, auch Saccharide genannt, sind neben Fetten der wichtigste energieliefernde Baustoff für den Körper. Zu den Kohlenhydraten zählen verschiedene Zuckerarten (Glucose, Maltose, Lactose), Stärke, Cellulose, Pektine usw. Die chemische Bezeichnung aller Zuckerarten endet immer auf der Endung **-ose**, z. B. Glucose, Lactose, Amylose.

Einteilung der Kohlenhydrate

Es gibt verschiedene Möglichkeiten, wie man die Zuckerarten unterscheiden und einteilen kann (Tab. 3-16). Die Summenformeln von Fructose, einer Ketose, und Galactose, einer Aldose, in Abbildung 3-78 zeigen z. B. die Unterschiede im Aufbau der beiden Kohlenhydrate. Die Aldehydgruppe sitzt an einem endständigen C-Atom, die Ketogruppe in der Mitte.

. 144

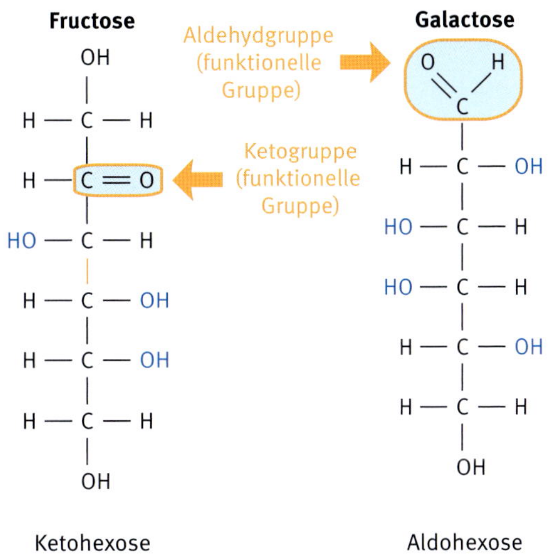

Abb. 3-78: Unterschiedlicher Aufbau von Fructose, einer Ketohexose, (links) und der Aldohexose Galactose (rechts)

Tab. 3-16: Unterscheidungen von Kohlenhydraten

Unterscheidung	Bezeichnung (Summenformel)	Beschreibung	Beispiele
Anzahl der Bausteine	Einfachzucker – Monosaccharide ($C_6H_{12}O_6$)	mit einer Ringform	Glucose (Traubenzucker) Galactose (Schleimzucker) Fructose (Fruchtzucker)
	Zweifachzucker – Disaccharide ($C_{12}H_{22}O_{11}$)	mit zwei Ringformen	Lactose (Milchzucker) Saccharose (Rohrzucker) Maltose (Malzzucker)
	Mehrfachzucker – Polysaccharide	mit einer Kette aus Ringformen	Cellulose, Stärke, Pektin
Funktionelle Gruppe	Aldosen	mit einer Aldehydgruppe	Glucose, Galactose
	Ketosen	mit einer Ketogruppe	Fructose
Anzahl der C-Atome (nur Monosaccharide)	Pentosen	mit 5 C-Atomen	Ribose
	Hexosen	mit 6 C-Atomen	Glucose, Galactose, Fructose

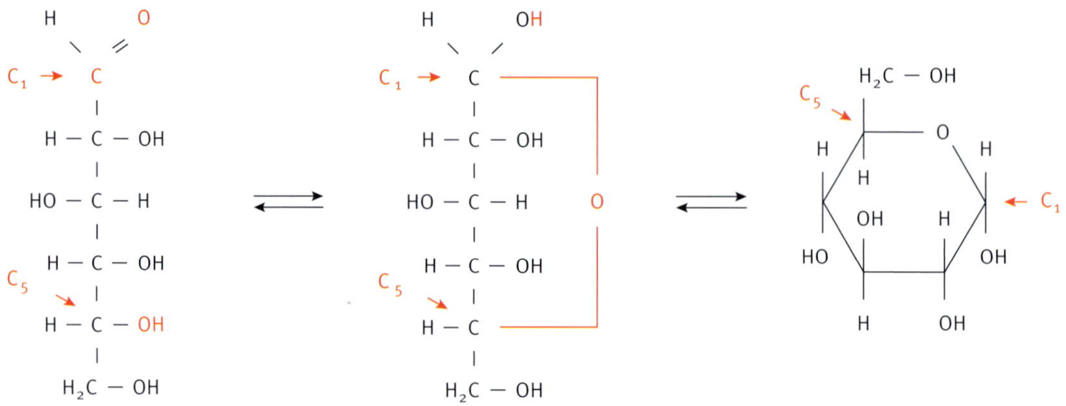

Abb. 3-79: Glucose in offenkettiger Form – Ringbildung – Ringform

Aufbau von Kohlenhydraten

Anhand der vielen OH-Gruppen, die in den Zuckermolekülen gebunden sind, erkennt man, dass Zucker mehrwertige Alkohole sind.

Monosaccharide – Einfachzucker

Liegt ein Monosaccharid oder Einfachzucker in Lösung vor, also z. B. in Wasser gelöst, ordnet sich das Molekül ringförmig an. Der Übergang von der offenkettigen Form einer Glucose zur Ringform ist in Abbildung 3-79 dargestellt und lässt sich anhand der Strukturformeln gut nachvollziehen.

Monosaccharide sind optisch aktiv, d. h., dass das vorletzte Kohlenstoffatom vier verschiedene Bindungspartner besitzt. In Abbildung 3-80 sind die Spiegelbildisomere der Glucose dargestellt: D(+)-Glucose dreht rechtsherum, L(–)-Glucose linksherum. Aufgrund der optischen Aktivität kann man den Zuckergehalt mit einem Polarimeter bestimmen. S. 15

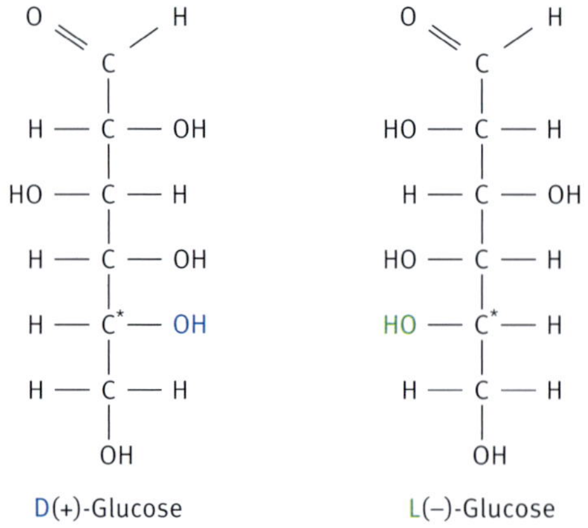

Abb. 3-80: Spiegelbildisomere der Glucose

Disaccharide – Zweifachzucker

Durch die Verknüpfung von zwei Einfachzuckern entstehen die verschiedenen Zweifachzucker oder Disaccharide. Bei der Kondensationsreaktion werden zwei OH-Gruppen unter Abspaltung eines Wassermoleküls verknüpft, das dann freigesetzt wird (Abb. 3-81). Diesen Bindungstyp nennt man bei Zuckern glycosidische Bindung. S. 14

Wichtige Disaccharide sind:

- Rohr- und Rübenzucker (Saccharose): Glucose + Fructose
- Malzzucker (Maltose): Glucose + Glucose
- Milchzucker (Lactose): Glucose + Galactose

Polysaccharide – Mehrfachzucker

Bei Polysacchariden oder Mehrfachzuckern werden nicht nur zwei Einfachzucker miteinander verbunden, sondern je nach Polysaccharid mehrere Tausend Glucose-Einheiten. Mehrfachzucker bilden also lange Ketten, die auch verzweigt sein können.

Hierbei werden immer glycosidische Bindungen unter Wasserabspaltung ausgebildet. Das Polysaccharid Stärke besteht aus circa 1 000 Glucose-Einheiten, Cellulose aus circa 10 000 Glucose-Einheiten.

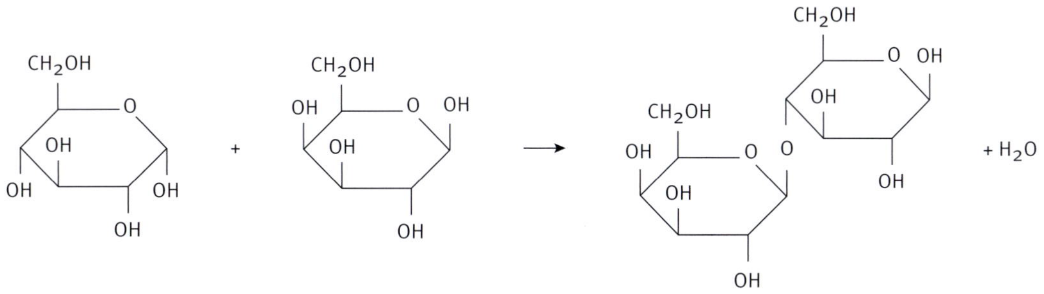

α-D-Glucose β-D-Galactose α-Lactose

Abb. 3-81: Bildung des Disaccharids Lactose durch eine glycosidische Bindung

Eigenschaften der Kohlenhydrate

Da es so viele verschiedene Zuckerarten gibt und sie in ihrem Aufbau unterschiedlich komplex sind, sind auch die Eigenschaften der einzelnen Kohlenhydrate unterschiedlich. Da Zuckermoleküle im Allgemeinen viele OH-Gruppen an ihrer Kohlenwasserstoffkette gebunden haben, sind sie . 109 gut wasserlöslich, denn diese sind polar und somit hydrophil (wasserliebend).

Die Intensität der Süßkraft ist allerdings von Zucker zu Zucker unterschiedlich. Der Einfachzucker Glucose schmeckt viel intensiver süß als der Zweifachzucker Lactose oder der Mehrfachzucker Stärke.

Stärke schmeckt aufgrund des großen Moleküls, dass noch dazu komplex aufgebaut ist, am Anfang nicht süß. Erst wenn man es längere Zeit im Mund kaut, sodass eine Spaltung der Stärke durch die . 201 Speichelenzyme stattfindet, merkt man die Süßkraft eines Stärkemoleküls.

Stärke ist nicht gut wasserlöslich. Dafür hat sie eine andere wichtige technologische Eigenschaft: das Quellvermögen.

Einfachzucker sind sehr leicht verdaulich und liefern schnell Energie. Mehrfachzucker müssen erst gespalten werden und erfordern deshalb mehr Aufwand. Cellulose kann vom Menschen nicht verdaut werden. Sie wird daher als Ballaststoff S. 199 bezeichnet. Wiederkäuer können dagegen Cellulose verwerten, da spezielle Bakterien sie im Pansen S. 203 aufschließen.

Praktische Bedeutung von Kohlenhydraten

Viele Nutzpflanzen werden wegen ihres Kohlenhydratgehalts angebaut:

- Zuckerrüben und Zuckerrohr liefern Saccharose, einen sehr süßen Zweifachzucker.
- Kartoffeln und Mais bilden hohe Gehalte an Stärke. Dieses Polysaccharid ist weniger süß, aber vielseitig verwendbar.
- Im Holz kommt besonders viel Cellulose vor, ebenfalls ein Mehrfachzucker. Sie dient als Grundstoff für die Papierherstellung.

In der Tierernährung spielen Kohlenhydrate als Energielieferanten eine wichtige Rolle. Kohlenhydratreiche Futtermittel sind demnach Getreide und vor allem Mais. Melasse, ein Nebenprodukt der Zuckerherstellung, kann Silagen S. 209 beigemischt werden. Der hohe Anteil an leicht abbaubarem Zucker fördert den Gärprozess und aufgrund des süßen Geschmacks wird die entstandene Silage sehr gut angenommen.

3.2.7 Eiweiße

Wofür brauchen das ...?

- **Tierwirte:** Ein Hauptaugenmerk bei der Fütterung von Mastschweinen gilt der Eiweißversorgung. Besonders wichtig sind die essenziellen Aminosäuren.
- **Fachkräfte Agrarservice:** Bei Braugerste darf der Eiweißgehalt keinesfalls zu hoch sein. Darauf muss die Stickstoffdüngung abgestimmt werden.
- **Landwirte:** Milchaustauscher zur Versorgung von Kälbern dürfen nicht zu heiß angerührt werden, damit das enthaltene Eiweiß – dazugehören auch die Immunglobuline – nicht gerinnt. Aber was passiert dann genau?

Eiweiße, auch Proteine genannt, stellen für den S. 199 Körper den wichtigsten Baustoff dar. Enzyme, Blut, Haare, Körperzellen usw. bestehen aus Eiweiß. Zu den eiweißreichen Lebensmitteln zählen Fisch, mageres Fleisch, Milchprodukte, Eier und Hülsenfrüchte.

Sowohl in der Schweine- als auch in der Rinderfütterung ist Sojaextraktionsschrot das wichtigste Eiweißfuttermittel. Daneben werden auch Rapsextraktionsschrot und Leguminosen eingesetzt.

Aminosäuren

Aufbau von Aminosäuren

Aminosäuren sind die Bausteine der Proteine, denn Eiweiße bestehen aus Aminosäureketten, die in einer sehr unterschiedlichen Reihenfolge aneinandergereiht sein können. Alle Aminosäuren enthalten das S. 122 Element Stickstoff (N). Dies ist ein wesentlicher Unterschied zu anderen organischen Verbindungen, die häufig ausschließlich aus Kohlenstoff, Wasserstoff und Sauerstoff bestehen. Außerdem können bei Aminosäuren die Elemente Schwefel (S) und Phosphor (P) vorkommen.

S. 146 Aminosäuren sind Carbonsäuren, bei denen ein oder mehrere H-Atome durch Aminogruppen (NH_2) ersetzt sind. Somit besitzen Aminosäuren zwei funktionelle Gruppen: die COOH-Gruppe der Carbonsäuren und zusätzlich die Aminogruppe NH_2. Die einfachste Aminosäure ist Glycin (Abb. 3-82).

Die COOH-Gruppe steht bei Aminosäuren für den sauren Charakter und die Aminogruppe für den alkalischen Charakter der Aminosäuren. Es gibt Aminosäuren, die mehrere NH_2-Gruppen oder aber mehrere COOH-Gruppen an der Kohlenstoffkette gebunden haben.

Das C-Atom in der Mitte (C*) ist optisch aktiv, weil es vier verschiedene Reste gebunden hat (Abb. 3-83). Aminosäuren (außer Glycin) sind also wie Carbonsäuren in der Lage, linear polarisiertes Licht zu drehen. Außerdem ist eine Spiegelbildisomerie möglich. S. 15 Je nachdem, ob die Aminogruppe auf der rechten oder linken Seite gebunden ist, handelt es sich um eine D- oder eine L-Aminosäure (Abb. 3-83).

Benennung der Aminosäuren

Auch für Aminosäuren ist eine chemische Bezeichnung möglich, die sich aus der verwendeten Carbonsäure ableitet. Allerdings ist diese Wort-

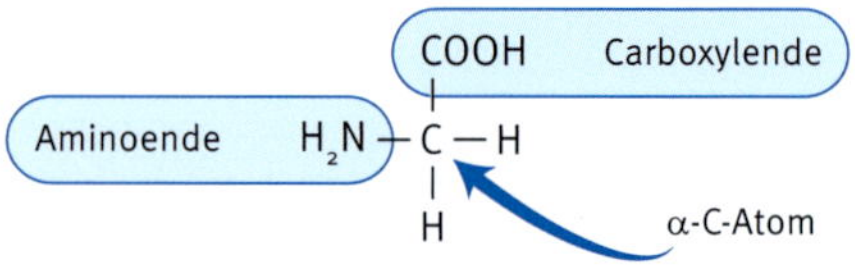

Abb. 3-82: Funktionelle Gruppen der Aminosäure Glycin

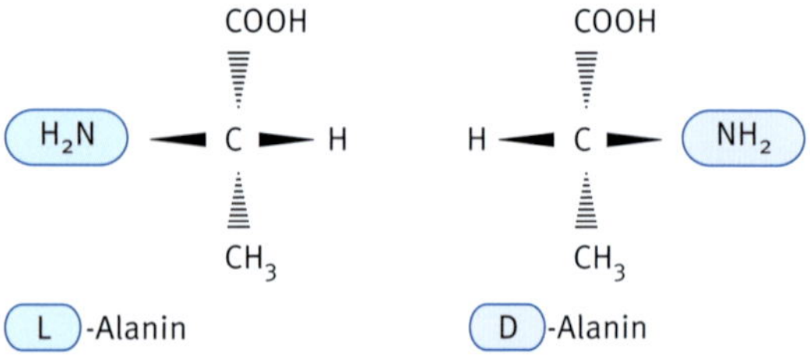

Abb. 3-83: Spiegelisomerie der Aminosäuren am Beispiel der optisch aktiven Aminosäure Alanin

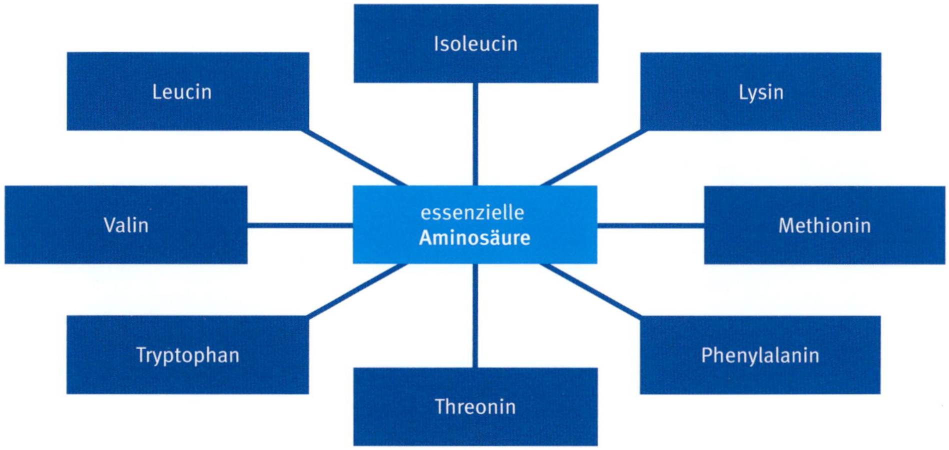

Abb. 3-84: Die acht essenziellen Aminosäuren

bezeichnung in der Praxis nicht üblich. Vielmehr
136 erfolgt die Benennung meist über Trivialnamen, die zusätzlich abgekürzt werden.

Als Abkürzung werden die ersten drei Buchstaben der Trivialbezeichnung verwendet. Für Glycin (Gly) wäre Aminoessigsäure die chemische Bezeichnung, also die Carbonsäure Essigsäure (zwei C-Atome) mit einer Aminogruppe (Abb. 3-82).

Ernährungsphysiologische Bedeutung

Für den Körperaufbau von Tieren und Menschen sind 20 Aminosäuren relevant, wobei acht davon essenziell, also lebensnotwendig sind (Abb. 3-84). Dies müssen mit der Nahrung aufgenommen werden, weil der Körper sie selbst nicht produzieren kann.

Bei der Fütterung von Mastschweinen wird besonderer Wert auf die Versorgung der Tiere mit essenziellen Aminosäuren gelegt, denn eine unzureichende Zufuhr hemmt die Entwicklung der Tiere. Die wichtigsten sind Lysin, Methionin, Cystin, Threonin und Tryptophan; sie werden auch erstlimitierende Aminosäuren genannt.

Aufbau von Eiweißen

Durch so genannte Peptidbindungen werden ca. 100 Aminosäuren miteinander verbunden. Die Peptidbindung findet immer zwischen zwei Aminosäuren statt, wobei sich eine Carboxylgruppe mit einer Aminogruppe verbindet. Bei dieser Reaktion wird Wasser freigesetzt, d. h., es findet eine Kondensationsreaktion statt (Abb. 3-85). S. 148

Es entsteht eine lange Aminosäurekette, die auch als Aminosäuresequenz bezeichnet wird. Sie ist die Basis der Eiweiße und die dabei entstehende lange Aminosäurekette ordnet sich in verschiedenen Strukturen an (Abb. 3-86):

- **Primärstruktur:** Die einfachste Struktur ist die reine Aminosäurenkette, die durch Peptidbindungen zusammengehalten wird.

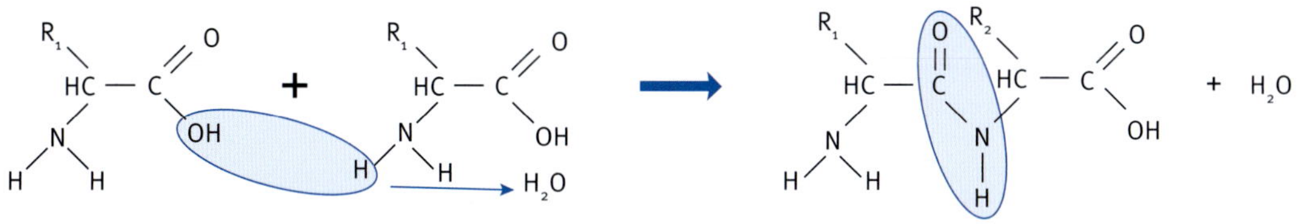

Abb. 3-85: Peptidbindung zwischen einer Carboxylgruppe (COOH) und einer Aminogruppe (NH_2) bei der Bildung von Eiweißen (R = Rest der Aminosäure)

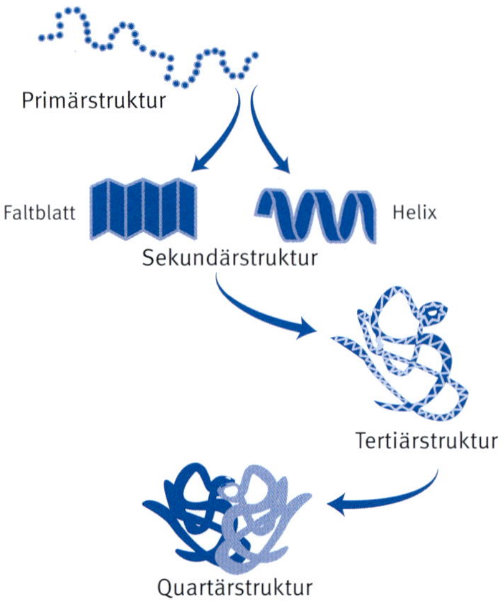

Abb. 3-86: Strukturen der Aminosäureketten in Proteinen

- **Sekundärstruktur:** Die zweite Struktur ist je nach den Eigenschaften des entstehenden Proteins als Helixstruktur oder Faltblattstruktur angeordnet. Sie entsteht aufgrund von
S. 115 Wasserstoffbrückenbindungen.
- **Tertiärstruktur:** Diese Struktur der Proteine ist wesentlich komplexer. Sie erinnert an ein Wollknäuel. Verantwortlich sind unter anderem zwischenmolekulare Kräfte wie z. B. die
S. 135 Van-der-Waals-Kräfte.
- **Quartärstruktur:** Sie stellt die komplexeste Form dar. Haare sind z. B. so aufgebaut.

Eigenschaften von Eiweißen

Aggregatzustand und Löslichkeit

Der Aggregatzustand des Grundgerüsts der Eiweiße, also der Aminosäuren, ist fest. Da zwischen den funktionellen Gruppen starke zwischenmolekulare Kräfte wirken, besitzen Aminosäuren hohe Schmelzpunkte.

Weil es sich bei Eiweißen um sehr große Moleküle handelt, so genannte Makromoleküle, ist die Löslichkeit sehr begrenzt. Aufgrund der COOH-Gruppe ist eine Wasserlöslichkeit trotzdem möglich. Sehr komplexe Eiweiße wie Haare oder Horn (Kreatin in Fingernägeln) sind dagegen wasserunlöslich.

Denaturierung von Eiweiß

Eine Spaltung bzw. Zersetzung von Proteinen ist durch folgende Einwirkungen möglich:

- Enzyme (Proteasen), S. 20
- starke Säure wie z. B. Magensäure (= Salzsäure), S. 11
- Hitze,
- mechanische Kräfte (starkes Schütteln),
- hochprozentigen Alkohol.

Man spricht auch von Eiweißgerinnung oder Eiweißdenaturierung. Dabei werden die komplexen Eiweißstrukturen, also die Tertiär- und die Quartärstruktur, zerstört, sodass die Eiweiße schließlich in der Sekundär- bzw. Primärstruktur vorliegen. Diese Reaktion ist nicht mehr umkehrbar.

In der Praxis ist dies z. B. bei der Hautbildung auf erhitzter Milch sichtbar. Bei der Joghurtherstellung erkennt man, dass die Milch mit zunehmender Bildung von Milchsäure stockt und somit aufgrund der Säureeinwirkung eine geleeartige Konsistenz der Milch entsteht.

Die positiven Eigenschaften für den menschlichen Körper gehen hierbei allerdings nicht verloren. Denaturiertes Eiweiß ist sogar leichter verdaulich.

Biologische Wertigkeit

Die Wertigkeit von Eiweiß für den Körper wird über die biologische Wertigkeit gemessen, d. h., wie viel menschen- bzw. tierarteigenes Eiweiß aus dem zugeführten Eiweiß gewonnen werden kann. Die biologische Wertigkeit eines Eiweißfuttermittels in der Tierernährung wird von der Aminosäure begrenzt, die zuerst ins Minimum gerät. In der Schweinefütterung ist dies am häufigsten Lysin.

Übungsaufgaben:

1. Worin unterscheiden sich die anorganische und die organische Chemie?
2. Was versteht man unter homogenen und heterogenen Gemischen? Nennen Sie jeweils Beispiele aus Ihrer beruflichen Praxis.
3. Wie ist ein Atom aufgebaut?
4. Welche Informationen kann man aus dem Periodensystem lesen?
5. Was versteht man unter einem Ion? Worin unterscheiden sich Anionen und Kationen?
6. Welche Aggregatzustände kennen Sie und wie nennt man die jeweiligen Übergänge? Wovon ist der jeweilige Aggregatzustand eines Stoffs abhängig?
7. Was besagt die Oktettregel? Warum bilden Wasserstoff und Helium eine Ausnahme?
8. Beschreiben Sie die Funktionsweise der Ionenbindung. Welche Stoffe gehen eine solche Bindung ein?
9. Was versteht man unter einer Atombindung? Welche Stoffe gehen eine solche Bindung ein?
10. Was sind Mehrfachbindungen?
11. Was versteht man in der Chemie unter Polarität? Zeichnen Sie die Strukturformel von Wasser als Dipol.
12. Was versteht man unter einer Metallbindung. Welche Stoffe gehen eine solche Bindung ein?
13. Was sagt der pH-Wert aus?
14. Was zeichnet eine Säure aus? Was eine Lauge? Nennen Sie Beispiele von Säuren aus Ihrem beruflichen Alltag.
15. Wie entstehen Salze? Schreiben Sie die Reaktionsgleichung für die Entstehung von Kochsalz auf.
16. Viele Mineraldünger sind Salze. Nennen Sie Beispiele.
17. Was versteht man unter Osmose? Welche Rolle spielt sie für die Aufnahme von Nährstoffen aus dem Boden?
18. Erklären Sie die Begriffe Wasserstoffbrücken und Oberflächenspannung. Wie hängen sie zusammen?
19. Was versteht man unter der Anomalie des Wassers? Welche Bedeutung hat sie in der Praxis?
20. Erklären Sie die Begriffe hydrophil und hydrophob. Was haben diese mit der Löslichkeit von Fetten zu tun?
21. Welche Elemente der Alkali- und der Erdalkalimetalle sind bei der Pflanzendüngung von Bedeutung?
22. Warum spielt Kohlenstoff eine herausragende Rolle für das Leben auf der Erde?
23. Nennen Sie wichtige Stickstoffverbindungen und deren Bedeutung in Ihrer beruflichen Praxis.
24. Wie lässt sich die Wirkung der Kalkdüngung auf den pH-Wert chemisch erklären?
25. Welche Formen der Stickstoffumsetzungen kennen Sie? Was haben diese Prozesse mit Stickstoffverlusten bei der Düngung zu tun?
26. Zeichnen Sie folgende Strukturformeln:
    a) 2-Methylbutan
    b) 4-Ethylheptan
    c) 2,3,4-trimethylpentan
    d) 4-Ethyl-2-methyloctan
27. Erstellen Sie die Reaktionsgleichung in Strukturform für folgende Reaktionen:
    Ethin + Br_2 → 1,2-Dibromethen
    1,2-Dibromethen + Br_2 → 1,1,2,2-Tetrabromethan
28. Benennen Sie folgende Strukturformeln richtig:

a) 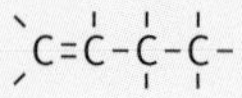

b) 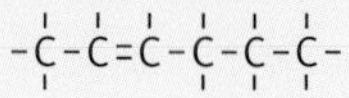

c) 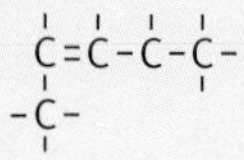

d) 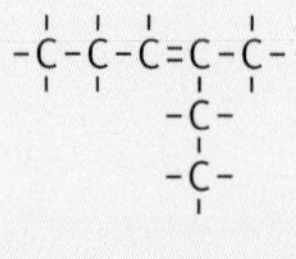

29. Was löst sich in welchem Lösungsmittel?
    a) Wasser + Benzin →
    b) Benzin + Öl →
    c) Alkohol + Wasser →
    d) Alkohol + Öl →
30. Was ist ein Isomer?
31. Nennen Sie die homologe Reihe der Alkane von C_1 bis C_{10}.
32. Nennen Sie die funktionellen Gruppen von Alkoholen, Aldehyden, Ketonen und Carbonsäuren.
33. Wie entsteht ein Ester?
34. Wie werden die physikalischen Eigenschaften Löslichkeit und Schmelzverhalten vom Aufbau der organischen Moleküle beeinflusst?
35. Was ist eine Kondensationsreaktion?
36. Was haben Carbonsäuren mit der Silagebereitung zu tun?
37. Stellen Sie den Aufbau eines Fettmoleküls dar?
38. Worin unterscheiden sich Mono-, Di- und Polysaccharide?
39. Warum sind Einfachzucker gut wasserlöslich?
40. Welcher Bindungstyp wird bei der Entstehung von Eiweißen verwendet?
41. Was sind essenzielle Aminosäuren? Nennen Sie die wichtigsten.
42. Wie sind Eiweiße aufgebaut?
43. Was ist eine Denaturierung?
44. Warum ist die biologische Wertigkeit eines Eiweißfuttermittels bedeutend?

4 Biologie

4.1 Kennzeichen des Lebens

Wofür brauchen das ...?

- **Landwirte:** Schafe zeigen alle Kennzeichen des Lebens. Aber wie sieht es mit der Bewegung und der Reizbarkeit bei Maispflanzen aus?
- **Gärtner:** Dirk fragt sich, warum am Mittag die Gänseblümchen offen blühen, während am Morgen ihre Blüten geschlossen sind.
- **Tierwirte:** Bauer Lindemann freut sich über den Spiel- und Bewegungsdrang seiner Ferkel. Woher kommen die Unterschiede?

Obwohl sich Pflanzen, Tiere und auch der Mensch in Größe und Gestalt stark unterscheiden, weisen sie auch Gemeinsamkeiten auf. Diese Geschöpfe sind Lebewesen (Abb. 4-1). An ihnen finden sich alle Merkmale des Lebens:

- S. 198 Ernährung und Atmung (Stoffwechsel),
- Bewegung und Reizbarkeit,
- Fortpflanzung, Entwicklung und Wachstum.

Abb. 4-1: Beide sind Lebewesen: Kopfsalat (oben) und Maus (unten)

4.1.1 Stoffwechsel

S. 169 Dass Tiere und Menschen atmen und sich ernähren müssen, um zu überleben, liegt klar auf der Hand. Auch Pflanzen atmen Sauerstoff ein und geben Kohlendioxid an die Umgebung ab.

Allerdings verfügen Pflanzen außerdem über die
S. 187 Fähigkeit, Fotosynthese zu betreiben. Dann nehmen sie Kohlendioxid auf und geben Sauerstoff ab. Als Nahrung reichen ihnen Wasser und darin gelöste
S. 112 Salze aus.

4.1.2 Bewegung und Reizbarkeit

Menschen und Tiere bewegen sich, z. B. zum Frühstücksbüfett oder zum Futterplatz. Insekten suchen Blüten auf (Abb. 4-2) oder Freunde fahren zusammen mit dem Rad zur Eisdiele. Wie aber bewegen sich Pflanzen? Am deutlichsten kann man die Bewegung der Blüten verfolgen: Am Morgen sind die Blütenblätter geschlossen und am Mittag geöffnet, um sich gegen Abend wieder zu schließen (Abb. 4-3).

Menschen und Tiere reagieren auf Reize aus ihrer Umwelt. Kündigt sich z. B. ein Gewitter an, suchen sie schnell Unterschlupf. Auch Pflanzen reagieren auf Umweltreize. Sie wachsen z. B. zur Lichtquel-

Abb. 4-2: Honigbiene (oben links) und Schwebfliege (unten rechts) auf einer Bienenbaumblüte

Abb. 4-3: Am Mittag geöffnete Gänseblümchen

le hin. Dies führt mitunter zu einer einseitigen Wuchsform (Abb. 4-4).

Abb. 4-4: Wuchsform von Stockrosen (oben) und von Kresse (unten) in Richtung des Lichtreizes.

4.1.3 Fortpflanzung, Entwicklung und Wachstum

Die Fortpflanzung ist ein weiteres Merkmal des Lebens. Lebewesen pflanzen sich fort, um Nachkommen zu zeugen und so ihre Art zu erhalten. Die Fortpflanzung kann auf zwei verschiedenen Wegen erfolgen: geschlechtlich und ungeschlechtlich (Tab. 4-1).

Blütenpflanzen, Wirbeltiere und auch der Mensch pflanzen sich natürlicherweise auf geschlechtlichem Weg fort. Bei allen diesen Lebewesen entwickelt sich aus dem Keimling, auch Embryo genannt, ein
171 neues Individuum. Es trägt die Erbanlagen seiner Eltern in sich und wird sie an seine Nachkommen weitergeben (Abb. 4-5).

Tab. 4-1: Kennzeichen der geschlechtlichen und der ungeschlechtlichen Fortpflanzung

	Geschlechtliche Fortpflanzung	Ungeschlechtliche Fortpflanzung
Fachausdruck	generative Fortpflanzung	vegetative Fortpflanzung
Kennzeichen	· die Nachkommen entstehen aus einer befruchteten Eizelle (entstanden durch die Verschmelzung einer weiblichen Eizelle und einer männlichen Samenzelle) · die Nachkommen können gleiche oder unterschiedliche Erbanlagen besitzen (Vererbungsregeln) · die Erbanlagen der Eltern und der Nachkommen unterscheiden sich (Meiose)	· die Nachkommen entstehen aus nur einem Elternteil · die Nachkommen besitzen alle dieselben Erbanlagen · die Erbanlagen des Elternteils und der Nachkommen sind identisch (gleich)
Beispiele	· Äpfel am Apfelbaum · Erdbeeren an der Erdbeerpflanze · Jungtiere · Menschenbabys	· Tochterzwiebeln bei Tulpen · Stecklinge bei Weiden oder Johannisbeeren · Sprossknollen der Kartoffel · geklonte Tiere

Abb. 4-5: Glucke mit Küken und junge Kaninchen

Darüber hinaus sind einige Blütenpflanzen in der Lage, sich auch ungeschlechtlich zu vermehren. Die ungeschlechtliche Vermehrung bei Wirbeltieren ist nur mit biotechnischen Maßnahmen möglich.

Bei Insekten dagegen kommt die Vermehrung mittels unbefruchteter Keimzellen natürlich vor, z. B. bei Blattläusen. Hier spricht man von der Jungfernzeugung. Der Fachbegriff lautet »Parthogenese« (= Entwicklung aus unbefruchteten Eizellen).

Auch bei Bienen können sich aus unbefruchteten Eiern neue Lebewesen entwickeln: die Drohnen. Drohnen sind die männlichen Bienen. Weibliche Bienen, auch Arbeitsbienen genannt, entstehen nur aus befruchteten Eizellen.

4.2 Bau und Funktion von Zellen

Wofür brauchen das ...?

- **Tierwirte:** Verschiedenste Krankheiten der Nutztiere werden durch Bakterien hervorgerufen. Wie unterscheiden sich Bakterienzellen von denen der Nutztiere?
- **Gärtner:** Maike staunt immer wieder darüber, dass sich aus einem Samenkorn so vielfältige Pflanzenstrukturen wie Stängel, Blüten und Zwiebeln entwickeln können.

»Das Leben kommt auf alle Fälle aus einer Zelle. Doch manchmal endet's – bei Strolchen – in einer solchen«, schrieb Heinz Erhardt in einem Gedicht. Zellen sind die Grundbausteine eines Organismus.

4.2.1 Formen und Größen

Alle Lebewesen sind aus Zellen aufgebaut. Einige Lebewesen bestehen nur aus einer einzigen Zelle. S. 205 Als Vertreter seien die Bakterien genannt. Beim Einzeller ist eine einzige Zelle in der Lage, sämtliche Aufgaben zu erfüllen: Atmung und Stoffwechsel, Bewegung und Fortpflanzung.

Daneben haben sich Lebewesen entwickelt, die aus einer großen Anzahl von Zellen bestehen. Kulturpflanzen und Wildkräuter, Nutztiere und Ziergeflügel und nicht zuletzt der Mensch zählen zu den Mehrzellern.

Bei Mehrzellern, auch Vielzeller genannt, haben sich die Zellen auf verschiedene Aufgaben spezialisiert. Dies führte zu einer Vielfalt von Zellenformen und -größen. Zellen mit gleicher Aufgabe werden als Gewebe bezeichnet, z. B. Lebergewebe. Gewebe bilden Organe, z. B. die Leber. Die Gesamtheit aller Organe stellt den Organismus dar.

Das Hühnerei ist eine der größten Zellen, die uns im täglichen Leben begegnen. Die menschliche Eizelle ist wesentlich kleiner, jedoch mit dem Lichtmikroskop gut zu erkennen. Noch kleiner sind Pflanzenzellen. Abbildung 4-6 deutet die Größen- und Formenvielfalt von Zellen an. Die Bestandteile einer Zelle sind mit einem Lichtmikroskop kaum sichtbar.

4.2.2 Zellbestandteile pflanzlicher und tierischer Zellen

Die Zelle eines Einzellers enthält alle Bausteine des gesamten Organismus und auch bei Vielzellern ist jede einzelne Zelle ein mit einer Zellmembran bzw. Zellwand abgegrenzter Raum, in dem Stoffe transportiert, umgewandelt oder gespeichert werden. In jeder Zelle ist außerdem der Bauplan für das gesamte Lebewesen im Zellkern verwahrt.

Der Zellaufbau von Pflanzen und Tieren weist Gemeinsamkeiten und Unterschiede auf. Sie sind in Abbildung 4-7 schematisch dargestellt. Tabelle 4-2 fasst die Aufgaben der Zellbestandteile sowie die Gemeinsamkeiten und Unterschiede von pflanzlichen und tierischen Zellen zusammen.

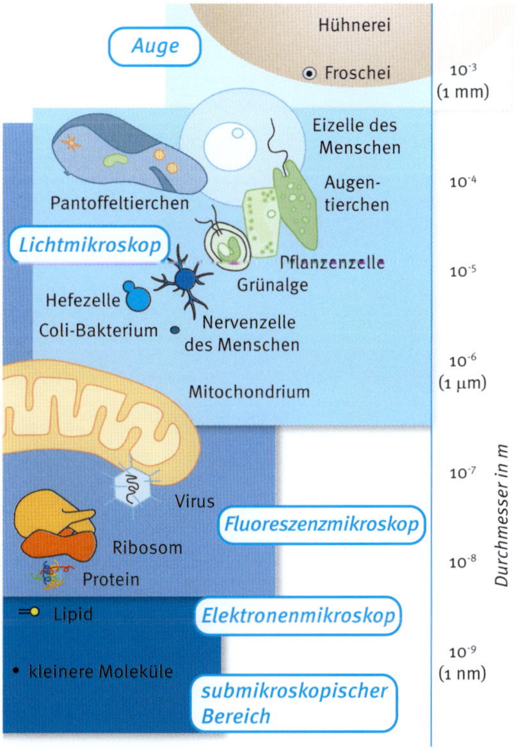

Abb. 4-6: Biologische Größenordnungen von Zellen und Zellbestandteilen

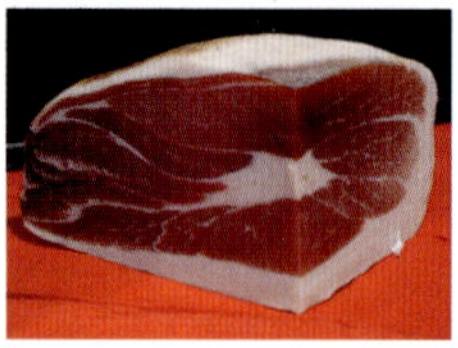

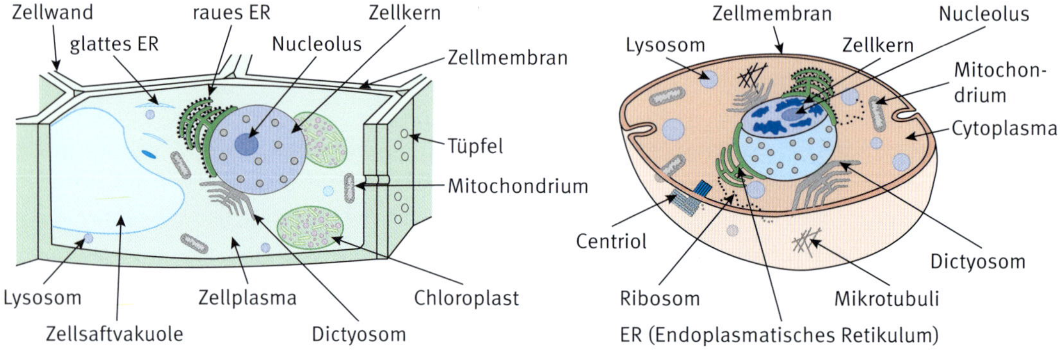

Abb. 4-7: Schematischer Aufbau einer Pflanzenzelle (links) und einer tierischen Zelle (rechts)

Tab. 4-2: Wichtige Zellbestandteile sowie deren Aufgaben und Vorkommen

Zellbestandteil	**Funktionen**	**Vorkommen in der Pflanzenzelle**	**Vorkommen in der Tierzelle**
Zellwand	· Abgrenzung und Schutz der Zelle · Stabilisierung der Zelle bzw. des Organismus	×	–
Zellmembran	· Abgrenzung der Zelle · Stoffaustausch zwischen den Zellen	×	×
Cytoplasma = Zellplasma	· Reaktionsort · Lösen von Stoffen	×	×
Zellkern mit Nucleolus	· Träger der Erbanlagen · Steuerung und Überwachung der Lebensvorgänge in der Zelle (Stoffwechselvorgänge, Zellteilung und Fortpflanzung)	×	×
Mitochondrium	· Ort der Zellatmung (= Kraftwerk der Zelle)	×	×
Chloroplast	· Ort der Fotosynthese	×	–
Endoplasmatisches Retikulum (ER)	· Träger der Ribosomen	×	×
Ribosom	· Ort der Eiweißsynthese	×	×
Zellsaftvakuole	· Sicherung des Zellinnendrucks · Speicherung von Wasser und darin gelösten Stoffen	×	–
Lysosom	· Verdauungszentrum der Zelle	×	×
Dictyosom	· Sortieren und Transport von Stoffen	×	×
Mikrotubuli	· Beteiligung an der Zellteilung	–	×
Centriol	· Beteiligung an der Zellteilung	–	×
Tüpfel	· Stoffaustausch zwischen den Zellen	×	–

4.2.3 Zellatmung

Die Zellatmung findet in den Mitochondrien statt. Bei der Zellatmung wird Traubenzucker unter Verbrauch von Sauerstoff zu Kohlendioxid und Wasser abgebaut. Die Energie, die im Traubenzucker steckt, wird frei und kann für energieaufwendige Stoffwechselprozesse oder Muskelarbeit verwendet werden. 155

Der Prozess wird auch Dissimilation genannt. Er kann mit folgender Gleichung für die chemische Reaktion beschrieben werden:

$$C_6H_{12}O_6 + 6\,O_2 \longrightarrow 6\,CO_2 + 6\,H_2O + \text{Energie}$$

Traubenzucker + Sauerstoff → Kohlendioxid + Wasser

Bei Tieren und Menschen findet der Gasaustausch an den Lungenbläschen statt. Kohlendioxid wird bei der Ausatmung ausgeschieden, während bei der Einatmung Sauerstoff aufgenommen wird.

Die Zellatmung ist die Umkehrfunktion der Fotosynthese. Das bei der Zellatmung entstehende Kohlendioxid wird von den Pflanzen über die Spaltöffnungen an die Umgebung abgegeben. Bei der Zellatmung wird die durch die Fotosynthese gewonnene Energie wieder freigesetzt (Abb. 4-8). 187

4.2.4 Zellwachstum und Differenzierung

Winterroggen wird im September/Oktober ausgesät. In wenigen Wochen entwickelt sich bis zum Beginn des Winters ein Bestand, der die Ackerfläche fast vollständig bedeckt. Nach der Winterpause, auch Vegetationsruhe genannt, wächst der Roggen weiter, schiebt Ähren und blüht. Nach der Befruchtung bilden sich Körner, S. 190 die bis zur Ernte im Juli/August abreifen. Der Kreis schließt sich, denn einige Körner werden wieder ausgesät.

Wie in Abbildung 4-9 zu sehen, verändern sich Lebewesen im Laufe ihrer Entwicklung. Aus der befruchteten Eizelle entsteht eine Roggenpflanze. Die Zunahme von Größe und Volumen wird als Wachstum bezeichnet, die Formveränderung als Entwicklung. Damit Organismen wachsen können, werden die Zellen größer und teilen sich.

Die Entwicklung ist möglich, weil sich die Zellen differenzieren. Damit ist eine Ausformung der Zellstruktur gemeint, wie sie eine bestimmte Aufgabe der Zelle erfordert. Abbildung 4-10 zeigt Beispiele für Differenzierungsmöglichkeiten bei Pflanzen und Tieren entsprechend der Funktionen, die die Zellen zu erfüllen haben.

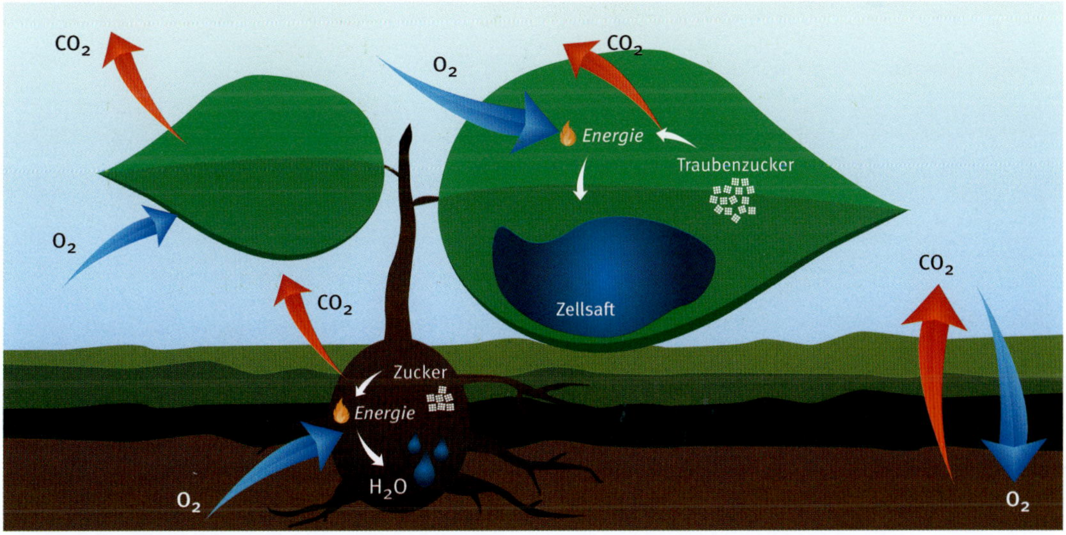

Abb. 4-8: Schematische Darstellung der Zellatmung

Abb. 4-9: Roggen in verschiedenen Entwicklungsstadien: Saat (links), Keimung (Mitte) und Blattentwicklung (rechts)

Der Bauplan für Wachstum und Entwicklung einer Zelle ist in jedem Zellkern verankert. Die Informationen stammen aus der mütterlichen und der väterlichen Keimzelle (Ei- und Samenzelle) und werden bei jeder Zellteilung an die nächste Generation weitergegeben. S. 17

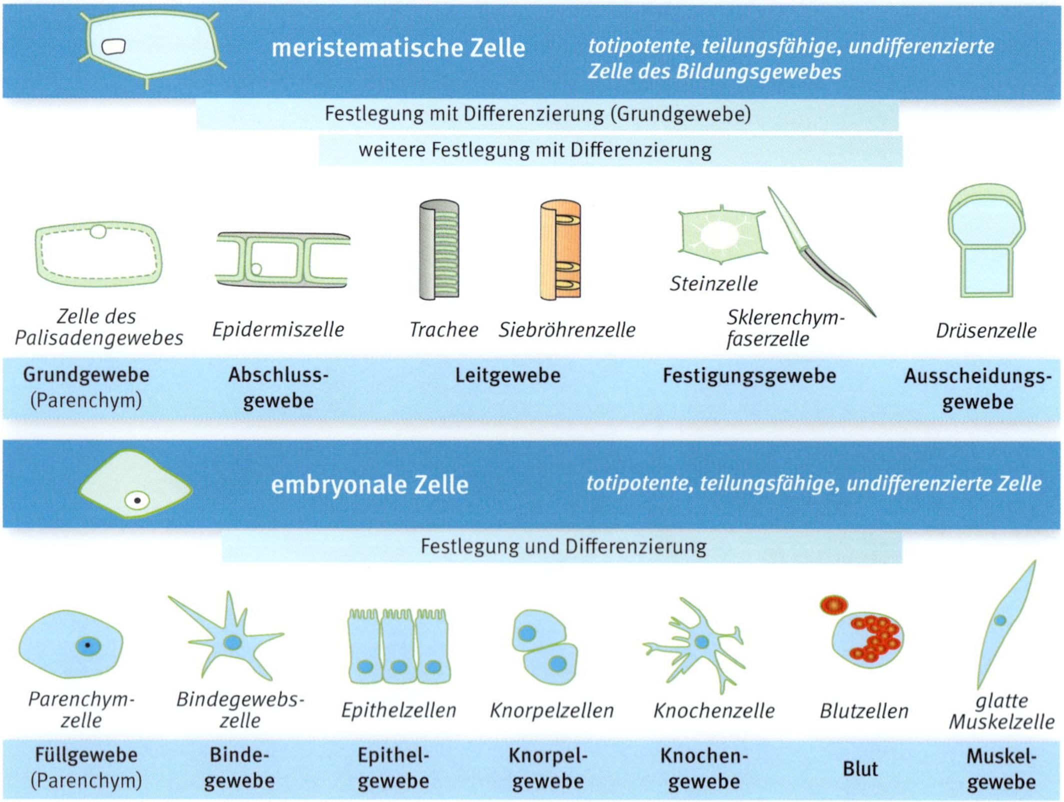

Abb. 4-10: Schematische Darstellung der Zelldifferenzierung bei Pflanzen (oben) und Tieren (unten)

4.3 Zelluläre Grundlagen der Vererbung

Wofür brauchen das ...?

- **Landwirte:** Wie gelingt es den Pflanzenzüchtern, gegen Pilzkrankheiten widerstandsfähige Weizensorten zu züchten?
- **Tierwirte:** In der Rinderzucht wird z.B. auf hohe Milchleistungen und gute Fundamente selektiert. Beide Merkmale sind in den Genen festgelegt, nur: Was sind Gene?

4.3.1 Chromosomen

Für die Vererbung ist der Zellkern von herausragender Bedeutung. Er trägt die Erbanlagen und steuert und überwacht alle Lebensvorgänge in der Zelle. Das heißt, dass im Zellkern viele und überlebenswichtige Informationen gespeichert sind.

Wie kann man sich diese Steuerungszentrale vorstellen (Abb. 4-11)? Tatsächlich handelt es sich bei der Steuerungszentrale um eine fadenförmige Struktur, die einem Wirrwarr von Wollfäden ähnlich sieht. Diese fadenförmige Struktur wird als Chromosomensatz bezeichnet.

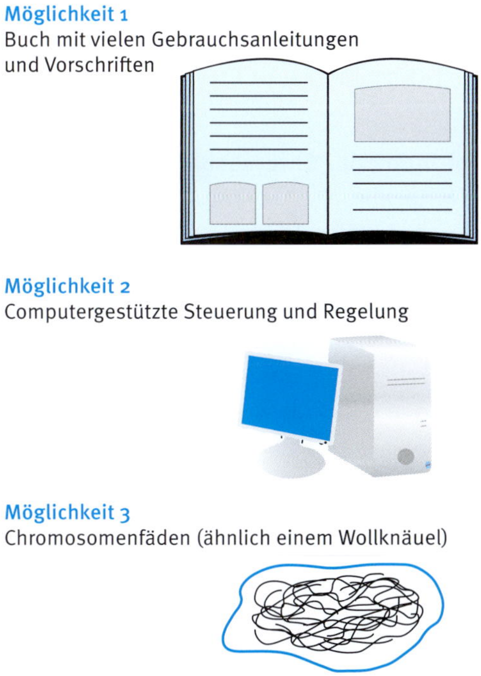

Abb. 4-11: Wie funktioniert der Zellkern als Steuerungszentrale?

Anzahl der Chromosomen

Während die Anzahl der Chromosomen in jedem Zellkern einer Pflanze oder eines Tiers gleich groß ist, besitzen die verschiedenen Tiere und Pflanzen eine artspezifische Anzahl an Chromosomen (Tab. 4-3). Die Gesamtheit aller Chromosomen wird in der Biologie als Chromosomensatz bezeichnet.

Bei der Zusammenstellung in Tabelle 4-3 fällt auf, dass die Chromosomenanzahl immer geradzahlig ist. Ursache ist, dass die Chromosomen jeweils zweimal vorliegen, jeweils ein Chromosom von der Mutter und eines vom Vater. Der Mensch besitzt z. B. 23 Chromosomenpaare.

Die Chromosomen eines Paars sind nicht genau deckungsgleich, aber ähnlich, weil alle Menschen in der Entwicklungsgeschichte die gleichen Vorfahren haben. Deshalb werden sie auch als homologe Chromosomen bezeichnet.

Tab. 4-3: Anzahl der Chromosomen und der Chromosomenpaare verschiedener Lebewesen

Pflanze bzw. Tier	Anzahl der Chromosomen	Anzahl der Chromosomenpaare
Birke	84	42
Erbse	14	7
Kartoffel	48	24
Mais	20	10
Sonnenblume	34	17
Zwiebel	16	8
Biene	32	16
Goldfisch	94	47
Haushuhn	78	39
Igel	48	24
Mensch	46	23
Zecke	28	14

Liegen solche homologen Chromosomenpaare vor, spricht man von einem doppelten oder diploiden Chromosomensatz. Er ist in den Zellkernen aller Körper- und Pflanzenzellen gespeichert.

Lediglich in den Geschlechtszellen (also der Ei- und der Samenzelle) liegt jeweils nur ein (haploider) Chromosomensatz vor. Es gibt auch Lebewesen – und Pflanzenzüchtungen – mit einem einfachen (haploiden), dreifachen (triploiden) oder vierfachen (tetraploiden) Chromosomensatz in den Zellkernen.

Aufbau der Chromosomen

Die Chromosomen liegen in der knäuelähnlichen Struktur als scheinbar endloser Doppelstrang vor (Abb. 4-13 links). Dieser Doppelstrang wird in der Biologie als DNA oder auch DNS bezeichnet, DNS = DNA = **D**esoxyribo**n**uklein**s**äure (englisch **d**eoxyribo**n**ucleic **a**cid).

Den Doppelstrang der DNA kann man sich als eine Art Reißverschluss vorstellen, der vier verschiedene Formen von Zähnen besitzt: die Basen Adenin (A), Cytosin (C), Guanin (G) und Thymin (T). Dabei greifen jeweils Adenin und Thymin sowie Cytosin und Guanin exakt ineinander und bilden so genannte Basenpaare (Abb. 4-12). Für die genetische Information der DNA ist die Reihenfolge dieser Basenpaare verantwortlich.

Die DNA enthält Bauanleitungen für Proteine – also Eiweiße –, wobei jedes Protein aus einer Aneinanderreihung von Aminosäuren besteht. Bei den meisten Proteinen sind es 100 bis 300, aber auch weniger oder viel mehr kommen vor.

S. 158

Auf der DNA stehen jeweils drei nebeneinanderstehende Basenpaare für eine bestimmte Aminosäure und die Reihenfolge der Aminosäuren bestimmt das Protein. Die Bauanleitungen für ein Protein können also sehr lang sein.

Die DNA ist in viele kleine Abschnitte, so genannte Gene, aufgegliedert. Ein Gen oder mehrere Gene bestimmen die Ausbildung eines Merkmals wie z. B. die Augenfarbe, die natürliche Haarfarbe oder die Blutgruppe. Ein Chromosom trägt im Mittel etwa 1 000 verschiedene Gene.

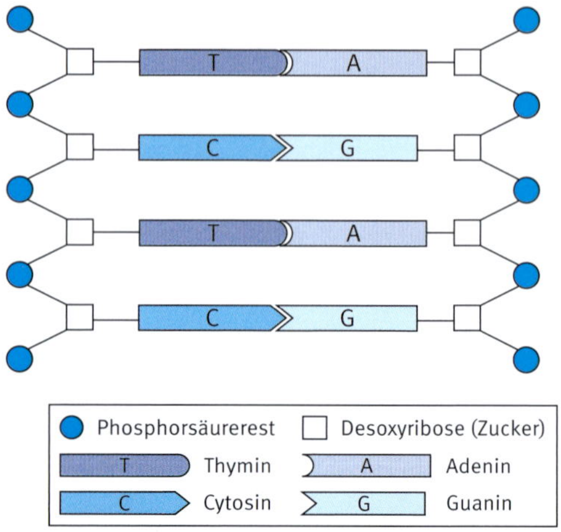

Abb. 4-12: Aufbau der DNA mit den Basenpaaren Adenin-Thymin (A-T) und Cytosin-Guanin (C-G)

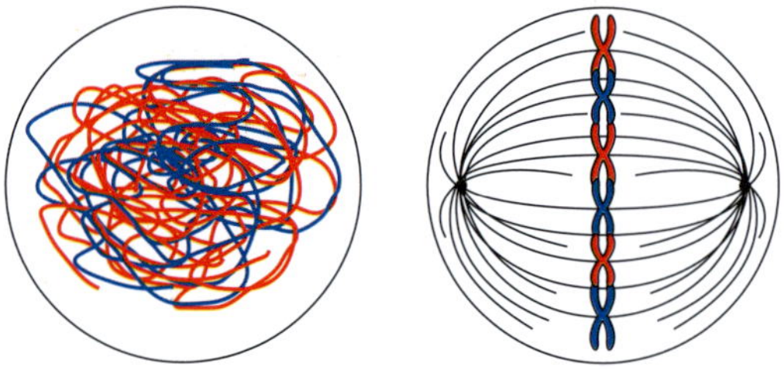

Abb. 4-13: Anordnung der Chromosomen während der Interphase (links) und in der Metaphase während der Zellteilung (rechts) – schematische Darstellung

Anordnung der Chromosomen

Die knäuelförmige Anordnung ist immer dann zu beobachten, wenn sich der Zellkern in »Arbeitsstellung« befindet. Arbeitsstellung bedeutet, dass die gespeicherten Erbinformationen abgelesen werden können. Man nennt diese Phase Interphase.

Pflanzen und Tiere wachsen und verändern sich in Form und Gestalt. Voraussetzung dafür ist die Zellteilung. Die Erbinformationen der Mutterzelle müssen deckungsgleich (identisch) auf die Tochterzellen weitergegeben werden. Dafür müssen die Chromosomen strukturiert werden.

Die homologen Chromosomen nehmen dann im Zellkern eine Transportform ein, bei der jedes Chromosomenpaar eine X-Form bildet (Abb. 4-13 rechts). Das heißt, sie sind für die Zellteilung vorbereitet. Während dieser kurzen Phase der Zellteilung, genauer während der Zellkernteilung – auch Metaphase genannt –, sind die Chromosomen als homologe Chromosomenpaare unter dem Lichtmikroskop zu erkennen.

4.3.2 Zellteilung

Bei der Zellteilung werden zwei Formen unterschieden: die ungeschlechtliche Teilung der Körperzellen – Mitose genannt – und die Teilung der Geschlechtszellen – Meiose genannt.

Mitose

Pflanzen und Tiere wachsen, indem sich ihre Körperzellen teilen. Abbildung 4-14 zeigt, dass alle Blätter von Zuckerrüben sehr ähnlich aussehen. Diese Ähnlichkeit ist möglich, weil bei der Zellteilung aus einer Mutterzelle zwei gleiche Tochterzellen entstehen.

Damit die Tochterzellen wirklich gleich sind, muss sich die Mutterzelle gut auf die Teilung vor-
. 168 bereiten. Sie verdoppelt Zellbestandteile wie z. B. Chloroplasten, Mitochondrien oder Ribosomen. Außerdem wird die Erbinformation im Zellkern kopiert und liegt damit ebenfalls zweifach vor.

Die so vorbereitete Mutterzelle erholt sich zunächst noch ein bisschen, bevor sie die kopierte Erbinformation zu gleichen Teilen auf zwei neue Zellkerne verteilt. Während der Kernteilung (Metaphase) liegt die Erbinformation der Chromosomen in Transportform vor (Abb. 4-13 rechts).

Dieser Zellkernteilungsvorgang wird in der Biologie als Mitose bezeichnet. Als Ergebnis der Mitose liegen zwei absolut gleiche Tochterzellen vor, die sich auch nicht von der ehemaligen Mutterzelle unterscheiden (Abb. 4-15). Die Tochterzellen weisen den gleichen doppelten Chromosomensatz (Diploidie) auf wie die Mutterzelle vor der Teilung.

Meiose

Jedoch wachsen Pflanzen und Tiere nicht nur, sondern vermehren sich auch. Sie pflanzen sich geschlechtlich fort. Damit dies möglich wird, müssen die dafür bestimmten Geschlechtszellen, also die Ursamenzelle und die Ureizelle, ausgebildet werden. Diesen Vorgang nennt man in der Biologie Meiose.

Die Meiose unterscheidet sich erheblich von der Vorbereitung der Mutterzelle auf die Teilung in zwei gleiche Tochterzellen. Am Beispiel der Katze sollen diese Vorgänge dargestellt werden.

Bereits während der Embryonalentwicklung der
Katzen erfolgt eine Differenzierung der Zellen. Unter S. 170
anderem entsteht bei Katern die Urspermienzelle,

Abb. 4-14: Zuckerrübenbestand

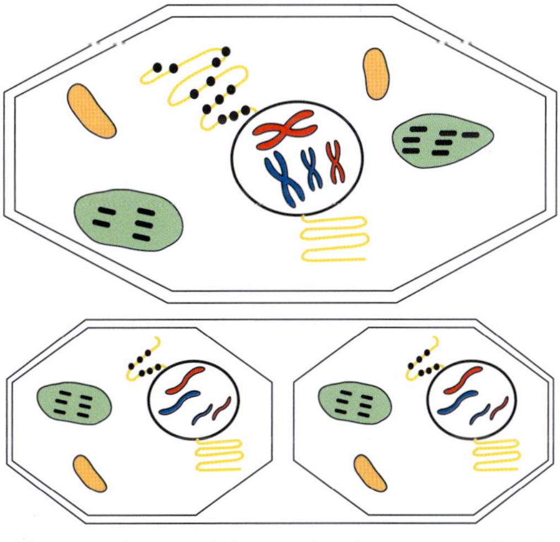

Abb. 4-15: Oben: zur Teilung vorbereitete Mutterzelle mit zweimal zwei Chromosomensätzen; unten: zwei identische Tochterzellen nach der Teilung mit je zwei Chromosomensätzen (blau = väterlich, rot = mütterlich)

bei Katzen die Ureizelle. Diese Zelltypen findet man später beim geschlechtsreifen Tier im Hoden des Katers bzw. im Eierstock der Katze.

Sowohl Urspermienzelle als auch Ureizelle weisen einen doppelten Chromosomensatz auf. Mit Eintritt der Geschlechtsreife geht es rund im Hoden bzw. im Eierstock: In zwei Schritten erfolgt bei der Urspermienzelle und der Ureizelle eine Zellteilung, die Reifeteilung. Was läuft ab?

Meiose 1

Die homologen Chromosomen werden in Transportstellung (X-Form) angeordnet (Abb. 4-13 rechts). So lagern sich mütterliche Chromosomen zufällig an väterliche an. Dabei kommt es zusätzlich zu einer Vermischung der Chromosomen innerhalb der Chromosomenpaare. In der Biologie wird das Crossing-over genannt.

Jedem Zellkern wird jeweils ein Chromosomensatz zugeordnet (Abb. 4-16). Es entstehen zwei Zellen mit je einem einfachen Chromosomensatz. Dieser stellt eine Mischung aus den väterlichen und mütterlichen Chromosomen eines Chromosomenpaars dar. Die Erbinformation der beiden neu entstandenen Zellen hat sich – verglichen mit den Erbinformationen der Ureizelle bzw. der Ursamenzelle – geringfügig geändert.

Meiose 2

Die Meiose 2 entspricht einer Mitose ohne vorherige Verdopplung der Erbinformation. Es werden lediglich die beiden Schwesterchromosomen eines jeden Chromosomenpaars getrennt. Als Ergebnis liegen vier Zellen mit je einem einfachen (haploiden) Chromosomensatz vor.

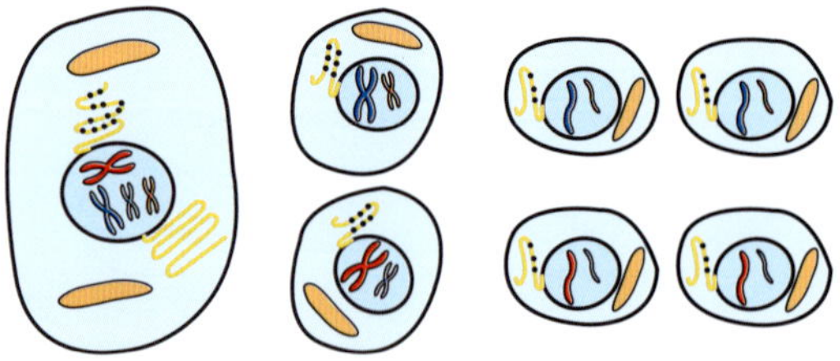

Abb. 4-16: Vorgang der Meiose (blau = väterlich, rot = mütterlich): Aus der diploiden Urspermienzelle (links) entstehen zwei Tochterzellen mit je einem haploiden Chromosomensatz (Mitte; bis hier Meiose 1). Die vier entstehenden Tochterzellen (rechts) sind ebenfalls haploid (Meiose 2)

4.3.3 Befruchtung

Beim Kater sind alle vier Tochterzellen, die bei der Meiose entstehen, Spermienzellen. Die jeweiligen Erbinformationen sind aufgrund der Vermischung von väterlichen und mütterlichen Genen ähnlich, aber nicht gleich. Zur Befruchtung der Eizelle reicht eine Spermienzelle aus. Welche Spermienzelle erfolgreich ist und welche Erbinformationen weitergegeben werden, bleibt dem Zufall überlassen.

Bei der Katze werden ebenfalls vier Tochterzellen mit einem einfachen (haploiden) Chromosomensatz gebildet. Davon sind drei Zellen so genannte Helferzellen und nur eine Zelle ist die Eizelle, die bei der geschlechtlichen Fortpflanzung befruchtet wird. Auch hier entscheidet der Zufall darüber, welche der vier Zellen am Ende die Eizelle ist. Damit ist die Weitergabe einer ganz bestimmten Erbinformation ebenfalls zufällig.

Bei der geschlechtlichen Fortpflanzung verschmelzen eine mütterliche Eizelle und eine väterliche Samenzelle miteinander. Da sowohl die Eizelle der Katze als auch die Samenzelle des Katers einen haploiden Chromosomensatz mitbringen, liegt nach der Befruchtung ein diploider Chromosomensatz vor. Durch Teilung, Differenzierung und Wachstum entwickelt sich ein neues Lebewesen, im Beispiel ein Kätzchen.

Selten wird bei einem Wurf nur ein Junges geboren. Jedes Jungtier entsteht durch die Verschmelzung von je einer Eizelle mit je einer Spermienzelle. Dabei bringen beide Zellen unterschiedliche Erbinformationen mit, die dann im neu entstandenen Lebewesen enthalten sind. Klar ist nun, warum Geschwister – ob nun Katzen oder Menschen – sich ähneln, aber nicht gleich sind (Abb. 4-17).

4.3.4 Gesetzmäßigkeiten der Vererbung

Grundlagen der Genetik

Bei der geschlechtlichen Vererbung werden die Erbinformationen von den Eltern auf die Nachkommen

Abb. 4-17: Junge Katzen am Futternapf (Kater links, Katze rechts)

übertragen. Diese Erbinformationen sind in den Genen auf der gespeichert.

Die Gene stammen vom Vater oder von der Mutter und sind ähnlich, aber nicht gleich. Die mütterlichen und die väterlichen Ausprägungsformen eines Gens werden als Allele bezeichnet. Jedes dieser beiden Allele kann in seiner Wirkung gleichberechtigt oder vorherrschend oder unterdrückt sein.

Sind ein mütterliches und ein väterliches Allel in ihrer Wirkung gleich, spricht man in der Biologie von einer Reinerbigkeit des Merkmals. Sind die beiden Allele jedoch in ihrer Wirkung unterschiedlich, ist von Mischerbigkeit die Rede. Wichtige Fachbegriffe aus der Genetik sind in Tabelle 4-4 zusammengefasst.

Die Mendel'schen Regeln

Der Theologe und Naturwissenschaftler Johann Gregor Mendel (1822 bis 1884) beschäftigte sich in seinem Pfarrgarten ausführlich mit Erbsen (Abb. 4-18). Er legte Versuche zur Vermehrung von Erbsen an, indem er verschiedene Erbsen miteinander kreuzte, und wertete die erhaltenen Ergebnisse sehr genau und wissenschaftlich aus.

Dabei entdeckte er verschiedene Gesetzmäßigkeiten bezüglich der Nachkommen, also der Pflanzen, die sich aus den durch die Befruchtung entstehenden Erbsensamen entwickelt haben. Die Ergebnisse wurden in den drei (nach Mendel benannten) Mendel'schen Regeln zusammengefasst. Sie besitzen bis heute Gültigkeit.

Die Merkmale von Erbsen sind auf 14 Chromosomen festgelegt, also sieben Chromosomenpaaren. Ausgenommen sind die Geschlechtszellen, S. 171

Abb. 4-18: Weiß blühende Erbsenpflanze

Tab. 4-4: Wichtige Fachbegriffe aus der Genetik

Begriff	Erklärung
Allel	Ausprägung eines Merkmals oder Gens
Genotyp	genetische Ausstattung eines Organismus (vollständige Kombination aller Allele)
Phänotyp	äußeres Erscheinungsbild eines Merkmals bzw. Gens (auf Basis des Genotyps)
F1-Generation	erste Nachfolgergeneration
Homozygot	reinerbig, mütterliches und väterliches Allel sind identisch (z. B. aa, BB)
Heterozygot	mischerbig, mütterliches und väterliches Allel unterscheiden sich (z. B. aA, Bb)
Rezessives Merkmal	Merkmal, das im Phänotyp nicht auftritt, aber im Genotyp vorhanden ist; um aufzutreten, muss es reinerbig sein
Intermediäres Merkmal	Ausprägung eines gemischten Merkmals, das von beiden Allelen beeinflusst wird
Dominantes Merkmal	phänologisches Merkmal, dass sowohl bei reinerbigem als auch bei mischerbigem Genotyp auftritt

die Ei- bzw. Spermienzellen. Mendel verwendete Erbsen, die:

- entweder reinerbig weiß oder reinerbig rot blühen,
- die entweder reinerbig runde oder reinerbig runzelige Samen trugen,
- deren Samen entweder grün oder gelb waren.

Drei Gesetzmäßigkeiten bei der Vererbung von Merkmalen hat er entdeckt und formuliert:

- erste Mendel'sche Regel, auch Uniformitätsregel genannt,
- zweite Mendel'sche Regel, auch Spaltungsregel genannt,
- dritte Mendel'sche Regel, auch Unabhängigkeits- bzw. Neukombinationsregel genannt.

Uniformitätsregel

Die erste Mendel'sche Regel oder Uniformitätsregel besagt: *»Kreuzt man zwei Lebewesen einer Art, die sich in einem Merkmal unterscheiden, aber jeweils reinerbig sind, sind die Nachkommen in der ersten Tochtergeneration (F1) in diesem Merkmal gleich.«*

Auf die Erbsen übertragen lassen sich zwei Fälle darstellen:

1. Werden eine reinerbig weiß blühende Erbsenpflanze und eine reinerbig rot blühende Erbsenpflanze miteinander gekreuzt, sehen die Blüten der Nachkommen der ersten Generation oder Tochtergeneration (F1) gleich aus. In diesem Fall ist die gleiche Farbe weder weiß noch rot, sondern rosa.
2. Werden eine Erbsenpflanze, die reinerbig runde Erbsensamen hervorbringt, und eine Erbsenpflanze, die reinerbig runzelige Erbsensamen hervorbringt, gekreuzt, sehen die Erbsensamen der ersten Generation oder Tochtergeneration (F1) gleich aus. In diesem Fall ist die gleiche Form nicht runzelig, sondern rund.

Die Uniformitätsregel trifft zu, denn in beiden Fällen weisen die Nachkommen der F1-Generation im besagten Merkmal gleiche Eigenschaften auf. Im ersten Fall sehen die Blüten der Nachkommen jedoch weder wie die der Mutter- noch wie die der Vaterpflanze aus. Im zweiten Fall zeigen die Nachkommen die gleiche Eigenschaft wie ein Elternteil, während die Ausprägung des anderen Elternteils nicht mehr zu erkennen ist.

Das lässt sich erklären, wenn man sich die Genzustände, also die Allele der Merkmale Blütenfarbe (Fall 1) und Samenform (Fall 2) genauer anschaut (Tab. 4-5):

- In Fall 1 sind beide Allele (W und R) in ihrer Wirkung gleichberechtigt. Die Farben weiß und rot werden gemischt. Demzufolge bildet die F1-Generation rosafarbene Blüten aus. Es liegt eine intermediäre Vererbung vor.
- In Fall 2 sind die beide Allele (R und r) in ihrer Wirkung nicht gleichberechtigt, denn R herrscht vor (dominant), während r unterdrückt wird (rezessiv). Demzufolge bildet die

Tab. 4-5: Die Uniformitätsregel oder erste Mendel'sche Regel (die Begriffe sind in Tab. 4-4 erklärt)

	Fall 1 – Vererbung der Blütenfarbe				Fall 2 – Vererbung der Samenform			
Phänotyp	weiß (W)		rot (R)		rund (R)		runzelig (r)	
Genotyp	WW (reinerbig)		RR (reinerbig)		RR (reinerbig)		rr (reinerbig)	
Erbinformation in den Keimzellen nach der Meiose	W	W	R	R	R	R	r	r
Phänotyp der F1-Generation	rosa				rund			
Genotyp der F1-Generation	WR (mischerbig)				Rr (mischerbig)			
Vererbung	intermediär				dominant-rezessiv			

F1-Generation runde Samen aus. Man spricht von dominant-rezessiver Vererbung.

Spaltungsregel

Die zweite Mendel'sche Regel oder Spaltungsregel besagt: *»Kreuzt man die Lebewesen der F1-Generation untereinander, spalten sich die Nachkommen in der zweiten Tochtergeneration (F2) in Bezug auf das Merkmal nach bestimmten Zahlenverhältnissen auf.«*

Es werden weiterhin Erbsen mit den untersuchten Merkmalen Blütenfarbe (Fall 1 – intermediäre Vererbung) und Samenform (Fall 2 – dominant-rezessive Vererbung) betrachtet. In beiden Fällen sollen die Lebewesen der F1-Generation miteinander gekreuzt werden. Was passiert?

Bei der intermediären Vererbung spalten sich in der F2-Generation sowohl Phänotyp als auch Genotyp im Zahlenverhältnis 1:2:1 auf (Tab. 4-6). Bei der dominant-rezessiven Vererbung spalten sich in der F2-Generation Phänotyp und Genotyp unterschiedlich auf, aber immer in den folgenden Zahlenverhältnissen: Phänotyp 3:1 und Genotyp 1:2:1.

Unabhängigkeits- bzw. Neukombinationsregel

Die dritte Mendel'sche Regel oder Unabhängigkeits- bzw. Neukombinationsregel besagt: *»Werden zwei reinerbige Eltern gekreuzt, die sich in mehreren Merkmalen unterscheiden, werden die Erbanlagen frei kombiniert und unabhängig voneinander vererbt. In der F2-Generation treten alle Merkmalskombinationen der Elterngeneration auf. Es können darüber hinaus reinerbige Lebewesen mit neu kombinierten Erbanlagen entstehen.«*

Um die Unabhängigkeitsregel zu erklären, soll sich die Elterngeneration der Erbsen – reinerbig versteht sich – jetzt in den beiden Merkmalen Samenform und Samenfarbe unterscheiden. Es werden also eine Erbsenpflanze, die reinerbig runde und gelbe Erbsensamen hervorbringt, und eine Erbsenpflanze, die reinerbig runzelige und grüne Erbsensamen hervorbringt, miteinander gekreuzt.

Im Ergebnis sehen die Erbsensamen der ersten Generation oder Tochtergeneration (F1) – der Uniformitätsregel folgend – natürlich gleich aus: Alle Erbsensamen der F1-Generation sind rund und gelb, wie aus Tabelle 4-7 ersichtlich ist. Sie tragen jedoch beide Merkmale als Erbinformation mit sich (mischerbig, RrGg).

Jetzt werden die runden und gelben Erbsen der F1-Generation (mischerbig, RrGg) ausgesät (Tab. 4-8). Es entwickeln sich Pflanzen, die untereinander gekreuzt werden. Die daraus entstehende F2-Generation weist mehr Kombinationen von Samenfarbe und Samenform auf als die Ausgangseltern. Die verschiedenen Möglichkeiten sind in einem Kreuzungsschema dargestellt (Tab. 4-9).

Gemäß der Unabhängigkeitsregel entstehen in der F2-Generation reinerbige Lebewesen mit neu kombinierten Erbanlagen. Sie sind leicht zu erkennen,

Tab. 4-6: Die Spaltungsregel oder zweite Mendel'sche Regel (die Begriffe sind in Tab. 4-4 erklärt)

	Fall 1 – Vererbung der Blütenfarbe (intermediärer Erbgang)				**Fall 2 – Vererbung der Samenform (dominant-rezessiver Erbgang)**			
Phänotyp der F1-Generation	rosa		rosa		rund		rund	
Genotyp der F1-Generation	WR (mischerbig)		WR (mischerbig)		Rr (mischerbig)		Rr (mischerbig)	
Erbinformation in den Keimzellen	W	R	W	R	R	r	R	r
Phänotyp der F2-Generation	weiß	rosa	rosa	rot	rund	rund	rund	runzelig
Zahlenverhältnis im Phänotyp	1	2		1	3			1
Genotyp der F2-Generation	WW (reinerbig)	WR (mischerbig)	WR (mischerbig)	RR (reinerbig)	RR (reinerbig)	Rr (mischerbig)	Rr (mischerbig)	rr (reinerbig)
Zahlenverhältnis im Genotyp	1	2		1	1	2		1

Tab. 4-7: Merkmale der Elterngeneration und der F1-Generation (die Begriffe sind in Tab. 4-4 erklärt)

	Elternteil 1		Elternteil 2	
Phänotyp	rund und gelb		runzelig und grün	
Genotyp	RRGG (reinerbig)		rrgg (reinerbig)	
Vererbung	zweimal dominant		zweimal rezessiv	
Erbinformation in den Keimzellen nach der Meiose	RG	RG	rg	rg
Phänotyp der F1-Generation	rund und gelb			
Genotyp der F1-Generation	RrGg (mischerbig)			

Tab. 4-8: Erbinformaton der F1-Generation (die Begriffe sind in Tab. 4-4 erklärt)

	F1-Generation – Elternteil 1				F1-Generation – Elternteil 2			
Phänotyp	rund und gelb				rund und gelb			
Genotyp	RrGg (mischerbig)				RrGg (mischerbig)			
Erbinformation in den Keimzellen der F1-Generation	RG	Rg	rG	rg	RG	Rg	rG	rg

Tab. 4-9: Kreuzungsschema der Nachkommen der F1-Generation (rund, gelb, grün, runzelig = Phänotyp; R, r, G, g = Genotyp)

Erbinformation in den Keimzellen der F1	RG	Rg	rG	rg
RG	rund u. gelb RRGG (reinerbig)	rund u. gelb RRGg (mischerbig)	rund u. gelb RrGG (mischerbig)	rund u. gelb RrGg (mischerbig)
Rg	rund u. gelb RRGg (mischerbig)	rund u. grün RRgg (reinerbig)	rund u. gelb RrGg (mischerbig)	rund u. grün Rrgg (mischerbig)
rG	rund u. gelb RrGG (mischerbig)	rund u. gelb RrGg (mischerbig)	runzelig u. gelb rrGG (reinerbig)	runzelig u. gelb rrGg (mischerbig)
rg	rund u. gelb RrGg (mischerbig)	rund u. grün Rrgg (mischerbig)	runzelig u. gelb rrGg (mischerbig)	runzelig u. grün rrgg (reinerbig)

weil für beide Merkmale jeweils zwei gleiche Allele vorliegen. Insgesamt sind von den 16 möglichen Kreuzungen vier reinerbig:

- RRGG: der Genotyp und der Phänotyp von Elternteil 1, rund und gelb.
- rrgg: der Genotyp und der Phänotyp von Elternteil 2, runzelig und grün,
- RRgg: reinerbige Neukombination rund und grün,
- rrGG: reinerbige Neukombination runzelig und gelb.

Gemäß der zweiten Mendel'schen Regel spalten sich der Phänotyp und der Genotyp in der F2-Generation auf. In Abbildung 4-19 sind die Zahlenverhältnisse dargestellt. Mithilfe des Kreuzungsschemas lassen sich auch für andere bzw. mehr Eigenschaften – unter Beachtung der Mendel'schen Regeln – Phäno-

Phänotyp:	rund und gelb		runzelig und gelb			rund und grün		runzelig und grün	
	9		3			3		1	
Genotyp:	RRGG	rrGG	RRgg	rrgg	RrGG	RRGg	RrGg	rrGg	Rrgg
	1	1	1	1	2	2	4	2	2
	reinerbig				mischerbig				

Abb. 4-19: Zahlenverhältnisse der Spaltung in Phänotypen und Genotypen

und Genotypen herleiten. Die Zahlenverhältnisse im Phänotyp (Erscheinungsbild) und im Genotyp (genetische Ausstattung) lassen sich daraus einfach ablesen – wie am Beispiel der zwei Eigenschaften Samenfarbe und Samenform bei Erbsen dargestellt.

4.3.5 Veränderungen des Erscheinungsbilds

Mutation

Im Stadtpark wachsen viele verschiedene Bäume, z. B. Linden, Platanen, Birken und Rotbuchen. Dabei fällt auf, dass bei den Rotbuchen einige Bäume sogar im Sommer rote Blätter tragen. Im zeitigen Frühjahr schieben sich aus den Knospen schon blutrote Blätter, jedes Jahr aufs Neue. Deshalb heißen die Rotbuchen mit roten Blättern Blutbuchen (Abb. 4-20). Dagegen bleiben andere Rotbuchen bei ihren grünen Blättern, Jahr für Jahr.

Wie lässt sich das erklären? Ganz einfach, denn die Blattfarbe wird in den Erbinformationen festgeschrieben, gespeichert und weitergegeben. S. 171 Irgendwann hat sich bei der Weitergabe der grünen Blattfarbe ein Fehler in der Erbinformation eingeschlichen – das kann ja mal passieren. Seitdem stehen Rotbuchen mit grünen oder mit roten Blättern (dann Blutbuche genannt) im Park.

Fehler bei der Weitergabe der Erbinformation werden in der Biologie als Mutationen bezeichnet. Sie sind auf Veränderungen in den Chromosomen zurückzuführen und können zu einem veränderten Erscheinungsbild führen. Je nachdem, wo der Fehler auftritt, sind die daraus resultierenden Folgen kaum zu erkennen oder fallen schwer ins Gewicht. Die Veränderungen sind erblich, wenn sie in den Keim- bzw. Geschlechtszellen vorliegen, also in der Eizelle oder der Spermienzelle.

Abb. 4-20: Blutbuche (links) und Rotbuche (rechts)

Für Mutationen gibt es viele Beispiele. Eines aus dem Pflanzenreich ist oben mit Rotbuche und Blutbuche beschrieben. Eine Mutation beim Menschen ist die Trisomie 21, auch als Down-Syndrom bekannt.

Modifikation

Sind alle Unterschiede zwischen zwei Lebewesen derselben Art erblich? Nein, die Vielgestaltigkeit der Pflanzen und Tiere kann auch durch die Umwelt bedingt sein. Auch dafür sind im Stadtpark viele Beispiele zu finden.

Beide Blätter in Abbildung 4-21 stammen vom gleichen Baum und haben damit die gleiche Erbinformation. Trotzdem sehen sie durch unterschiedliche Umwelteinflüsse verschieden aus. Unterschiedliche Belichtungsdauer und -intensität der Blätter führen zu unterschiedlicher Blattdicke und Blattfläche:

- Sonnenblätter mit hoher Belichtungsdauer und -intensität sind eher dick und dafür kleiner.
- Schattenblätter, also die mit geringerer Belichtungsdauer und -intensität, sind dünner und größer.

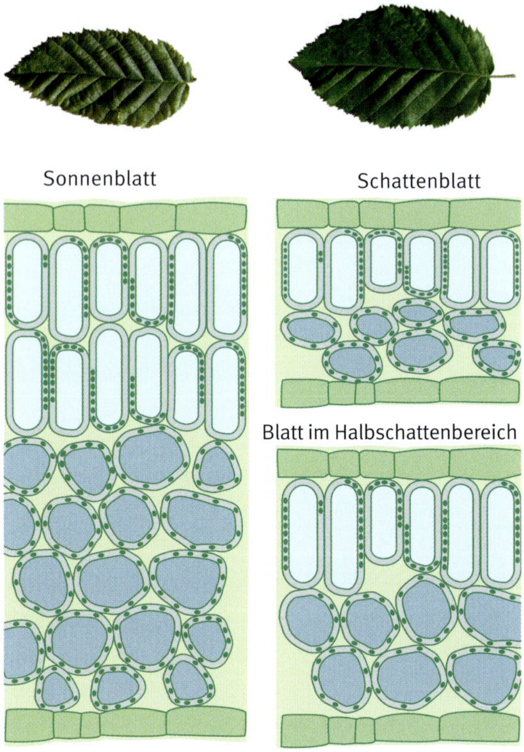

Abb. 4-21: Querschnitte durch Rotbuchenblätter mit verschiedener Belichtungsdauer und -intensität

Gleiches gilt beim Löwenzahn. Pflanzen, die in der prallen Sonne wachsen, haben kleinere, kompaktere Blätter als Pflanzen im Halbschatten oder gar im Schatten.

Ein weiteres, eindrucksvolles Beispiel für die umweltbedingte veränderte Ausprägung des Erscheinungsbilds ist der Wechsel des Gefieders beim erwachsenen Erpel der Löffelente (männliches Tier). Im Winter und Frühjahr trägt er das auffällige Prachtkleid zur Balz und im Sommer und Herbst das Schlichtkleid zur Tarnung während der Brut und der Aufzucht der Jungen (Abb. 4-22). Sommer- und Wintergefieder unterscheiden sich, während die Erbinformation gleich bleibt.

Abb. 4-22: Männchen (Erpel) der Löffelente im Schlichtkleid (links) und im Prachtkleid (rechts)

4.4 Samenpflanzen

Wofür brauchen das …?

- **Gärtner:** Dirk fragt sich, warum Palisaden aus Schilfrohr nie so stabil sein können wie Palisaden aus Rundholz.
- **Tierwirte:** Dirk füttert täglich die Rinder mit Silage. Was hat das mit Fotosynthese zu tun?
- **Floristen:** Annika kombiniert gerne Rosen mit blühenden Gräsern in ihren Sträußen. Warum unterscheiden sich die Blütenformen so stark?

4.4.1 Einteilung der Samenpflanzen

Die Samenpflanzen bilden die am höchsten entwickelte Abteilung des Pflanzenreichs. Sie werden in zwei große Gruppen unterteilt: Nacktsamer, z. B. Nadelgehölze oder Ginkgo, und Bedecktsamer, z. B. Laubgehölze, Gräser und Zwiebeln.

Bei den Bedecktsamern unterscheidet man – in Abhängigkeit von der Anzahl der Keimblätter – in einkeimblättrige Pflanzen (Monokotyledone) und zweikeimblättrige Pflanzen (Dikotyledone). Tabelle 4-10 zeigt die Unterschiede.

Merke:

Einkeimblättrige Pflanzen haben ein Keimblatt und der Spross zeigt kein sekundäres Dickenwachstum (z. B. Gräser).
Zweikeimblättrige Pflanzen haben zwei Keimblätter und der Spross wächst auch in die Dicke (z. B. Apfelbaum).

In Abbildung 4-23 sind beispielhaft die Blätter von Tulpen und der Schwarzerle dargestellt. Alle Samenpflanzen setzen sich aus zwei Organen zusammen: Wurzel und Spross (Abb. 4-24).

Abb. 4-23: Stellung der Blätter bei der einkeimblättrigen Tulpe (links) und der zweikeimblättrigen Schwarzerle (rechts)

Tab. 4-10: Unterschiede zwischen ein- und zweikeimblättrigen Pflanzen

	Einkeimblättrige Pflanzen (Monokotyledone)	Zweikeimblättrige Pflanzen (Dikotyledone)
Beispiele	Weizen, Zwiebel, Mais, Tulpe, Palme	Apfel, Kartoffel, Gurke, Rose, Schwarzerle
Ausgewählte Unterscheidungsmerkmale	· nur ein Keimblatt · Laubblätter paralleladrig · Leitbündel in der Sprossachse unregelmäßig angeordnet · Leitbündel ohne Kambium (kein sekundäres Dickenwachstum des Sprosses)	· zwei Keimblätter · Laubblätter netzadrig · Leitbündel in der Sprossachse ringförmig angeordnet · Leitbündel mit Kambium (sekundäres Dickenwachstum des Sprosses möglich)

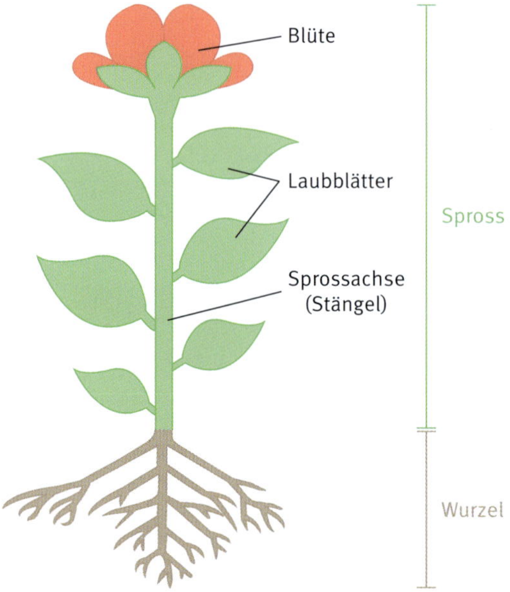

Abb. 4-24: Aufbau von Pflanzen

4.4.2 Wurzel

Die Wurzeln von Pflanzen können sehr unterschiedlich aussehen. Je nach ihrem Aussehen werden Wurzeln unterschieden in Flachwurzeln, Pfahl- oder Tiefwurzeln und Herz- oder Büschelwurzeln. Abbildung 4-25 zeigt schematisch die Wurzeln verschiedener Pflanzen als Beispiele für die unterschiedlichen Wuchsformen.

Der unterschiedliche Aufbau ermöglicht es den Wurzeln, verschiedene Aufgaben unterschiedlich gut zu erfüllen. Pflanzenwurzeln sind verantwortlich für:

- die Aufnahme von Wasser mit den darin gelösten Nährstoffen aus dem Boden,
- die Verankerung im Boden,
- die Speicherung von Vorratsstoffen.

Wie sich die Wurzeln auf diese drei Aufgaben spezialisiert haben, ist in Abbildung 4-26 gut zu erkennen. Die vielen kleinen, stark verzweigten Wurzeln der Maispflanze mit den winzig kleinen Wurzelhärchen an den Wurzelspitzen nehmen Wasser und darin gelöste Mineralstoffe in die Pflanze auf. Über das Gefäßsystem, auch als Leitbündel bezeichnet, gelangt das Wasser mit den darin gelösten Stoffen entgegen der Schwerkraft bis in den Spross.

Die so genannten Kronenwurzeln geben der Pflanze Halt im Boden. Direkt am Sprossansatz (siehe Pfeil in Abb. 4-26 links) sorgen sie dafür, dass die Maispflanze, die bis 3 m hoch wachsen kann, weder durch Wind noch durch starken Regen von ihrem Standplatz geweht oder gespült wird.

Die Wurzel der Zuckerrübe hat zusätzlich zur Wasser- und Nahrungsaufnahme die Aufgabe, den Rübenzucker zu speichern. S. 1 Sie ist ein typisches Beispiel für eine Speicherwurzel. Weitere Pflanzen, die Speicherwurzeln ausbilden, sind Möhren, Pastinaken oder Süßkartoffeln.

Die Zellen der Pflanzenwurzeln besitzen keine Chloroplasten. S. 1 Deshalb sind Pflanzenwurzeln auch nicht grün und können keine Fotosynthese S. 1 durchführen. Deshalb gilt: Die Knolle der Kartoffel speichert zwar auch Nährstoffe und wächst unter der Erde, aber sie ist kein Teil der Wurzel, sondern ein Sprossteil, denn bei Belichtung werden Kartoffelknollen grün.

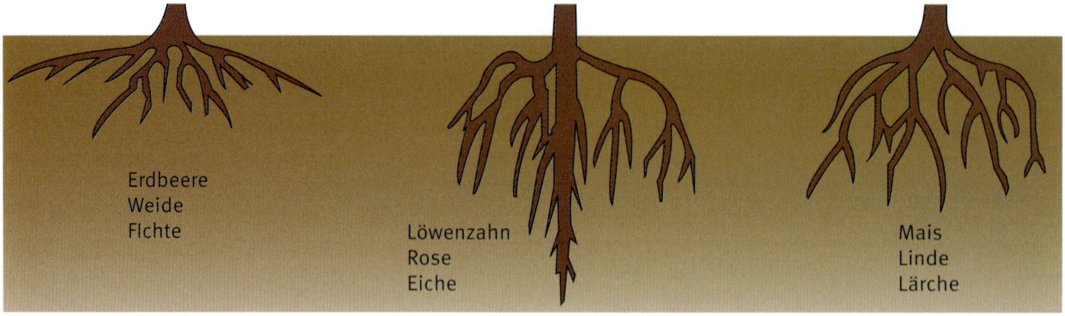

Abb. 4-25: Verschiedene Wurzelformen: Flachwurzel (links), Pfahl-/Tiefwurzel (Mitte) und Herz-/Büschelwurzel (rechts)

Abb. 4-26: Maiswurzel (links) mit Kronenwurzel (Pfeil) und Speicherwurzel einer Zuckerrübenpflanze (rechts)

4.4.3 Spross

Wie Abbildung 4-24 zeigt, besteht der Spross einer Samenpflanze aus der Sprossachse, also dem Stängel oder dem Stamm, sowie aus Blättern und Blüten. Aus der befruchteten Blüte entwickelt sich die Frucht mit dem Samen.

Sprossachse

Äußerer Aufbau

Die Sprossachse trägt Blätter und Blüten, später auch Früchte bzw. Samen. Sie kann verholzt sein oder nicht. Alle Samenpflanzen, deren Sprossachse nicht verholzt, besitzen einen Stängel und zählen zu den krautigen Pflanzen, z. B. Brennnesseln, Gurken oder Erbsen (Abb. 4-27).

Samenpflanzen, deren Sprossachse verholzt, besitzen einen Stamm. Je nach Ausprägung des Stamms unterscheidet man Bäume und Sträucher. Der Stamm bei Bäumen kann sehr dick werden, trägt Äste und Zweige und bildet oft eine Krone aus (Abb. 4-28). Im Forst sind die Baumarten Fichte, Kiefer, Buche und Eiche von Bedeutung.

Sträucher sind gekennzeichnet durch viele, kurz über dem Boden entspringende Seitenstämmchen. Der Hauptstamm ist nur kurz und oft kaum von den Seitenstämmchen zu unterscheiden. Johannisbeeren oder Rosen sind typische Sträucher (Abb. 4-29).

Abb. 4-27: Beispiele für krautige Pflanzen: Gurke (links) und Erbse (rechts)

Abb. 4-28: Trauerweide im Park

Abb. 4-29: Johannisbeeren und Rosen im Hausgarten

Abb. 4-30: Leitungssystem für den Stofftransport in der Pflanze am Beispiel eines Baums

Leitbündel

Im Inneren der Sprossachse befindet sich ein Leitungssystem für den Stofftransport. Dieses Leitungssystem heißt Leitbündel und besteht aus zwei Teilen, weil der Transport in zwei Richtungen erfolgen muss (Abb. 4-30):

- In Wasser gelöste Stoffe sind von der Wurzel nach oben in die Blätter zu transportieren. Das passiert im Gefäßteil des Leitbündels. Der Fachbegriff dafür heißt **Xylem**.
- Stoffwechselprodukte müssen von den Blättern zu den Orten transportiert werden, wo sie verbraucht oder gespeichert werden. Dieser Transport erfolgt im Siebteil des Leitbündels, auch als **Phloem** bezeichnet.

Die Sprossachse mit den Leitbündeln ist bei einkeimblättrigen und zweikeimblättrigen Pflanzen unterschiedlich aufgebaut (Abb. 4-31): S. 18

- Die Leitbündel zweikeimblättriger Pflanzen enthalten ein Kambium zwischen Gefäß- und Siebteil. Das Kambium ist ein dauerhaft teilungsfähiges Gewebe, dass das sekundäre Dickenwachstum möglich macht.
- Die Leitbündel einkeimblättriger Pflanzen weisen dagegen kein Kambium auf. Sekundäres Dickenwachstum ist bei diesen Pflanzen daher nicht möglich.

Nach außen wird die Sprossachse von einer Epidermis abgegrenzt. Diese kann man sich ähnlich wie unsere Außenhaut vorstellen, die das darunterliegende Pflanzengewebe schützt.

Laubblatt

Aufbau der Laubblätter

Die grünen Blätter einer Pflanze sind in Größe und Form sehr vielgestaltig. Da gibt es die herzförmigen Blätter der Linde, die gefingerten Blätter der Kastanie oder die gelappten Blätter des Ahorns (Abb. 4-32). Neben der Blattform gibt es weitere Unterscheidungsmerkmale, z. B. die Art des Blattrands, die Stellung der Blätter an der Sprossachse oder die Größe des Blattstiels.

Das unterschiedliche Aussehen der Laubblätter hilft dabei, Pflanzen zu bestimmen. Das Aussehen der Pflanzen, mit denen man umgeht, gut zu kennen, hilft dabei, Verwechslungen zu vermeiden und Arbeiten fachgerecht auszuführen.

Obwohl sie sich äußerlich sehr stark unterscheiden, ist der innere Bau weitestgehend ähnlich.

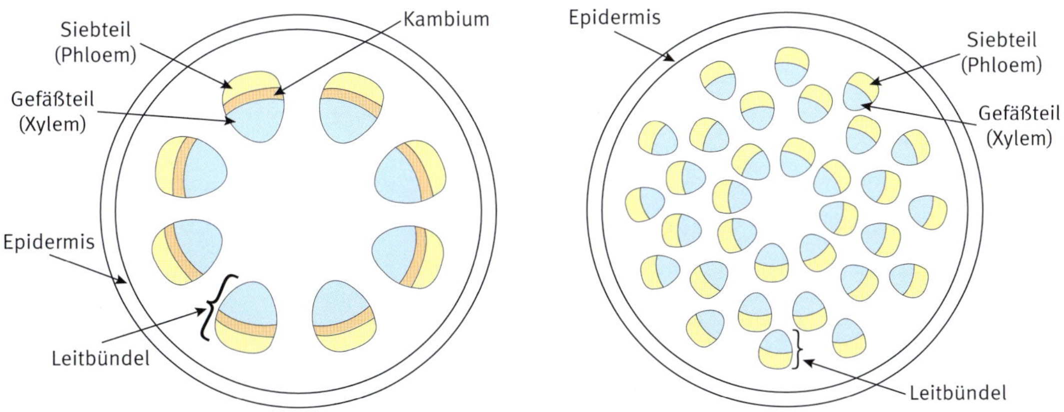

Abb. 4-31: Innerer Aufbau einer Sprossachse bei zweikeimblättrigen (links) und einkeimblättrigen (rechts) Pflanzen

Abb. 4-32: Laubblätter der Linde (oben links), der Kastanie (oben rechts) und des Ahorns (unten)

Wird ein Blatt quer durchgeschnitten, erkennt man von oben nach unten folgenden Aufbau (Abb. 4-33):

- Wachsschicht (Kutikula),
- Oberhaut (obere Epidermis),
- Palisadengewebe (bestehend aus langgestreckten Zellen),
- Leitbündel mit Gefäßteil (Xylem) und Siebteil (Phloem),
- Schwammgewebe,
- Unterhaut (untere Epidermis) mit Spaltöffnungen.

Funktionen des Laubblatts

In Abbildung 4-33 wird deutlich, dass die grünen Blätter der Samenpflanzen drei wichtige Aufgaben haben:

- Sie sorgen für den Gasaustausch.
- Sie ermöglichen das Verdunsten von Wasser, (Transpiration).
- In den Zellen der grünen Blätter findet Fotosynthese statt.

Gasaustausch

Der Begriff Gasaustausch fasst die Aufnahme und Abgabe von gasförmigen Stoffen durch die Pflanze zusammen. Dabei werden die Gase Kohlendioxid (CO_2) und Sauerstoff (O_2) betrachtet.

Die Gase gelangen durch kleine Öffnungen auf der Unterseite der Laubblätter aus der Umgebungsluft in die Pflanze oder werden durch diese Öffnungen von der Pflanze an die Umwelt abgegeben. Der Fachbegriff für dafür heißt Spaltöffnungen (Abb. 4-33).

Jedes Laubblatt weist eine Vielzahl von Spaltöffnungen auf der Unterseite auf. Eine Spaltöffnung besteht aus zwei Schließzellen. Je nachdem, ob Gase abgegeben oder aufgenommen werden sollen

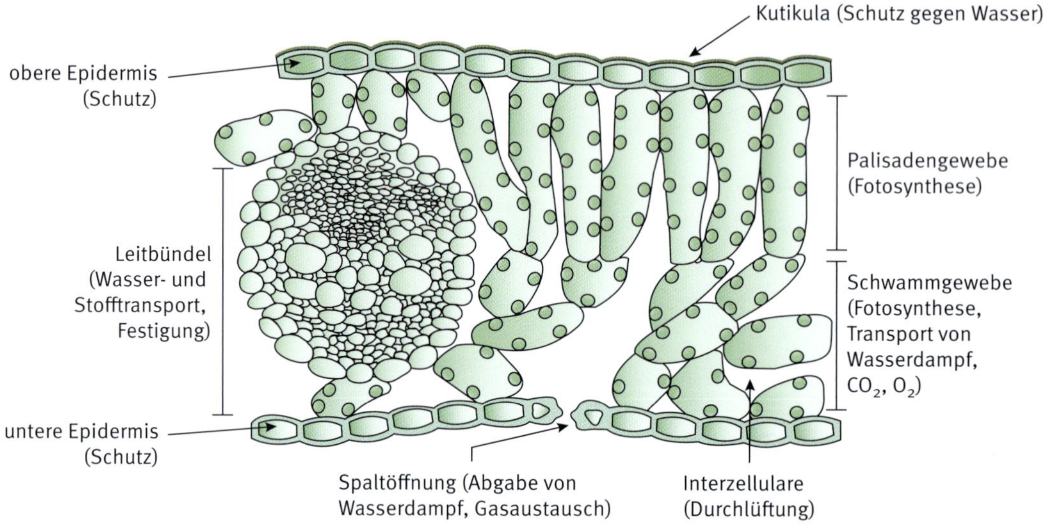

Abb. 4-33: Querschnitt durch ein Laubblatt

oder ob kein Gasaustausch stattfinden soll, sind die Schließzellen geöffnet oder geschlossen.

Das aufgenommene Kohlendioxid benötigt die Pflanze für die Fotosynthese. Der Sauerstoff, der über die Spaltöffnungen in das Innere gelangt, wird von der Pflanze veratmet. Bei der Fotosynthese fällt Sauerstoff als »Abfallprodukt« an, während bei der
S. 169 Atmung der Pflanze Kohlendioxid entsteht. Beide Gase werden über die Spaltöffnungen nach außen in die Umwelt abgegeben.

Transpiration

Die Pflanzen nehmen über die Wurzel Wasser auf und geben es über die Spaltöffnungen als Wasserdampf wieder ab (Abb. 4-34). Diese Wasserabgabe wird als Transpiration oder Verdunstung über die Blätter bezeichnet. Die Abgabe von Wasserdampf erzeugt eine Strömung des Wassers in der Pflanze. Der Fachbegriff dafür lautet Transpirationssog.

Durch den Wurzeldruck bei der Wasseraufnahme und den Transpirationssog bewegt sich das Wasser in der Pflanze von den Wurzeln durch den Spross bis in die Laubblätter und die Blüte. In Abbildung 4-34 ist ersichtlich, dass nicht nur Laubblätter Spaltöffnungen aufweisen, sondern auch Blütenblätter.

Fotosynthese

Die Fotosynthese läuft in den Chloroplasten pflanz- S. 16
licher Zellen ab. Neben Transpiration und Gasaustausch ist sie ein wichtiger Stoffwechselvorgang der Pflanzen. Dass Fotosynthese in grünen Pflanzen schon seit Jahrmillionen abläuft, ist für Menschen und Tiere eine wichtige Voraussetzung zum Leben. Das hat zwei Gründe:

- Ohne Fotosynthese würde die Erdatmosphäre S. 12
  keinen Sauerstoff enthalten, der unsere Lebensweise erst ermöglicht.
- Durch die Fotosynthese wird Traubenzucker (Glucose) und schließlich Pflanzenmasse S. 15
  gebildet. Sie stellt die Nahrungsgrundlage für S. 19
  Menschen und Tiere dar.

Somit kommt der Fotosynthese eine große Bedeutung zu. Damit sie ablaufen kann, müssen folgende Voraussetzungen erfüllt sein:

1. Chloroplasten als Reaktionsort vorhanden,
2. Energie in Form von Sonnenlicht vorhanden,
3. Kohlendioxid vorhanden,
4. Wasser vorhanden.

Mit diesen Voraussetzungen kann die grüne Pflanze Traubenzucker herstellen. Das ist eine energiereiche

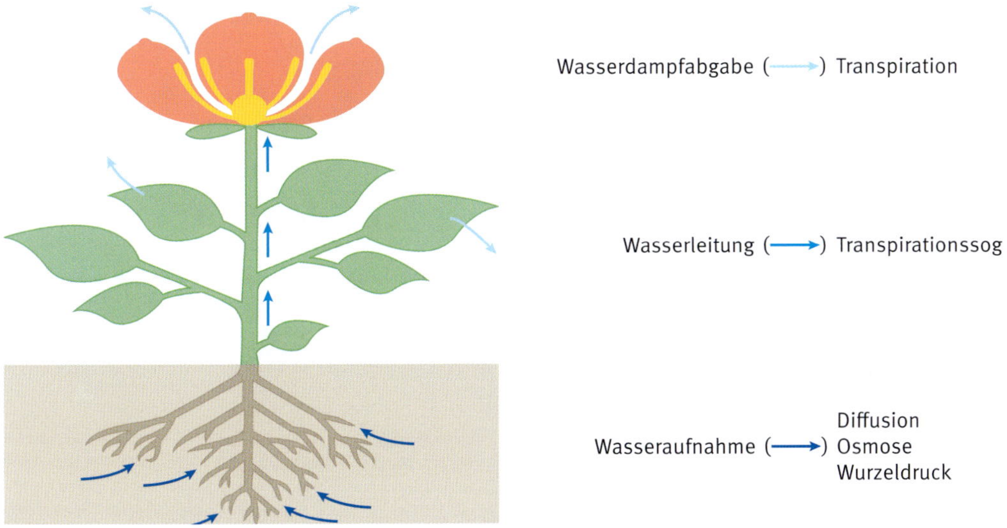

Abb. 4-34: Transport des Wassers in der Pflanze

$$\underset{\text{Kohlendioxid}}{6\,CO_2} + \underset{\text{Wasser}}{6\,H_2O} \xrightarrow{\text{Sonnenenergie}} \underset{\text{Traubenzucker}}{C_6H_{12}O_6} + \underset{\text{Sauerstoff}}{6\,O_2}$$

Abb. 4-35: Chemische Reaktion bei der Fotosynthese

Kohlenstoffverbindung. Neben Traubenzucker wird Sauerstoff gebildet. Die Gleichung für die chemische Reaktion der Fotosynthese ist in Abbildung 4-35 dargestellt.

In den Chloroplasten wird mithilfe von Chlorophyll die Energie des Sonnenlichts in Glucose gebunden. Zum Aufbau von Glucose verarbeiten die Chloroplasten Kohlendioxid, das während des Gasaustauschs aus der Luft durch die Spaltöffnungen der Blätter in das Pflanzeninnere gelangt (Abb. 4-36).

Glucose wird in der Pflanze als Ausgangsstoff für
S. 155 die Bildung von anderen Kohlenhydraten, Eiweißen
S. 158 und Fetten benötigt. Kohlenhydrate und Eiweiß
S. 151 braucht die Pflanze zum Wachstum. Fette werden in Früchten (z. B. Oliven) oder Samen (z. B. Raps) eingelagert und dienen neben Kohlenhydraten als Energiespeicher.

S. 156 Kohlenhydrate werden z. B als Saccharose in der
S. 183 Zuckerrübe oder als Stärke in der Kartoffel gespeichert. 1 m² Blattfläche der Zuckerrübe kann pro Stunde bis zu 2 g Saccharose (Zucker) produzieren.

Die Zellatmung ist die Umkehrreaktion der Fo- S. 169
tosynthese. Dabei wird die gespeicherte Energie wieder freigesetzt.

Blüte, Samen und Frucht

Aufbau der Blüte

Was als Blüte bezeichnet wird, ist der Teil einer
Pflanze, der der geschlechtlichen Fortpflanzung S. 165
dient. Denn Samenpflanzen können sich auf geschlechtlichem und ungeschlechtlichem Weg fortpflanzen.

Die Blüte setzt sich aus verschiedenen Bestandteilen zusammen, wobei sich Blüten von ein- und S. 181
zweikeimblättrigen Pflanzen im Aufbau unterscheiden (Abb. 4-37). Alle Bestandteile einer Blüte sind Blätter, die sich, entsprechend ihrer Funktion, von den Laubblättern unterscheiden (Tab. 4-11).

Bei genauerer Betrachtung der weiblichen und männlichen Teile einer Blüte stellt man fest, dass das weibliche Fruchtblatt aus Narbe, Griffel und Fruchtknoten gebildet wird. Eingebettet im Frucht-

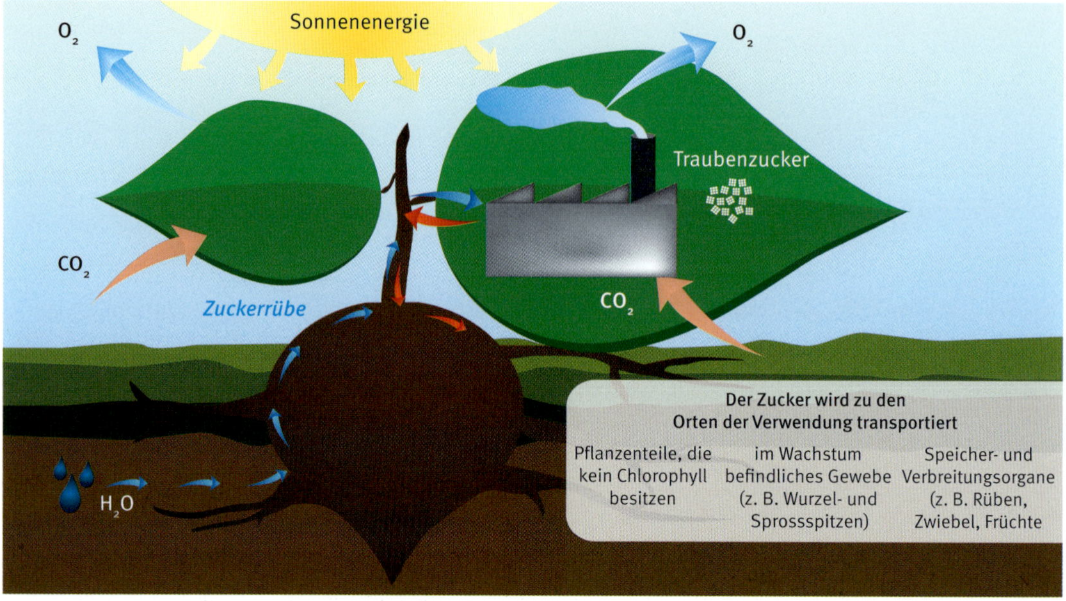

Abb. 4-36: Schematische Darstellung der Fotosynthese

knoten findet man die Samenanlage mit der Eizelle (Abb. 4-38).

Das männliche Staubblatt setzt sich zusammen aus Staubfaden und Staubbeutel. Im Staubbeutel reifen die Pollen heran. Sind sie reif, treten sie aus dem Staubbeutel aus und begeben sich auf den Weg, um am Ende eine Eizelle zu befruchten.

Blüten, die sowohl weibliche als auch männliche Teile in sich tragen, heißen zwittrige (zweigeschlechtliche) Blüten (Abb. 4-38). Apfel- oder Rosenblüten sind zwittrige Blüten. Daneben gibt es Blüten, die entweder weibliche Teile oder männliche Teile besitzen. Dann spricht man von eingeschlechtlichen Blüten. Das ist z. B. beim Haselstrauch der Fall. Hier sind männliche und weibliche Blüten an einem Strauch zu finden (Abb. 4-39).

Weil bei Apfelbäumen, Rosen und Haselsträuchern weibliche und männliche Blütenteile auf einer

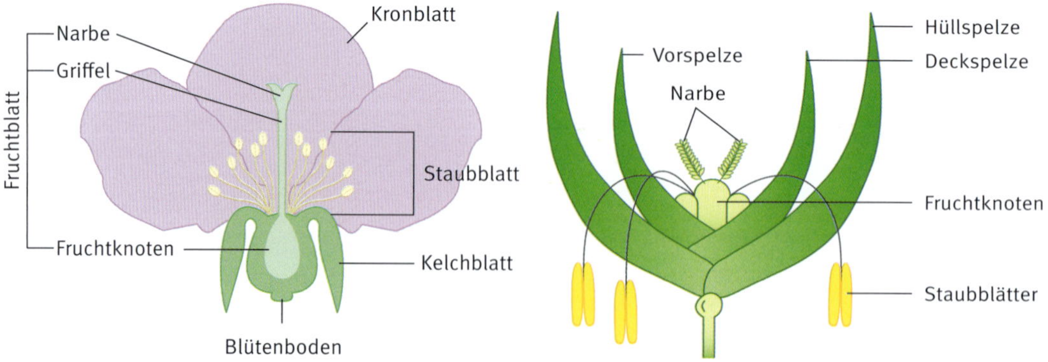

Abb. 4-37: Schematischer Aufbau einer Blüte bei zweikeimblättrigen Pflanzen (Beispiel Apfel, links) und einkeimblättrigen Pflanzen (Beispiel Roggen, rechts)

Tab. 4-11: Bezeichnung und Funktion der Blütenblätter

Blütenteil	Funktion
Kelchblatt	Schutz der Blüte
Kronblatt	Anlocken von Insekten
Staubblatt	Ausbildung der Pollen (männliche Samenzellen für die Befruchtung)
Fruchtblatt	Ausbildung der Samenanlage mit Eizelle (die von den Pollen befruchtet werden soll)

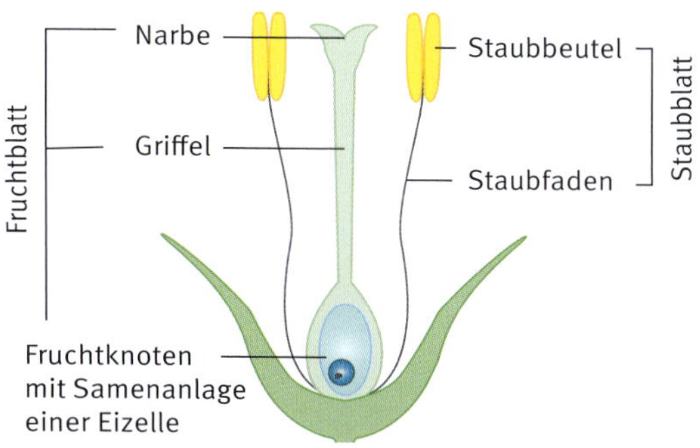

Abb. 4-38: Weibliche und männliche Teile einer zwittrigen Blüte

Pflanze ausgebildet sind, werden diese Pflanzen auch als einhäusig (monözisch) bezeichnet. Beispiele für zweihäusige (diözische) Pflanzen sind Hopfen oder Spargel. Hier sind weibliche und männliche Teile nicht nur in unterschiedlichen Blüten anzutreffen. Vielmehr gibt es bei diesen Pflanzen entweder Pflanzen mit ausschließlich weiblichen oder mit ausschließlich männlichen Blüten.

Abb. 4-39: Haselnussblüten als Beispiel für eingeschlechtliche Blüten: links die männliche Blüte und die kleine weibliche Blüte (ganz oben); rechts nur die weibliche Blüte

Bestäubung

Samenpflanzen bewegen sich zwar im Rahmen ihrer Möglichkeiten, sind aber meistens im Boden fest verwachsen. Daher benötigen sie einen »Liebesboten«, der die männlichen Pollen zu den weiblichen Blütenteilen bringt. Der Wind oder Blutenbesucher, meistens Insekten, übernehmen diese Transporte.

Die Übertragung der Pollen von den männlichen auf die weiblichen Blütenteile heißt Bestäubung. Demnach unterscheidet man bei der Bestäubung hinsichtlich des Transports der Pollen zwischen Windbestäubung und Insektenbestäubung.

Windbestäubung

Die Blüten von Gräsern, Haselnuss und Kiefer werden beispielsweise durch den Wind bestäubt (Abb. 4-40 links). Diese Blüten sind auf verschiedene Weise an diese Bestäubungsform angepasst:

- Sie sind meist unscheinbar und duften kaum.
- Es wird eine große Anzahl Pollen produziert, vom Wind erfasst und transportiert.

Abb. 4-40: Blühende Roggenähre ist bestens an die Windbestäubung angepasst; Malven sind für Insekten attraktiv

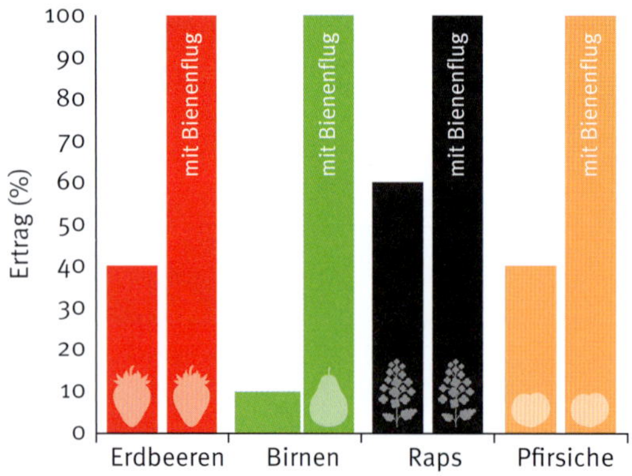

Abb. 4-41: Ertragsunterschiede bei ausgewählten Nutzpflanzen jeweils ohne und mit Bienenflug

- Die Narben liegen meist frei und sind so für den angewehten Pollen gut erreichbar.

Insektenbestäubung
Die Blüten von Apfelbäumen, Malven und Raps werden z. B. von Insekten bestäubt (Abb. 4-40 rechts). Folgende besonderen Eigenschaften erhöhen den Bestäubungserfolg:

- Die Blüten sind meist auffällig und duften aromatisch, um Tiere anzulocken, vor allem Insekten.
- Die Anzahl der Pollen je Blüte ist meist geringer als bei der Windbestäubung.
- Die Narbe ist meist einfach ausgebildet.
- In der Blüte herrschen meist für die Insekten enge Verhältnisse, damit das Insekt bei seinem Blütenbesuch mit den Staubgefäßen in Berührung kommt.

Honigbienen, Hummeln und Wildbienen sorgen mit ihren Blütenbesuchen für eine hohe Bestäubungsrate bei vielen Kultur- und Wildpflanzen. Ohne Bienen kommt es bei einigen Pflanzen zu starken Ertragsausfällen aufgrund unzureichender Bestäubung (Abb. 4-41).

Der volkswirtschaftliche Wert der Bestäubungsleistung der Bienen in Deutschland wird auf ca. 2,5 Mrd. Euro pro Jahr geschätzt. Diese Leistung der Honigbiene kann nicht durch Importe ersetzt werden, wie dies z. B. beim Honig der Fall ist (ca. 80 % des in Deutschland verbrauchten Honigs sind importiert).

Selbst- und Fremdbestäubung
Gelangen die Pollen auf die Narben derselben Blüte (bei zwittrigen Blüten) oder derselben Pflanze (bei einhäusigen Pflanzen), handelt es sich um eine Selbstbestäubung. Dagegen spricht man von Fremdbestäubung, wenn der Pollen auf die Narbe einer anderen Pflanze derselben Art trifft. Beispielsweise sind Weizen und Gerste typische Selbstbestäuber, während Roggen und Raps zu den Fremdbestäubern zählen.

Von der Bestäubung zur Fruchtbildung
Was passiert nun mit der bestäubten Blüte? Tabelle 4-12 fasst die Vorgänge anschaulich zusammen. Dargestellt sind die Bestäubung, die Befruchtung, die Fruchtbildung und die Abreife am Beispiel einer Pflaume.

Fruchtformen
Genau wie Blüten können auch Früchte in ihrer Gestalt und Größe sehr unterschiedlich sein. Auf dem Fruchtfleisch der Erdbeere befinden sich z. B. mehrere kleine grüne Samen (Abb. 4-42). Isst man einen Apfel, findet man in seinem Inneren das Kerngehäuse mit den Apfelsamen. Ebenso enthält die Frucht der Erbse, Hülse genannt, mehrere Samen, also mehrere Erbsen.

Alle drei Früchte – Erdbeere, Apfel und Erbsenhülse – enthalten mehrere Samen je Frucht. Anders ist dies bei Kirschen, Pflaumen oder der Eichel. Jede Frucht enthält hier nur jeweils einen Samen.

Tab. 4-12: Entwicklung von der bestäubten Blüte zur Frucht

Schematische Darstellung	Erklärung
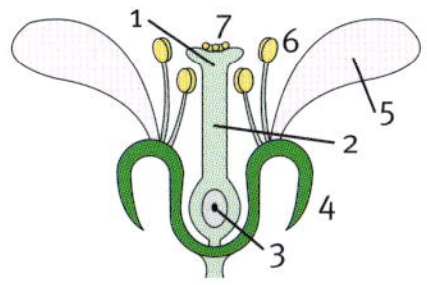	An der zwittrigen Pflaumenblüte sind die weiblichen (♀) und männlichen (♂) Teile gut zu erkennen. Diese Blüte ist bereits bestäubt. Die Nummern bezeichnen die Blütenteile: 1 = Narbe (♀); 2 = Griffel (♀); 3 = Fruchtknoten mit Eizelle (♀); 4 = Kelchblatt; 5 = Kronblatt; 6 = Staubblatt (♂); 7 = Pollen (♂).
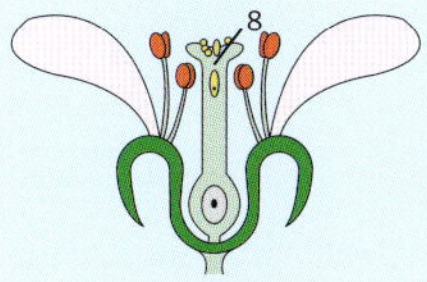	Die Pollenkörner auf der Narbe fangen an (8) auszukeimen. Sie bilden je einen Pollenschlauch, der im Griffel in Richtung Fruchtknoten zur Eizelle hin wächst.
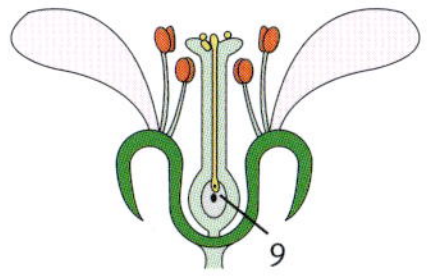	Der Pollenschlauch, der am schnellsten wächst, ist zuerst am Fruchtknoten angelangt, dringt in diesen ein und setzt die Samenzelle frei (9). Im Anschluss verschmelzen Ei- und Samenzelle. Dieser Vorgang heißt Befruchtung. Weitere ausgekeimte Pollenschläuche kommen zu spät.
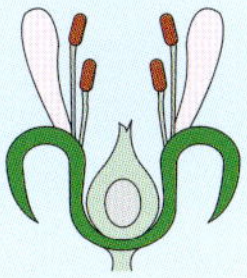	Aus der befruchteten Eizelle entwickeln sich Samen und Frucht. Die Kronblätter werden welk und auch die Staubblätter sterben ab. Ihre Aufgaben sind bereits erfüllt.
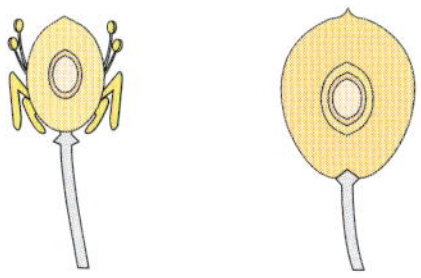	Im weiteren Verlauf wachsen Samen und Frucht. Später reifen sie.
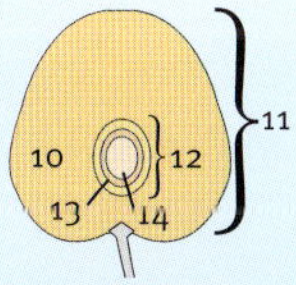	Die reife Frucht (11) der Pflaume besteht aus dem Fruchtfleisch (10). Es wird nach außen von der Fruchtschale begrenzt. Im Inneren befindet sich der Samen (12). Die Samenschale (13) schützt den Keimling und das Nährgewebe (14).

Abb. 4-42: Walderdbeere, Eichel und Erbse als Beispiele für die Vielfalt der Früchte

4.5 Ausgewählte tierische Schädlinge

Wofür brauchen das …?

- **Landwirte:** Nach dem Weideumbau sollte man, seinen Körper auf Zeckenbefall kontrollieren. Warum ist das zweckmäßig?
- **Gärtner:** Dirk fragt sich, warum die Kohlweißlinge, die so schön aussehen, seinem Chef gar nicht gefallen.
- **Fachkräfte Agrarservice:** Markus soll das Gebläse im Getreidelager aufstellen. Aber warum muss das geernte-te Getreide im Lager sofort belüftet werden?

Bei den tierischen Schädlingen wird unterschieden zwischen:

- **Hygieneschädlingen:** Sie stellen eine Gefahr für die Gesundheit von Menschen und Tieren dar. Beispiele sind Stechmücken oder Zecken.
- **Kulturschädlingen:** Sie schädigen landwirtschaftliche oder gartenbauliche Kulturen. Beispiele sind Blattläuse und Minierfliegen sowie Bockkäferarten im Wald.
- **Vorratsschädlingen:** Sie fressen und verunreinigen gelagerte Futter- und Nahrungsmittel. Beispiele sind Kornkäfer, aber auch Mäuse und Ratten.
- **Materialschädlingen:** Sie befallen Stoffe wie Leder, Holz, Pelze oder Bücher. Beispiele sind Holzwürmer oder Kleidermotten.

4.5.1 Schadinsekten

Einordnung der Insekten

Insekten sind wirbellose Tiere. Das heißt, sie besitzen keine Wirbelsäule wie z. B. Hühner, Hunde oder Menschen. Die Klasse der Insekten gehört neben den Klassen der Krebstiere, Spinnentiere und Tausendfüßer zum Stamm der Gliederfüßer (Abb. 4-43). Alle Gliederfüßer haben ein Gehirn, einen Körper, der in mehrere Segmente untergliedert ist, und Beine zur Fortbewegung.

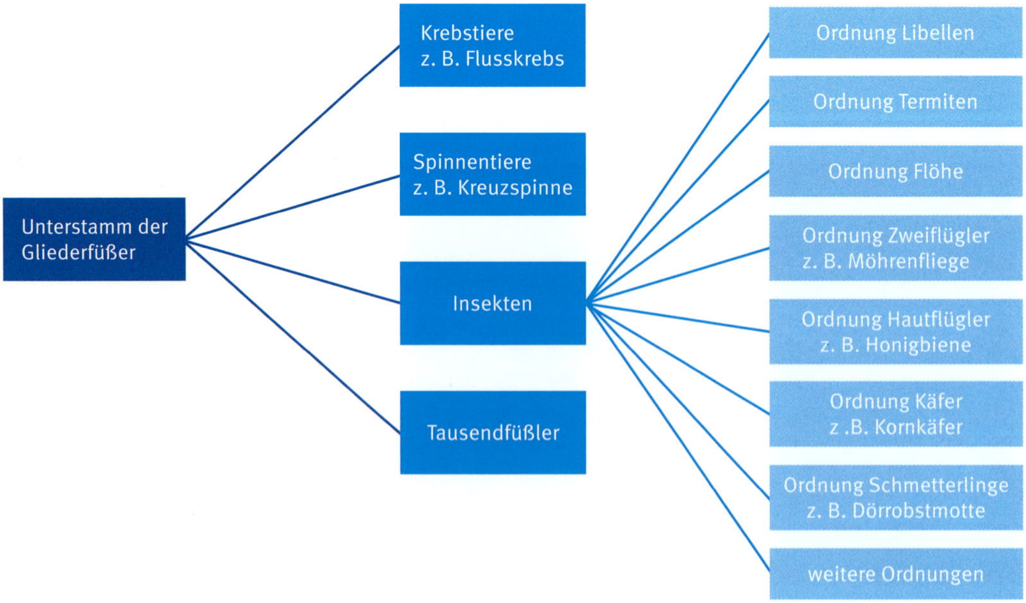

Abb. 4-43: Systematik der Gliederfüßer (schematisch, verkürzt)

Die Klasse der Insekten wiederum umfasst verschiedene Ordnungen, z. B. Libellen, Termiten, Flöhe, Zweiflügler, Hautflügler, Käfer und Schmetterlinge. In allen Ordnungen dieses Tierstamms gibt es Arten, die in der Land- und Forstwirtschaft sowie im Gartenbau Schäden anrichten können, z. B. Blattläuse, aber auch solche, die Nutzen bringen, z. B. Honigbienen, Marienkäfer und Schwebfliegen. . 190

Entwicklungszyklus von Insekten

Im folgenden Abschnitt werden drei Beispiele von Schadinsekten vorgestellt. So verschieden diese aussehen bzw. so unterschiedlich ihre Lebensräume sind, sind doch hinsichtlich ihrer Entwicklung Gemeinsamkeiten festzustellen.

Möhrenfliege, Kornkäfer und Dörrobstmotte entwickeln sich aus einem Ei. Aus den Eiern schlüpfen die Larven. Diese Larven müssen viel fressen, um sich weiterentwickeln zu können.

Bei Schmetterlingen – die Larven werden hier Raupen genannt – wird die Haut durch das viele Fressen bald zu eng. Sie häuten sich, haben dann erneut großen Hunger und fressen wieder, bis die Haut zu eng wird. Es erfolgt die nächste Häutung. Eine Raupe macht mehrere Häutungen durch.

Genug gefressen, ruht sich das Tier aus und bereitet sich auf sein Leben als erwachsenes Insekt vor. Dieses Übergangsstadium wird als Puppenstadium bezeichnet. Die Puppe frisst nicht und bewegt sich kaum. Sie reift heran und am Ende schlüpft das erwachsene Tier; zurück bleibt die leere Puppenhülle.

Fachbegriffe für das erwachsene Tier sind Imago oder Vollinsekt. Entweder ist es sofort nach dem Schlupf fortpflanzungsfähig oder es muss noch geschlechtsreif werden.

In Abbildung 4-44 ist der Entwicklungszyklus am Beispiel des Kohlweißlings (eines Schmetterlings) gezeigt. Dieses Schadinsekt befällt, wie der Name schon sagt, verschiedenste Kohlarten wie Weißkohl, Blumenkohl und Brokkoli, aber auch Raps und ist daher in der Landwirtschaft und im Gartenbau von Bedeutung.

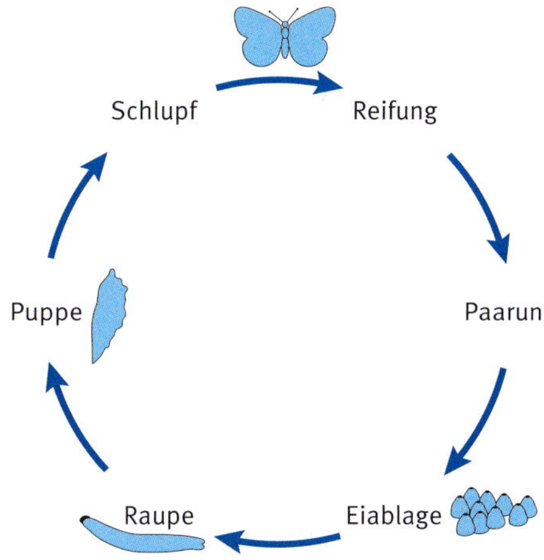

Abb. 4-44: Entwicklungszyklus von Schmetterlingen

Larve, Puppe und Vollinsekt weisen jeweils eine unterschiedliche Gestalt auf (Abb. 4-44). Die Entwicklung mit Verwandlung der Gestalt heißt in der Fachsprache Metamorphose.

Beispiele von Schadinsekten

Möhrenfliege

Die Möhrenfliege ist ein Gemüseschädling. Die Fliege legt ihre Eier im Boden in der Nähe von Möhren-, Wurzelpetersilien- oder Selleriepflanzen ab. Aus den Eiern schlüpfen kleine Larven, bei Fliegen auch als Maden bezeichnet. Die Maden fressen zunachst an den feinen Wurzeln der Gemüsepflanzen.

Später befallen sie die Möhre oder die Wurzeln der Wurzelpetersilie oder die Sellerieknolle. Dann sind deutliche Fraßgänge zu sehen (Abb. 4-45). Die

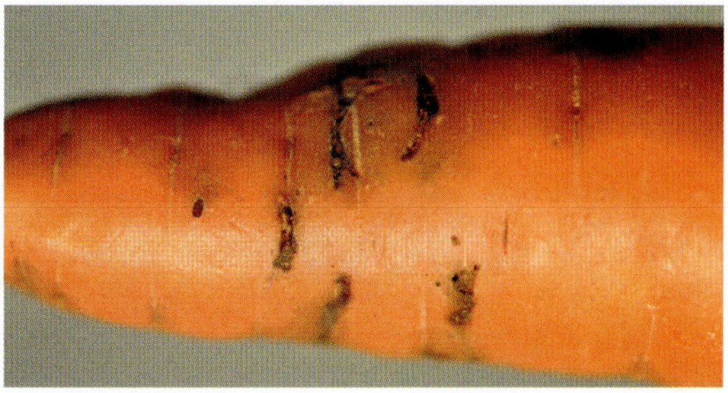

Abb. 4-45: Fraßschäden an einer Möhre durch die Maden der Möhrenfliege

befallenen Gemüsepflanzen sind nicht vermarktungsfähig und müssen nach der Ernte aussortiert werden.

Nach etwa vier bis sieben Wochen ist für die Maden der Möhrenfliege der Zeitpunkt gekommen, sich zu verpuppen. Als Puppe können sie den Winter gut überdauern. Im Frühjahr schlüpft aus jeder Puppe eine junge Möhrenfliege. Nach der Begattung legen die Weibchen ihre Eier im Boden in der Nähe ihrer Wirtspflanzen ab. Damit ist der Entwicklungskreislauf geschlossen.

Kornkäfer

Beim Kornkäfer handelt es sich um einen Vorratsschädling (Abb. 4-46). Er ist weltweit verbreitet und gehört deshalb zu den wichtigsten Schädlingen in der Körnerfruchtlagerung. Der Kornkäfer befällt nicht nur Lagerbestände des Weizens, sondern auch andere Körnerfrüchte wie z. B. Roggen, Hafer, Gerste, Mais, Erbsen, Mandeln und Erdnüsse. Auch in Mehl- oder Kleielagern fühlt er sich wohl.

Die begatteten Weibchen fressen in das Korn ein Loch und legen ein Ei hinein. Auf diese Weise kann ein Weibchen ca. 200 bis 300 Eier absetzen. Aus dem Ei schlüpft die Larve. Sie bleibt im Korn und ernährt sich von den wertvollen Korninhaltsstoffen. Hat sie genug gefressen, verpuppt sie sich im Korn, das jetzt fast vollständig ausgefressen ist. Meist ist nur noch die leere Samenschale vorhanden – gefüllt mit der Puppe des Kornkäfers.

Einige Zeit später schlüpft der erwachsene Kornkäfer und sieht sich ziemlich bald nach einem Geschlechtspartner um. Nach der Paarung legen dann begattete Weibchen die Eier ab und der Vorgang beginnt von Neuem. So kann der Kornkäfer bei hohem Befall ganze Lagerbestände wertlos machen. Außerdem sind mit Kornkäfer befallene Lagerbestände sehr anfällig für Infektionen mit Schimmelpilzen. S. 20

Dörrobstmotte

Beim letzten Beispiel von Schadinsekten handelt es sich um die gefürchtete und dennoch weit verbreitete Dörrobstmotte (Abb. 4-47). Dieser Vorratsschädling gehört zur Insektenordnung der Schmetterlinge. Deshalb wird seine Larve, wie die aller Schmetterlinge, als Raupe bezeichnet.

Auch bei der Dörrobstmotte legt das Weibchen etwa 200 bis 400 Eier ab. Dabei ist es nicht wählerisch, was das Medium der Eiablage betrifft: Es nimmt Trockenfrüchte, z. B. Trockenpflaumen oder getrocknete Apfelringe, Getreide und andere Samen, z. B. Linsen, Mandeln, Nüsse, aber auch Schokolade, Gewürze oder alte Bücher an.

Am Ort der Eiablage schlüpfen hungrige Räupchen, die erst nach fünf bis sieben Häutungen genug gefressen haben. Dann suchen sie sich einen geeigneten, geschützten Platz, an dem sie sich in aller Ruhe verpuppen. Auf diese Weise überdauern sie bis zum Schlupf der erwachsenen Schmetterlinge.

Abb. 4-46: Kornkäfer auf einem Weizenkorn

Abb. 4-47: Dörrobstmotten

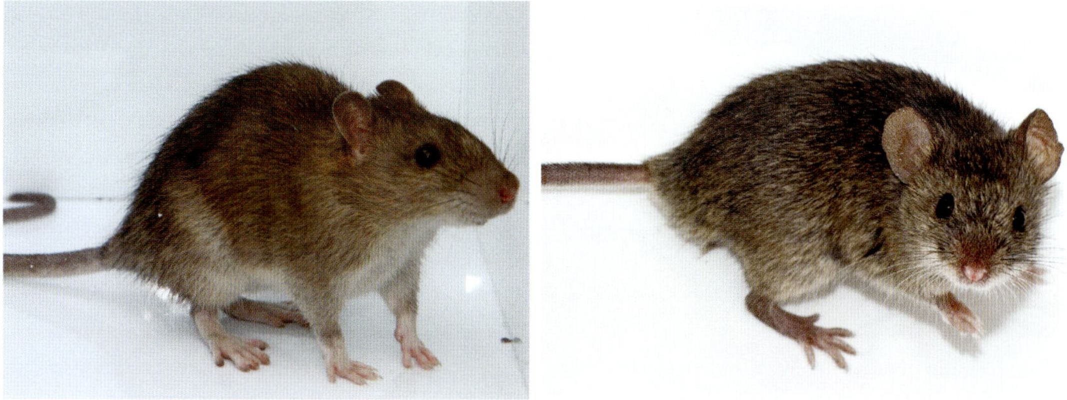

Abb. 4-48: Die wichtigsten Schadnager: links Wanderratte (*Rattus norvegicus*) und rechts Hausmaus (*Mus musculus*)

Nach der Befruchtung der erwachsenen Tiere beginnt der Kreislauf von vorne.

Die Dörrobstmotte ist nicht nur ein gefürchteter Schädling, weil die Raupen in so vielen Lebensmitteln oder Vorräten Fraßschäden verursachen. Vielmehr verunreinigen sie die Lebensmittel oder Vorräte durch ihren Kot. Spinnfäden führen zu Verklumpung, vor allem bei befallenem Mehl oder befallenen Samen.

Auf diese Weise geschädigte Partien werden oft zusätzlich von weiteren Schädlingen wie Schimmelpilzen oder Milben befallen. Sie sind dann weder verwertbar noch verkehrsfähig.

4.5.2 Schadnager

Ratten und Mäuse werden unter dem Begriff Schadnager zusammengefasst (Abb. 4-48). Sie gehören der Säugetierordnung der Nagetiere an und verursachen sowohl in Pflanzenbeständen als auch in Lagerstätten zum Teil großen Schaden, indem sie große Partien von Früchten fressen und durch Kot und Urin verschmutzen. Die Waren können nicht mehr gehandelt oder verarbeitet werden.

Darüber hinaus übertragen insbesondere Wanderratten Parasiten wie z. B. Flöhe und direkt oder
215 indirekt eine Vielzahl von Krankheitserregern, die
auf den Menschen übertragbar sind. Dazu gehören Thyphus, Cholera, Ruhr, Tuberkulose und die Maul- und Klauenseuche.

4.5.3 Außen- und Innenparasiten des Menschen

Parasiten, auch Schmarotzer genannt, sind Lebewesen, die auf Kosten eines anderen Lebewesens leben und es dabei schädigen. Das andere Lebewesen wird als Wirt bezeichnet. Parasiten leben entweder außen auf dem Wirt (Ektoparasiten) oder im Inneren des Wirts (Endoparasiten). Sie sind an die jeweilige Lebensweise sehr gut angepasst.

Ektoparasiten

Ektoparasiten des Menschen leben außen auf der Haut und fügen ihm Schaden zu. Ein typischer Vertreter ist die Zecke, auch als Holzbock bezeichnet
(Abb. 4-49). Zecken gehören zu den Spinnentieren. S. 192
Sie leben vor allem an Waldrändern und in der offenen Landschaft auf Gräsern und Sträuchern. Geeignete Wirte nehmen sie durch deren Körpergeruch wahr.

Abb. 4-49: Schematische Darstellung einer Zecke

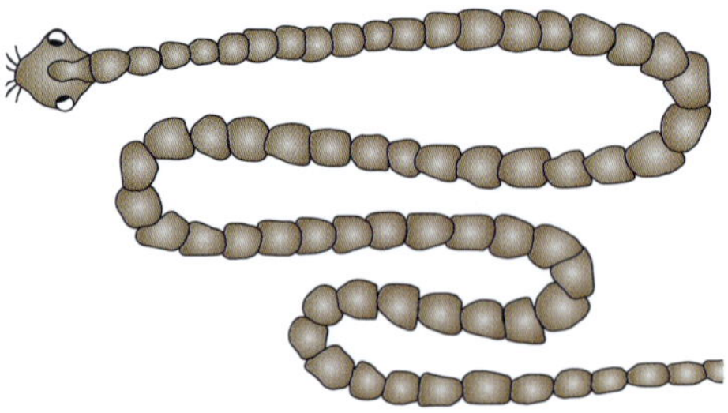

Abb. 4-50: Schematische Darstellung eines Schweinefinnenbandwurms

Streift sie ein potenzieller Wirt, halten sie sich blitzschnell fest und bohren unbemerkt ihren Stechrüssel in die Haut. Mithilfe von Widerhaken an den Mundwerkzeugen können sie sich festhalten. Dann saugen sie das Blut des Wirts. Dabei können sie verschiedene, für den Menschen gefährliche Krankheiten übertragen, z. B. Borreliose oder Hirnhautentzündung.

Endoparasiten

Der Schweinefinnenbandwurm ist ein typischer
S. 201 Vertreter der Endoparasiten. Er lebt im Darm des Menschen und wird bis zu 7 m lang. Am Kopf trägt er einen Saugnapf mit Hakenkranz (Abb. 4-50). Damit kann er sich gut festhalten.

Die Vermehrung erfolgt über Eier, die er zahlreich produziert und durch den After des Wirts nach außen in die Umwelt abgibt. Gelangen befruchtete Eier in den Verdauungstrakt eines Schweins, entwickeln sich dort zunächst die Larven. Sie durchbohren später den Darm, wandern durch den Schweinekörper, setzen sich in Organen oder der Muskulatur fest und kapseln sich ein.

Diese Kapseln heißen auch Finnen. Gelangt eine Finne beim Verzehr von rohem Schweinefleisch in den Magen-Darm-Trakt des Menschen, kann sich der Bandwurm zum fortpflanzungsfähigen Tier entwickeln.

Beim Schweinefinnenbandwurm ist der Mensch der Endwirt, weil er den ausgewachsenen Bandwurm in sich trägt. Das Schwein ist der Zwischenwirt, weil es in seinem Körper die Larve trägt. Abbildung 4-51 zeigt den Entwicklungszyklus mit dem Wirtswechsel.

Der Mensch muss jedoch nicht immer der Endwirt von Bandwürmern sein. Sowohl der Hundebandwurm als auch der Fuchsbandwurm nutzen unter anderem den Menschen als Zwischenwirt. Hund oder Fuchs sind jeweils die Endwirte.

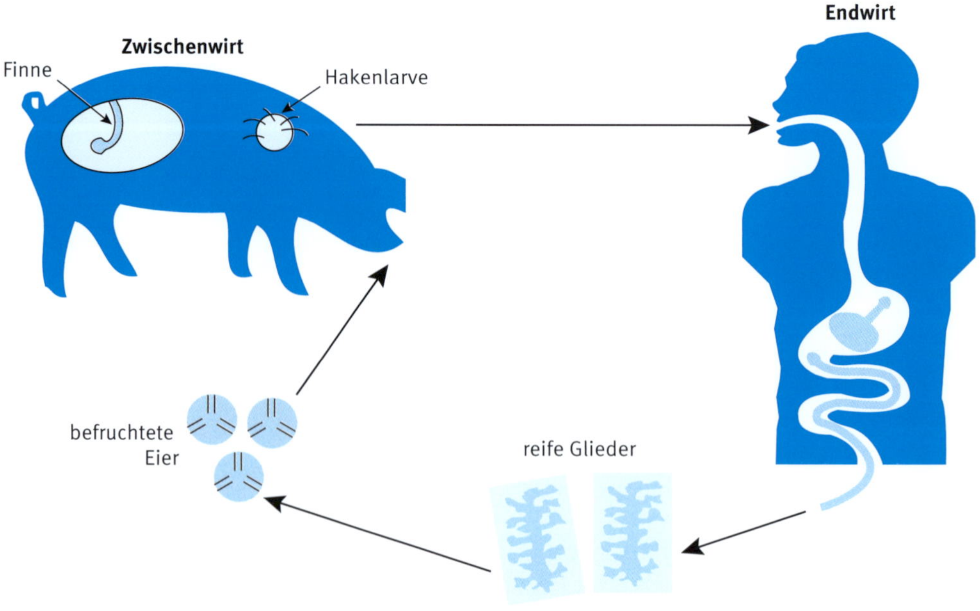

Abb. 4-51: Entwicklung und Wirtswechsel beim Schweinefinnenbandwurm

Tab. 4-13: Vorbeugung und Bekämpfung von Zeckenbiss und Bandwurmbefall

	Zeckenbiss	**Bandwurmbefall**
Krankheitssymptome	· blaurote Verfärbung an der Einstichstelle · Fieber	· Gewichtsabnahme · Durchfall · Übelkeit
Vorbeugung	· lange Kleidung tragen (auch im Sommer) · Zeckenspray auf Kleidung oder Haut anwenden (nur geeignete Präparate verwenden) · Körper auf Zeckenbefall überprüfen · gegen FSME, die von Zecken übertragbare Hirnhautentzündung, impfen lassen	· vor jeder Mahlzeit Hände gründlich waschen · auf Sauberkeit beim Umgang mit (entwurmten) Hunden und Katzen achten · Waldfrüchte vor Verzehr gut abwaschen · Fleischbeschau der Schlachtkörper beim Schwein durchführen lassen
Bekämpfung	· Zecke entfernen · Arzt aufsuchen	· Arzt aufsuchen · mit verordneten Medikamenten therapieren

Hier gelangen die Bandwurmeier über den Verdauungstrakt in den menschlichen Körper. Später bohren sich die Larven durch die Darmwand des Menschen. Sie setzen sich vorzugsweise in den Organen, besonders der Leber, fest und kapseln sich dort ein.

Im beschriebenen Fall ist der Mensch ein Fehlwirt, denn hier endet der Lebensweg dieser Bandwürmer in einer Sackgasse: Weder Hunde noch Füchse fressen den Menschen. Gelangen die Eier von Hunde- oder Fuchsbandwurm jedoch in den Körper von Mäusen, ist die Maus der Zwischenwirt. Werden befallene Mäuse von Hunden oder Füchsen gefressen, ist der Kreislauf geschlossen.

Vorbeugen und Bekämpfen von Parasiten

Ekto- und Endoparasiten wie Zecken und Bandwürmer können zu unterschiedlichen Krankheitssymptomen führen. Dementsprechend sind verschiedene Vorbeugemaßnahmen und Behandlungsmöglichkeiten wirkungsvoll. In Tabelle 4-13 sind diese am Beispiel der genannten Parasiten dargestellt.

Der Befall mit Fuchs- und Hundebandwurm kann langfristig zu Beschwerden z. B. durch Zysten in der Leber führen. Bei diesem Befall ist die Therapie wesentlich langwieriger und trotzdem nicht so erfolgreich wie bei der Bekämpfung des Schweinefinnenbandwurms.

4.6 Ernährung und Verdauung

Wofür brauchen das …?

- **Landwirte:** Gräser wachsen mithilfe von Wasser, Nährsalzen und Sonneneinstrahlung. Rinder können Gras in Milch und Fleisch verwandeln. Warum können Menschen nicht von Nährsalzen oder Gras leben?
- **Tierwirte:** Schweine und Menschen ernähren sich ähnlich. Kein Wunder – ihr Verdauungssystem weist erstaunlich viele Parallelen auf.
- **Gärtner:** Annika fragt sich, was es mit den Nährwertangaben auf der Verpackung ihres Lieblingsmüsliriegels auf sich hat.

Ernährung und Verdauung gehören zu den Stoffwechselprozessen im pflanzlichen und tierischen bzw. menschlichen Körper. Der Stoffwechsel ist S. 164 eines der Kennzeichen des Lebens. Das Schema in Abbildung 4-52 gibt einen Überblick über S. 168 den Stoff- und Energiewechsel, der in den Zellen stattfindet.

4.6.1 Bestandteile der Nahrung

In Abbildung 4-53 lässt sich leicht erkennen, aus welchen Zutaten und Nährstoffen unsere Nahrung besteht. Seit Dezember 2014 gilt die Lebensmittelinformationsverordnung (LMIV) der Europäischen Union. Das bedeutet, dass alle Lebensmittel in Fertigpackungen auf ihrer Verpackung nicht nur Angaben zu den Inhaltsstoffen aufweisen müssen. Vielmehr sind auch Angaben zu den Nährwerten verpflichtend.

Zusammenfassend ist festzustellen: Sowohl Müsliriegel als auch Waffelbrot enthalten folgende Bestandteile: Kohlenhydrate, Eiweiße (Proteine), Fette, Mineralstoffe und Vitamine.

Mineralstoffe sind anorganische, lebensnotwendige S. 1(Stoffe, die in Form von gelösten Salzen mit der Nahrung aufgenommen werden müssen. Vitamine sind organische Verbindungen. Einige davon kann S. 13 der Körper selbst bilden; andere müssen ihm mit der Nahrung zugeführt werden.

Nahrungsmittel liefern Menschen mit ihren Bestandteilen nicht nur Energie, sondern auch S. 8(

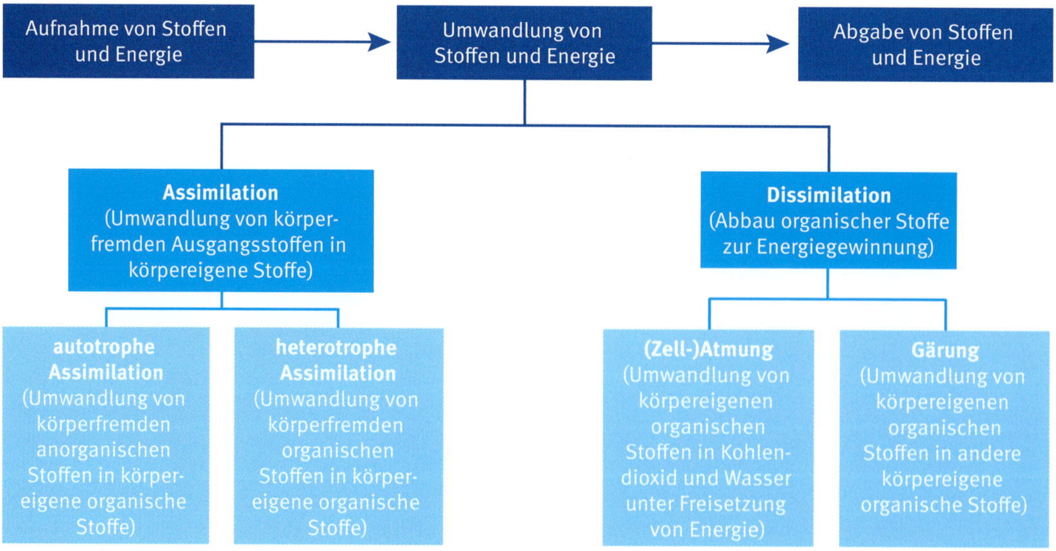

Abb. 4-52: Stoffwechselprozesse in pflanzlichen und tierischen Zellen

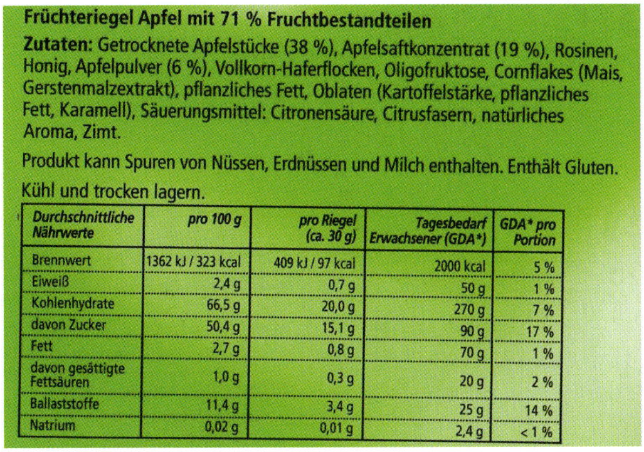

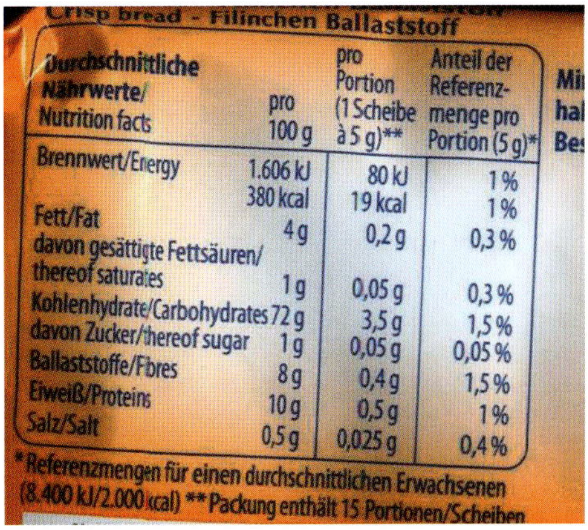

Abb. 4-53: Zutatenliste und Nährwertangaben am Beispiel von Müsliriegel (links) und Waffelbrot (rechts)

Bausteine, aus denen sie körpereigene Masse aufbauen, z. B. Knochen, Muskelmasse oder Fettgewebe.

Außerdem enthalten die Nahrungsmittel mehr
. 115 oder weniger viel Wasser, rohe Möhren etwa 86 %, Brot 34 bis 43 %. Tabelle 4-14 gibt einen Überblick über die Nährstoffe und ihre Bedeutung.

4.6.2 Autotrophe und heterotrophe Ernährung

Assimilation (Ernährung) ist der Aufbau körpereigener organischer Stoffe. Je nachdem, ob die Ausgangsstoffe anorganischen oder organischen Ursprungs sind, wird zwischen autotropher und heterotropher Assimilation unterschieden.

Tab. 4-14: Nährstoffe in der Nahrung und ihre Bedeutung

Nährstoffe	Bedeutung	Nahrungsmittel mit hohem Gehalt
Wasser	· löst und transportiert Nährstoffe · lässt Nahrungsbestandteile aufquellen · reguliert das Temperaturregime im Körper (Wasserabgabe durch Schwitzen)	· alle Getränke · Suppen · Gemüse, z. B. Gurken, Tomaten · Obst, z. B. Orangen, Pfirsiche, Melonen
Kohlenhydrate	· liefern vorwiegend Energie · sind am Aufbau von Zellen beteiligt · sind als Ballaststoff für die Darmfüllung und -bewegung sowie für die Darmbakterien sehr wichtig	· Zucker: Süßwaren, Erfrischungsgetränke, Ketchup · Stärke: Kartoffelprodukte, Getreideprodukte (Mehl) · Ballaststoffe: Vollkornbrot, Nüsse, Äpfel
Eiweiße (Proteine)	· beeinflussen alle Lebensfunktionen · sind am Aufbau verschiedener Zellbestandteile beteiligt · können auch Energie liefern	· tierisch: Eier, Fleisch, Fisch, Milch · pflanzlich: Obst und Gemüse, vor allem Hülsenfrüchte
Fette	· liefern hauptsächlich Energie · sind am Aufbau von Zellen beteiligt	· tierisch: Speck, Butter · pflanzlich: Pflanzenöle, Margarine, Nüsse, Oliven · verarbeitet: Mayonnaise, Schokolade, Pommes frites
Mineralstoffe	· sind an allen Stoffwechselvorgängen und Energieumwandlungen im Körper beteiligt · werden in allen Körperzellen benötigt, besonders Skelett, Zähne, Blut und Muskulatur	· Calcium: Milchprodukte, Bohnen, Sesam · Kalium: Rindfleisch, Fisch, Trockenfrüchte · Eisen: rotes Fleisch, Muscheln, Weizenkleie
Vitamine	regeln verschiedene Stoffwechselvorgänge und Organfunktionen im Körper	· Vitamin A: Leber, Karotten · Vitamin C: Paprika (roh), Kiwis, Zitrusfrüchte

Autotrophe Assimilation

Autotrophe Ernährung bedeutet, dass körper-
S. 102 fremde, anorganische, energiearme Stoffe un-
S. 132 ter Aufnahme von Lichtenergie in organische, körpereigene, energiereiche Stoffe umgewandelt werden. Autotrophie kann mit Selbsternährung übersetzt werden.

S. 187 Ein Beispiel dafür ist die Fotosynthese. Grüne Pflanzen können sich autotroph ernähren. Dazu benötigen sie Wasser, Sonnenlicht, Chloroplasten und verschiedene Mineralstoffe. Diese Ernährungsweise ist die Grundlage für die Existenz und die Ernährung der Tiere und der Menschen.

Die Kartoffelpflanze ernährt sich autotroph. Sie nimmt Kohlendioxid und Wasser auf (beide Stoffe sind körperfremd, anorganisch, energiearm) und wandelt sie in den Chloroplasten mithilfe der Sonnenenergie (energiereich) z. B. in Stärke (organisch, körpereigen, energiereich) um.

Daneben gibt es chemoautotrophe Bakterien. Sie können z. B. anorganische Schwefel- oder Stick-
S. 128 stoffverbindungen als Energiequelle nutzen. Von besonderer Bedeutung sind hier die nitrifizierenden Bakterien, die im Boden Ammonium zu Nitrat abbauen.

Heterotrophe Assimilation

Heterotrophe Ernährung bedeutet, dass körperfremde, organische, energiereiche Stoffe in körpereigene, organische, energiereiche Stoffe umgewandelt werden. Heterotrophie steht für »sich von anderen ernährend«.

Ein Beispiel ist die Ernährung und Verdauung bei Tieren und Menschen. Sie alle ernähren sich heterotroph. Das heißt, sie müssen organische Masse zu sich nehmen. Damit sind sie von der Stoffproduktion der grünen Pflanzen abhängig.

S. 156 Der Mensch nimmt mit der Kartoffel Stärke auf (körperfremd, organisch, energiereich) und wandelt sie in Glykogen um. Dieser Energiespeicher in der Leber ist körpereigen, organisch und energiereich.

4.6.3 Verdauungssystem bei Allesfressern

Zu den Allesfressern gehören z. B. Schweine, Ratten, Bären und auch der Mensch. Das Verdauungssystem hat bei Allesfressern, genauso wie bei den anderen Wirbeltieren, folgende Aufgaben:

1. die zugeführte Nahrung zu zerkleinern,
2. die zerkleinerte Nahrung in ihre Grundbausteine zu zersetzen,
3. die Grundbausteine in das Blut- und Lymphsystem des Körpers zu überführen,
4. unverdauliche Reste auszuscheiden.

Einen Überblick über das menschliche Verdauungssystem gibt Abbildung 4-54. Es ist gut zu erkennen, dass das Verdauungssystem in verschiedene Abschnitte unterteilt ist. Dabei hat jeder Abschnitt seine bestimmte Aufgabe und ist vom Aufbau her hervorragend an diese Funktion angepasst (Tab. 4-15).

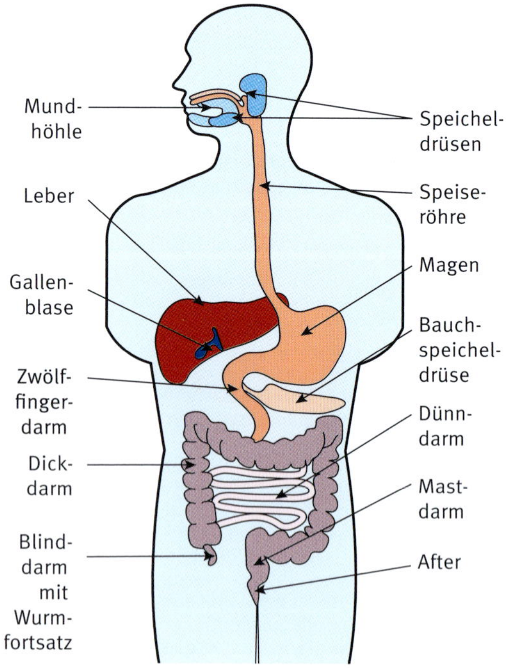

Abb. 4-54: Verdauungssystem des Menschen (schematische Darstellung)

Tab. 4-15: Abschnitte des Verdauungssystems und ihre Aufgaben

Abschnitt des Verdauungssystems	Abgegebene Sekrete	Aufgaben
Mundöffnung		Nahrungsaufnahme
Mundhöhle	Speichel	
Magen	Magensaft, Salzsäure	Verdauung: Zerlegung der aufgenommenen Nährstoffe in ihre Grundbausteine mithilfe von Enzymen
Dünndarm	Dünndarm	
Dickdarm	Schleim	
Dünndarm Dickdarm		Resorption: Aufnahme der in ihre Grundbausteine zerlegten Nährstoffe und der Mineralstoffe in die Körperzellen
Mastdarm mit After	Schleim	Ausscheidung: Sammeln und Abgabe des unverdaulichen Materials aus dem After

Mundhöhle

Als Beispiel soll ein Stück eines Rührkuchens dienen (Abb. 4-55). Ein bisschen wird auch der Kuchen im Mund gekaut. Im Laufe der Entwicklung hat sich bei den Allesfressern, angepasst an die Art und Weise der Ernährung, ein typisches Gebiss herausgebildet. Es unterscheidet sich deutlich von den Gebissen der Pflanzenfresser, z. B. Rind, oder der Fleischfresser, z. B. Katze. Diese Einteilung der Gebisse nach der Ernährungsweise wird nur innerhalb der Säugetiere vorgenommen.

Die Zerkleinerung der Nahrung geschieht bei der Verdauung der Säugetiere hauptsächlich mithilfe des Gebisses. Beim Kauen wird der Kuchen nicht nur zerkleinert und damit die Oberfläche der Nahrungsteilchen enorm vergrößert, sondern auch mit Speichel versetzt. Der Speichel bewirkt, dass die Stärke – sie kommt im Kuchen aus dem Mehl – abgebaut wird. Damit beginnt die Verdauung der Kohlenhydrate.

Abb. 4-55: Selbst gebackener Rührkuchen

Magen

Nachdem der Speisebrei durch die Speiseröhre im Magen angelangt ist, erfolgt hier die Durchmischung des Nahrungsbreis. Außerdem werden ihm Magensäure und Enzyme zugegeben. **Enzyme** sind Biokatalysatoren, die chemische Reaktionen auslösen oder sie beschleunigen.

Diese Enzyme beginnen damit, das Eiweiß aus der Nahrung – im Kuchen ist es z. B. in den Eiern enthalten – in kleinere Aminosäureketten zu S. 159
zerlegen. Das Kuchenstückchen ist nun nicht wiederzuerkennen!

Am Ende des Magens passiert der Nahrungsbrei eine Engstelle. Hier verlässt er den Magen und gelangt in den Zwölffingerdarm.

Dünndarm

Im Zwölffingerdarm, einem Teil des Dünndarms, kommt der Brei mit dem Bauchspeichel aus der Bauchspeicheldrüse und dem Gallensaft in Berührung, den die Leber bildet. Beide Flüssigkeiten werden benötigt, um die großen Moleküle der Koh- S. 108
lenhydrate, Fette und Eiweiße in kleine Moleküle zu zerlegen. Die Fette wurden dem Kuchen z. B. durch die Butter zugefügt.

Der zugesetzte Gallensaft spaltet das Fett der Nahrung in seine Bestandteile Glycerin und Fettsäuren. S. 151
Der Bauchspeichel bewirkt sowohl die Zerlegung von Kohlenhydraten in Einfachzucker als auch die Aufspaltung von Aminosäureketten (die Bausteine

S. 158 der Eiweiße) in die Aminosäuren. In Abbildung 4-56 ist dies schematisch dargestellt.

Inzwischen bewegt sich der Brei weiter durch den Dünndarm. Im Dünndarm werden die kleinen Moleküle von der Darmwand aufgenommen (resorbiert). Resorption bedeutet hier Aufnahme der in ihre Grundbausteine zerlegten Nährstoffe in die Körperzellen.

Der Dünndarm ist der Hauptresorptionsort von S. 156 Einfachzuckern (Monosacchariden), Aminosäuren, Glycerin und Fettsäuren. Er ist innen mit einer Vielzahl von Einstülpungen versehen. Diese werden als Zotten bezeichnet und bewirken eine starke Vergrößerung der Oberfläche der Dünndarminnenwand (Abb. 4-57 oben).

Wie gelangen die Grundbausteine der Kohlenhydrate, Eiweiße und Fette vom Dünndarm an die Stellen im menschlichen Körper, wo sie neu zu körpereigenen Stoffen zusammengesetzt werden und zum Aufbau von körpereigenen Zellen oder zur Energiegewinnung notwendig sind? Dies geschieht über das Blutgefäß- und das Lymphsystem.

Die Zotten sind gut durchblutet und eng mit dem Lymphsystem verbunden (Abb. 4-57 unten). Während die Blutgefäße Aminosäuren und Einfachzucker aufnehmen, transportiert die Lymphe Fettsäuren und Glycerin. Die Grundnährstoffe werden zur Leber transportiert und dort zum

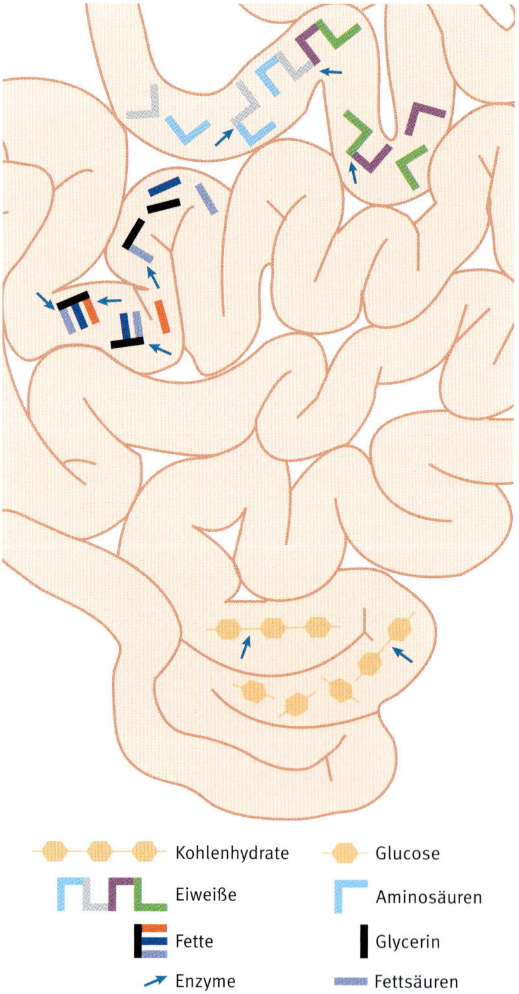

Abb. 4-56: Makromoleküle werden während der Verdauung in ihre Grundbausteine zerlegt

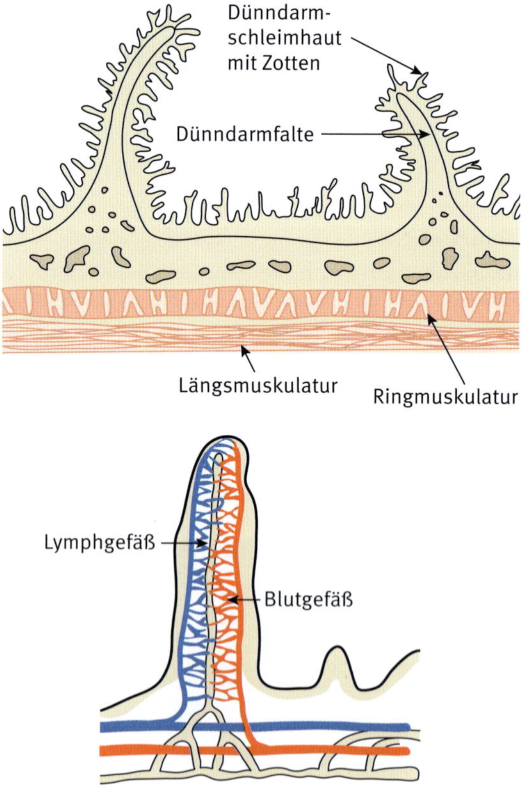

Abb. 4-57: Ausschnitt des Dünndarms (oben) und Querschnitt durch eine Dünndarmzotte (unten)

Aufbau von körpereigenen Kohlenhydraten (z. B. Glykogen), körpereigenen Eiweißen (z. B. Muskeleiweiß) und körpereigenen Fetten (z. B. Bauchfett) verwendet.

Dickdarm und After

Vom Dünndarm gelangt der Brei in den Dickdarm,
. 198 wo ihm Wasser und darin gelöste Mineralstoffe entzogen werden. Außerdem leben hier Darmbakterien, die sich mit den unverdaulichen Stoffen beschäftigen und daraus für sich selbst Nahrung gewinnen. Die unverdaulichen Reste werden am Ende des Verdauungstrakts ausgeschieden.

4.6.4 Verdauungssystem bei Wiederkäuern

Die Ernährung der Wiederkäuer (z. B. Rind und Schaf) unterscheidet sich wesentlich von der des Menschen. Wiederkäuer fressen überwiegend
. 209 Gras, Heu und Silage, also Futter, das sehr viele Ballaststoffe enthält. Diese Ballaststoffe werden als Rohfaser bezeichnet. Sie bestehen aus hochmolekularen Kohlenhydraten, z. B. Lignin oder
. 157 Cellulose.

Ballaststoffe sind für den Menschen eher nicht nutzbare Bestandteile der Nahrung, gleichwohl sie in der menschlichen Nahrung für die Verdauung von Bedeutung sind. Bei Wiederkäuern jedoch ist das Verdauungssystem so entwickelt, dass sie die Energie nutzen können, die in der Rohfaser enthalten

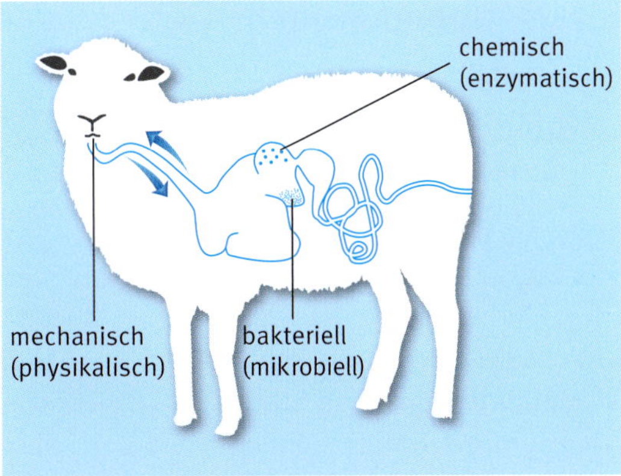

Abb. 4-58: Schema der Wiederkäuerverdauung beim Schaf

ist. Zwischen Speiseröhre und Labmagen gibt es ein Vormagensystem, das aus Pansen, Netzmagen und Blättermagen besteht.

Im Pansen erfolgt die mikrobielle Verdauung der Rohfaser mithilfe von Pansenbakterien (Abb. 4-58). Sie schließen die schwer verdaulichen Nahrungsbestandteile auf und wandeln sie in Bakterieneiweiß,
aber auch in Methan um. Während der Verdauung S. 134
würgen Wiederkäuer den Nahrungsbrei immer wieder hoch, um ihn nochmals gründlich zu zerkauen. Daher kommt auch der Name.

Die Bakterien vermehren sich im Pansen. Mit S. 205
dem Nahrungsbrei werden sie über den Netz- und den Blättermagen in den Labmagen und weiter in den Darm transportiert. Im Dünn- und Dickdarm erfolgt die Verdauung des Bakterieneiweißes – analog der Eiweißverdauung beim Menschen.

4.7 Mikroorganismen

Wofür brauchen das ...?

- **Landwirte:** Rinder können Heu und Silage verdauen – wie machen sie das bloß?
- **Gärtner:** Lina fragt sich, warum ihr Chef die Erden dämpft.
- **Fachkräfte Agrarservice:** Die Silage von Landwirt Hirz soll mit Siliermittel versetzt werden, weil die Bedingungen nicht ideal sind. Wofür ist das gut?

Unter Mikroorganismen versteht man Lebewesen, die mit bloßem Auge nicht zu sehen sind. Man spricht auch von Mikroben, Kleinstlebewesen oder Keimen. Um sie sichtbar zu machen, braucht man ein Mikroskop, auch wenn sie in verschiedenen Größen
S. 167 vorkommen. Die meisten Mikroben sind Einzeller; wenige bestehen auch aus mehreren Zellen. Die Lehre, die sich mit Kleinstlebewesen beschäftigt, heißt Mikrobiologie.

4.7.1 Einteilung der Mikroorganismen

Die Mikroorganismen lassen sich in Gruppen ein-
S. 206 teilen: Bakterien, Hefen und Schimmelpilze sind die wichtigsten im Lebensmittel- und Landwirtschaftsbereich. Aber auch Archaeen, Protozoen und Mikroalgen zählen dazu.

Viren und Prionen gehören nicht zu den Mikro-
S. 198 organismen, weil sie keinen Stoffwechsel haben und sich nicht selbstständig vermehren können.
S. 195 Viren sind kleinste Parasiten, die ihr Erbgut in lebende Zellen einbringen, deren Material zur Vervielfältigung nutzen und dadurch die Zellen zerstören.

Die nur aus Eiweiß bestehenden Prionen besitzen
S. 172 kein Erbgut (DNA oder RNA). Sie sind Auslöser der Rinderseuche BSE, der Traberkrankheit (Scrapie) bei Schafen und Ziegen sowie der Creutzfeldt-Jakob-Krankheit beim Menschen.

Merke:
Viren und Prionen sind keine Mikroorganismen, weil sie keinen Stoffwechsel haben und sich nicht selbstständig vermehren können.

Archaeen

Archaeen (früher auch fälschlich Archaebakterien genannt) sind vom Zellaufbau her den Bakterien sehr ähnlich, unterscheiden sich aber durch ihre biochemische Wirkung und ihre Enzyme. Archaeen spielen eine wichtige Rolle in allen Biosystemen, weil sie an Orten vorkommen, an denen für alle anderen Organismen kein Leben möglich ist. So findet man sie z. B. in Salzwasser, in saurem Milieu oder in über 100 °C heißem Wasser (Abb. 4-59).

Archaeen sind noch nicht lange bekannt. Für biotechnologische und industrielle Anwendungen gibt es allerdings viele interessante Forschungsprojekte.

Protozoen

Vom Aufbau und von ihrer Größe sind Protozoen den Pilzen ähnlich. Sie besitzen im Gegensatz zu den Bakterien einen Zellkern. Geißeltierchen, S. 16
Wurzelfüßer, Wimperntierchen und Sporentierchen zählen zu den Protozoen (Abb. 4-60).

Abb. 4-59: Archaeen leben unter anderem in heißen Quellen

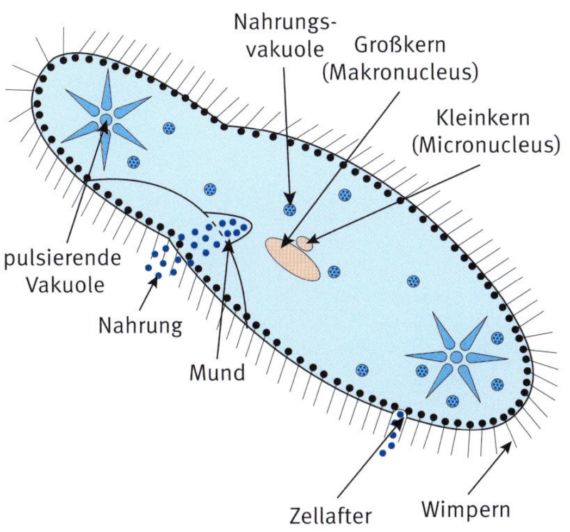

Abb. 4-60: Das Pantoffeltierchen gehört zu den Wimperntierchen

Man vermutet, dass es über 40 000 unterschied-
215 liche Arten gibt, wovon einige Krankheitserreger sind. Sie können bei Menschen z. B. Krankheiten wie Malaria und die Afrikanische Schlafkrankheit auslösen. Auch Kokzidiose ist eine Protozoeninfektion.

Mikroalgen

Algen sind ein- oder vielzellige Mikroorganismen mit Zellkern, die meistens an das Leben im Wasser
187 gebunden sind. Algen konnen zwar Fotosynthese betreiben, gehören aber nicht zu den Pflanzen. Von den dafür zuständigen Chloroplasten kommt die grüne Farbe (Abb. 4-61).

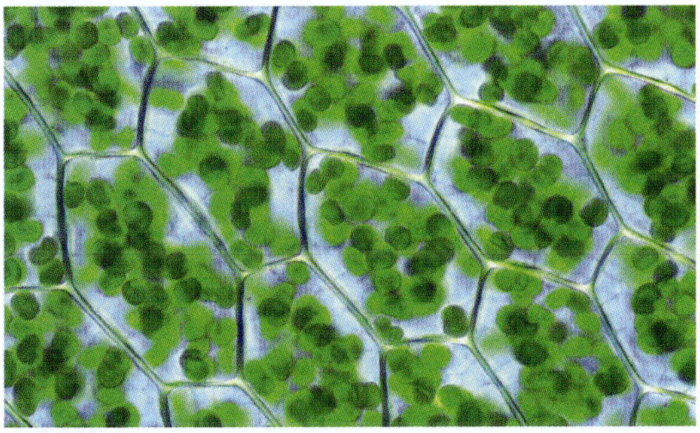

Abb. 4-61: Die grünen Chloroplasten für die Fotosynthese sind deutlich zu sehen

Man vermutet, dass es über 400 000 verschiedene Algenarten gibt, von denen allerdings nur ein geringer Teil bekannt ist. Zu den Mikroalgen gehören nur die Einzeller beziehungsweise die, die mit bloßem Auge nicht zu erkennen sind. Es gibt Algen, die viele Meter lang werden können.

Bakterien

Bakterien sind einzellige Organismen, die in unterschiedlichen Formen vorkommen (Abb. 4-62): kugelförmig (Kokken), stäbchenförmig (Stäbchen) oder schraubenförmig (Spirillen). Oft besitzen sie Geißeln, mit denen sie sich fortbewegen können. Bakterien sind heterotroph, d. h., sie ernähren sich S. 200
von organischer Substanz.

Bakterien besitzen keinen Zellkern. Vielmehr liegt ihr Erbgut (DNA) als ringförmig geschlossener Strang vor. Sie vermehren sich durch Zellteilung (Mitose), bei günstigen Bedingungen oft in Zeit- S. 173
abständen von 10 bis 20 Minuten (Abb. 4-63).

Nach der Teilung können die einzelnen Individuen als Zellverbände zusammenbleiben. Einige Bakterien bilden Dauerzellen (Sporenbildner), die auch bei ungünstigen Bedingungen sehr lange überleben können.

Innerhalb der Gruppe von Bakterien gibt es viele für Menschen und/oder Tiere pathogene (krankheitserregende) Arten. Auch Zoonosen können durch Bakterien hervorgerufen werden. Gemeint sind Infektionskrankheiten, die von Menschen auf Tiere oder von Tieren auf Menschen übertragen

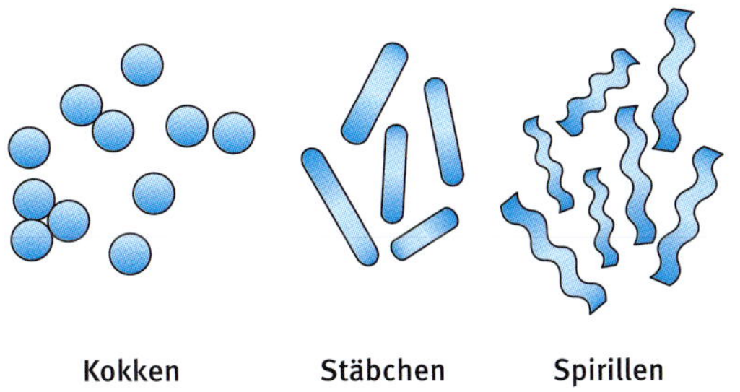

Abb. 4-62: Bakterienformen

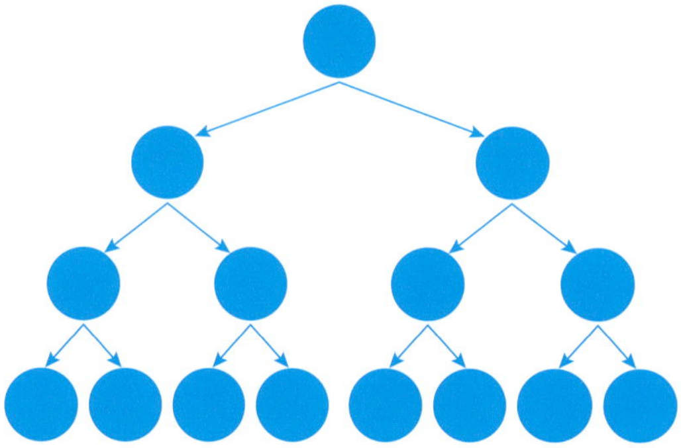

Abb. 4-63: Unter günstigen Bedingungen können innerhalb einer Stunde aus einer Bakterie zwei, dann vier, dann acht Bakterien usw. entstehen

Abb. 4-64: Aufgegangener Hefeteig vor dem Backen

werden. Nicht krankmachende Bakterien nennt man apathogene Bakterien.

S. 209 Es gibt aber auch für den Menschen nützliche Bakterien. Deren Stoffwechselprodukte führen dazu, dass sich Lebensmittel oder Futtermittel in einer gewünschten Weise verändern, z. B. hinsichtlich des Geschmacks (Joghurt, Silge) oder hinsichtlich der Haltbarkeit (Essiggemüse). Verantwortlich sind hier Milchsäurebakterien und Essigsäurebakterien.

Pilze

Alle Pilze besitzen im Gegensatz zu den Bakterien einen Zellkern. Man unterscheidet zwischen S. 167 Einzellern wie z. B. Hefen und mehrzelligen Lebewesen wie z. B. Schimmelpilzen.

Hefen

Hefen sind einzellige Schlauchpilze, die sich durch Spaltung oder Sprossung vermehren. Ihr Stoffwechsel ist von der Anwesenheit von Sauerstoff abhängig: Bei ihrer Atmung wird ein Molekül Glucose in zwei S. 146 Moleküle Brenztraubensäure (eine Carbonsäure) umgewandelt.

Nimmt der Sauerstoffgehalt ab, spalten Gärungsenzyme den Großteil der entstandenen Brenztrau- S. 145 bensäure zu Acetaldehyd und dann zu Alkohol. Es entstehen Ethanol und oft auch Kohlendioxid. Der S. 211 Prozess wird alkoholische Gärung genannt.

Für die Industrie werden gezielt Hefen gezüchtet. Eine wichtige Rolle spielen hierbei die Bäckerhefe *Saccharomyces cerevisiae* (Abb. 4-64) und die Hefen *Saccharomyces cerevisiae* und *Saccharomyces carlsbergensis* zum Bierbrauen.

Schimmelpilze

Schimmelpilze sind Mehrzeller. Alle mehrzelligen S. 16 Pilze bilden in ihrem Nährboden (z. B. Erde, Holz, Lebensmittel) ein Geflecht, Myzel genannt, aus einzelnen Fäden, den Hyphen. Myzel kann sich sehr stark ausbreiten. Auch wenn es nicht sichtbar ist, kann dieses Geflecht sich über einen großen Bereich erstrecken.

Mit Schimmelpilzen befallene Nahrungsmittel, wie in Abbildung 4-65 links, müssen daher komplett vernichtet werden, weil viele Schimmelpilze Mykotoxine (Giftstoffe) ausscheiden. Deshalb sollten auch bei Silage schimmelige Bereiche nicht verfüt- S. 20 tert werden.

Zur Herstellung einiger Lebensmittel werden jedoch Edelschimmelarten gezüchtet. Bei der Reifung von Käse werden mit breiten Nadeln Löcher hineingestochen, um den Edelschimmelarten Sauerstoff bereitzustellen wie bei Blauschimmelkäse und Gorgonzola (Abb. 4-65 rechts), oder sie werden mit einer Edelschimmelumhüllung versehen (Camembert). Auch der weiße Belag auf der Haut von Salami ist Edelschimmel.

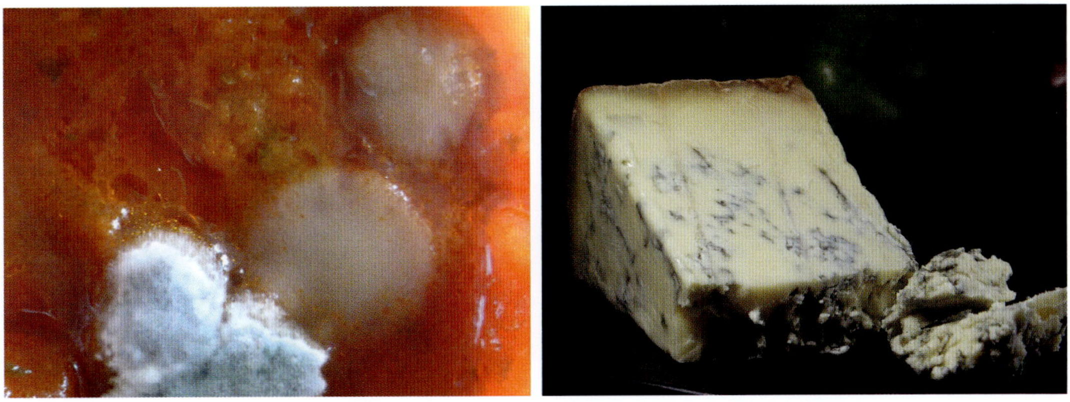

Abb. 4-65: Zwei Formen von Schimmelpilz: Schimmelige Tomatensoße (links) und Edelschimmelkäse (rechts)

4.7.2 Lebensbedingungen von Mikroorganismen

Wie alle Lebewesen benötigen Mikroorganismen bestimmte Voraussetzungen (Lebensbedingungen),
198 um ihren Stoffwechsel betreiben und sich vermehren zu können. Will man ein Lebens- oder Futtermittel konservieren, reicht es aus, wenn man eine dieser Lebensbedingungen ändert.

Allerdings können viele Mikroorganismen bei widrigen Umweltbedingungen durch eine unge-
173 schlechtliche (Mitose) oder geschlechtliche (Meiose) Zellteilung Sporen bilden, die dann außerordentlich widerstandsfähig sind. Sporen brauchen weder Wasser noch Nahrung noch Sauerstoff und überleben teilweise sehr lange unter unwirtlichen Bedingungen.

Sauerstoff

Während alle Tiere und auch die Pflanzen auf
169 Sauerstoff für die Atmung angewiesen sind, können einige Mikroorganismen darauf verzichten. Für manche ist er sogar giftig. Tabelle 4-16 gibt einen Überblick über die Fachbegriffe und nennt Beispiele.

Wasser

Ein häufig verwendetes Maß für die Anwesenheit von Wasser ist der so genannte Trockensubstanz- oder Trockenmassegehalt (kurz TS- oder TM-Gehalt). Er wird in Prozent angegeben und gibt den Anteil z. B. eines Futtermittels wieder, der nicht Wasser ist. Gemessen wird der Trockensubstanzgehalt durch Auswiegen einer Probe vor oder nach einer vollständigen Trocknung.

Ein genaueres Maß bezüglich der Aktivität von Mikroorganismen ist die Wasseraktivität (activity of water = a_W) Sie bezeichnet frei verfügbares, ungebundenes Wasser, das unter anderem den Mikroorganismen zum Leben zur Verfügung steht. Der a_W-Wert liegt zwischen 0 und 1:

- 0 = theoretisch trockene Substanz
- 1 = reines Wasser

Tab. 4-16: Fachbegriffe für das Vorhandensein von Sauerstoff

Fachbegriff	Bedeutung	Beispiele
obligat aerob	diese Mikroorganismen sind auf das Vorhandensein von Sauerstoff angewiesen	fast alle Pilze
mikroaerob	diese Mikroorganismen wachsen am besten, wenn nur sehr wenig Sauerstoff vorhanden ist	*Campylobacter jejuni*
obligat anaerob	diese Mikroorganismen überleben nur bei völliger Abwesenheit von Sauerstoff	*Clostridium perfringens*
fakultativ anaerob	diese Mikroorganismen können sowohl mit als auch ohne Sauerstoff leben	*Escherichia coli* (*E. coli*), Salmonellen, Staphylokokken, Listerien

Die meisten Mikroben wachsen bei einem a_W-Wert von über 0,98 am besten (Abb. 4-66). Allerdings gibt es auch xerophile (trockenheitsliebende) Arten, die sogar noch bei einem a_W-Wert von 0,6 Stoffwechsel betreiben. Unter diesem Wert ist kaum mehr Leben möglich.

Temperatur

Bei Temperaturen zwischen 20 und 40 °C haben die meisten Keime ihr Optimum. Das bedeutet, dass sich auch pathogene Mikroorganismen bei Temperaturen, wie sie in Gewächshäusern und Ställen vorkommen, schnell vermehren.

Psychrophile Mikroorganismen sind kälteliebend und auch bei Temperaturen zwischen -5 und +20 °C aktiv. Die Fachbegriffe für die Temperaturvorlieben von Mikroorganismen sind in Tabelle 4-17 zusammengefasst.

Je niedriger die Temperaturen werden, desto langsamer findet der Stoffwechsel statt und desto langsamer vermehren sich Keime (Abb. 4-67). Kälte tötet sie also meistens nicht ab. Sie verfallen bei tiefen Temperaturen nur in eine Art Starre, vermehren sich aber explosionsartig, sobald es wärmer wird. Achtung bei auftauenden Lebensmitteln!

Tab. 4-17: Fachbegriffe für die Temperaturvorlieben

Fachbegriff	Bedeutung	Beispiel
thermophil	wärmeliebend (45 bis 80 °C)	*Staphylococcus aureus*
mesophil	mittlere Temperaturen bevorzugend (20 bis 45 °C)	*Clostridium perfringens*
psychrophil	kälteliebend (-5 und +20 °C)	*Bacillus* sp.

Abb. 4-66: Frisches Obst wird leicht von Schimmelpilzen befallen (links); getrocknetes wie z. B. Rosinen (rechts) selten

Durch Hitze werden die Keime abgetötet. Hierfür reichen Erhitzungsverfahren, in denen Temperaturen zwischen 70 und 75 °C angewendet werden. Bei über 120 °C werden Bakteriensporen zerstört.

pH-Wert

Der pH-Wert beschreibt die saure oder alkalische Reaktionsfähigkeit eines Mediums. Die meisten Mikroben fühlen sich bei einem neutralen pH-Wert am wohlsten. Das heißt, sie bevorzugen ein Milieu zwischen pH 6 und 8. Nur acidophile (säureliebende) Keime überleben einen niedrigeren Wert; alkaliphile sind bei einem höheren pH-Wert aktiv. S. 11

Bei der Konservierung werden daher Lebensmittel in Säuren eingelegt (saure Gurken). Außerdem nutzt man die sauren Stoffwechselprodukte von Mikroorganismen, um pathogene Keime abzutöten, etwa bei Sauerkraut oder Silage.

Mikroorganismen haben verschiedene pH-Wert-Optima:

- Unter pH 4,5 können die meisten Bakterien nicht mehr leben; manche Hefen und Schimmelpilze sind säureresistenter und können noch bis pH 4 ihren Stoffwechsel betreiben.

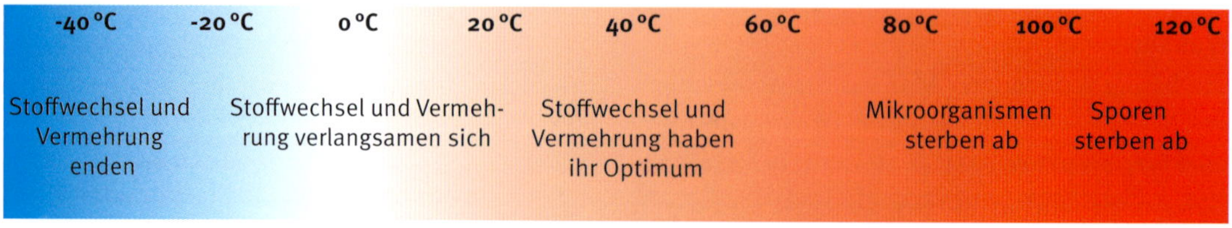

Abb. 4-67: Reaktion von Mikroorganismen auf verschiedene Temperaturbereiche

Abb. 4-68: Schimmelpilze ernähren sich vom Fruchtzucker der Orangen

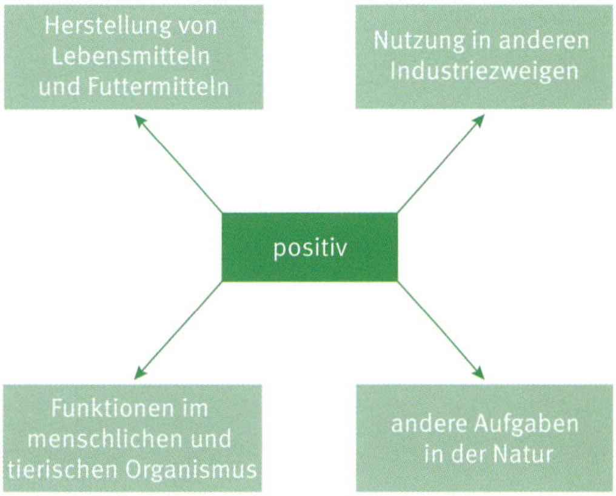

Abb. 4-69: Für den Menschen nützliche Funktionen von Mikroorganismen

- Von pH 6 bis 8 haben die meisten Mikroorganismen ihr Optimum.
- Über pH 9 können kaum mehr Mikroorganismen nachgewiesen werden.

Nährstoffe

Wie alle Lebewesen sind auch Mikroben auf Nah-
155 rung angewiesen. Pilze bevorzugen Kohlenhydrate (Abb. 4-68), während Bakterien sich oft von Kohlenhydraten, aber auch anderen Bakterien ernähren. Auch Fette werden von einigen Mikroorganismen
153 gespalten, sodass das Fett ranzig wird.

Um pathogene Mikroorganismen auf Lebens- und Futtermitteln zu finden, muss man wissen, welche Nährstoffe in dieser Nahrung sind und welche Mikroben auf diese angewiesen sind. Brot und Backwaren werden beispielsweise von Schimmelpilzen befallen; Fleisch und Fleischprodukte sind
213 eine optimale Nahrung für Salmonellen.

4.7.3 Nützliche Funktionen von Mikroorganismen

Ohne das Vorhandensein von Mikroorganismen wäre kein Leben von Pflanzen, Tieren und Menschen möglich. Viele Vorgänge in der Natur werden von ihnen gesteuert.

Mikroorganismen sind auf verschiedene Art und Weise für den Menschen nützlich (Abb. 4-69). Die Möglichkeiten werden im Folgenden vorgestellt. In der Landwirtschaft spielt z. B. die Silierung von Futtermitteln eine wichtige Rolle.

Herstellung von Lebensmitteln und Futtermitteln

In der Lebensmittel- und Futtermittelindustrie sind viele Herstellungsprozesse nur mit Mikroorganismen möglich. Eine Vielzahl von Bakterien wird den Rohstoffen standardisiert als Starterkultur zugegeben oder kommt natürlicherweise darin vor.

Die Mikroorganismen betreiben im Lebens- oder Futtermittel ihren Stoffwechsel und vermehren sich. Man benötigt hauptsächlich deren Stoffwechselprodukte, denn sie führen neben einer gewünschten Veränderung des Geschmacks zur Konservierung von Lebens- und Futtermitteln.

pH-Wert-Absenkung durch Säuren

Die pH-Wert-Absenkung zur Konservierung macht man sich in der Landwirtschaft vor allem bei der Silagebereitung zunutze. Silage ist ein hochwertiges Futter für Wiederkäuer (Abb. 4-70).

Der Prozess wird Milchsäuregärung genannt. Milchsäurebakterien wandeln dabei einen Teil des im Siliergut vorkommenden Zuckers schnell und mit wenig Energieverlust in Milchsäure um (Abb. 4-71).
Diese lässt Eiweiß gerinnen (denaturieren), wodurch S. 160

Abb. 4-70: Silagen aus gehäckseltem Mais: links frisch und rechts als Mischung mit Gras nach der Vergärung

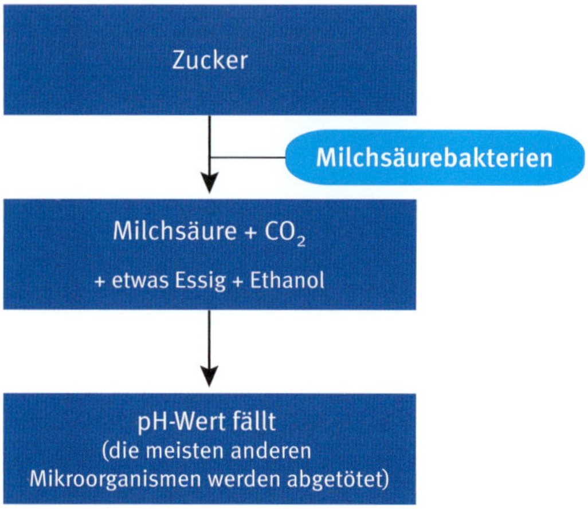

Abb. 4-71: Milchsäuregärung

die meisten anderen Mikroorganismen abgetötet werden.

Milchsäurebakterien sind fakultativ anaerobe, aber meist aerotolerante Bakterien in Stäbchenform (Abb. 4-72). Je nachdem, welche Bakterien beteiligt sind, kann zwischen zwei Arten der Milchsäuregärung unterschieden werden:

- Bei der **homofermentativen Milchsäuregärung** bilden die Bakteriengattung *Streptococcus* und einigen Arten von *Lactobacillus* aus
S. 149 Glucose über einen Zwischenschritt Milchsäure.
- Bei der **heterofermentativen Milchsäuregärung** bilden Bakterien der Gattungen *Leuconostoc* und *Bifidobacterium* sowie einige *Lactobacillus*-Arten entweder aus Pentose über S. 15
Zwischenschritte Milchsäure und Essigsäure S. 14
oder aus Hexose über Zwischenschritte S. 15
Milchsäure und Ethanol.

Unter idealen Bedingungen unterdrücken Milchsäurebakterien andere Mikroorganismen. Ideale Bedingungen sind:

- anaerobes Milieu,
- ein pH-Wert zwischen 3,6 und 4,2,
- Temperaturen zwischen 15 und 30 °C,
- eine Mindestkonzentration an vergärbaren Kohlenhydraten.

Um Silagen mit hoher Qualität zu erzeugen, müssen die Milchsäurebakterien gezielt gefördert werden. Sogenannte Gärschädlinge können die Silagequalität negativ beeinflussen. Die wichtigsten Gärschädlinge

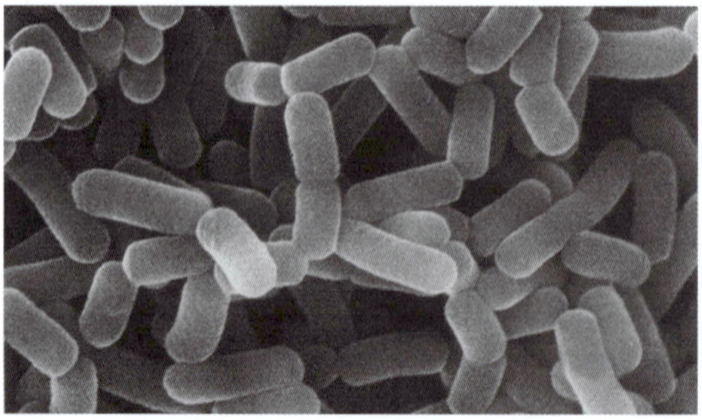

Abb. 4-72: Milchsäurebakterien unter dem Mikroskop

Tab. 4-18: Die wichtigsten Gärschädlinge und deren Lebensbedingungen

Name	Sauerstoffbedarf	pH-Wert-Bereich	Auswirkungen
Buttersäurebakterien	anaerob	4,2 bis 5	· bilden Buttersäure S. 147 · zersetzen Eiweiß zu Ammonium · führen zu Energieverlusten von über 20 %
Essigsäurebakterien	aerob	4,5 bis 5,5	· bilden Essigsäure und CO_2 · führen zu Energieverlusten bis zu 40 %
Fäulnisbakterien	fakultativ aerob	über 5,2	· bauen Protein zu Ammonium ab · verursachen Fäulnis bis zum Totalverlust
Schimmelpilze	aerob	4,5 bis 6,5	· bauen Proteine ab · bilden Pilzrasen (Schimmel) · bilden Mykotoxine (Pilzgifte)
Hefen	fakultativ anaerob	2,7 bis 4,1	· vermehren sich unter aeroben Bedingungen (öffnen des Silos) · bauen Restzucker zu Ethanol und CO_2 ab · verursachen Nacherwärmung

und deren Lebensbedingungen sind in Tabelle 4-18 dargestellt.

Die Milchsäuregärung ist auch bei der Herstellung von Lebensmitteln relevant. Sauermilchprodukte wie Joghurt, Sauerrahm und Käse werden unter Verwendung von – natürlich vorkommenden und zugefügten – Milchsäurebakterien hergestellt.

Außerdem läuft bei der Herstellung von Sauerkraut und Rohwurst sowie bei der Gewinnung von Sauerteig zur Brotherstellung eine Milchsäuregärung ab. Durch den niedrigen pH-Wert dieser Produkte greifen pathogene Keime die Lebensmittel nicht an. Sie sind somit biologisch konserviert.

Die Essigsäuregärung ist ein weiterer wichtiger Prozess zur pH-Wert-Absenkung. Essigsäurebakte-
123 rien bilden durch eine unvollständige Oxidation von Alkohol Essigsäure. Sie selbst sind säureresistent und wachsen noch bei einem pH-Wert von unter 5. Die Essigsäure wird durch *Acetobacter* weiter zu Kohlendioxid oxidiert. Auf diesem Vorgang beruht die Essigherstellung. In geringem Umfang sind Essigsäurebakterien auch am Silierprozess beteiligt (Tab. 4-18).

Alkoholische Gärung

Alkohol kann als Stoffwechselprodukt sowohl von Bakterien als auch von Hefen gebildet werden. Seine konservierende Wirkung beruht darauf, dass Alkohol für andere Mikroorganismen giftig ist.

Der Prozess wird alkoholische Gärung genannt. S. 142
Wie bei der Milchsäuregärung verwerten die Mikroorganismen die im Lebensmittel enthaltenen Kohlenhydrate. Als Ausgangsprodukte für die alkoholische Gärung kommen deshalb kohlenhydratreiche Rohstoffe wie Früchte, Getreide, Kartoffeln oder Zuckerrohr zum Einsatz. Neben Ethanol entsteht S. 140
Kohlendioxid. In Bier und Schaumwein bleibt Letzteres als Produktmerkmal erhalten.

Nutzung in anderen Industriezweigen

Ähnlich wie in der Lebens- und Futtermittelindustrie werden Mikroorganismen in der Pharmazie zur Herstellung von Medikamenten eingesetzt. Der Penicillin-Pilz ist ein bedeutendes Beispiel.

Wichtig sind Mikroben auch in Klärwerken: Sie zersetzen Schadstoffe im Wasser, um eine Wasserqualität zu erreichen, die es erlaubt, dieses in einen Vorfluter (meist ein natürliches Gewässer) zu leiten.

Auch in der Textil- und in der Papierindustrie werden Mikroorganismen eingesetzt. Aufgaben sind hier die Aufbereitung von Altpapier und die Vorbehandlung von Wolle. Die Enzyme der Mi- S. 201

kroben können hier chemische und physikalische Arbeitsschritte ersetzen.

Funktionen im menschlichen und tierischen Organismus

Vor allem auf der Haut und im Darm von Menschen und Tieren ist eine große Anzahl von Mikroorganismen zu finden. Ihre Hauptaufgabe ist es, den Körper vor schädlichen Keimen zu schützen und die Verdauung zu regeln.

S. 203 Bei Wiederkäuern ist der Pansen einer der drei Vormägen. Die dort ansässigen Mikroorganismen bauen die Rohfaser in der Nahrung der Tiere ab (Vorverdauung), die im Magen nicht aufgeschlossen werden kann.

Andere Aufgaben in der Natur

In der Natur sind die Aufgaben der Mikroorganismen so vielfältig, dass hier nur wenige Beispiele genannt werden können. Durch die Produktion von Kohlendioxid ist überhaupt erst das Wachstum von Pflanzen möglich.

Abgestorbenes Material von Pflanzen, Tieren und auch von Menschen wird von Mikroorganismen zersetzt und in für die Natur wichtige Stoffe umgewandelt (Abb. 4-73). Ein wichtiges Beispiel ist die Umsetzung
S. 129 von Stickstoff in pflanzenverfügbare Formen.

Abb. 4-73: Die Verrottung von Laub erfolgt unter Beteiligung von Mikroorganismen

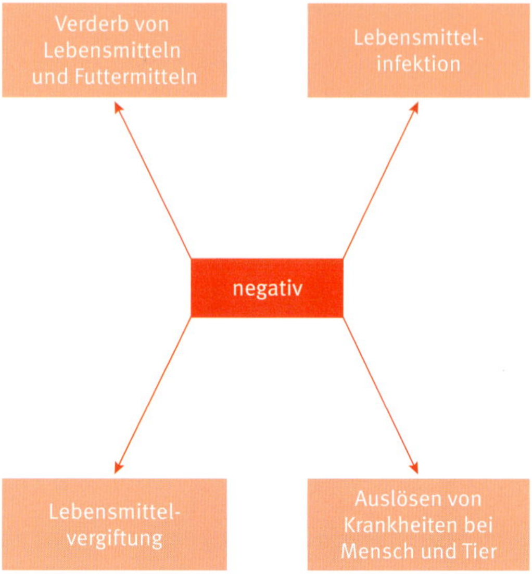

Abb. 4-74: Unerwünschte Auswirkungen von Mikroorganismen

4.7.4 Unerwünschte Auswirkungen von Mikroorganismen

Verschiedene Stoffwechselprozesse von Mikroorganismen führen zu Veränderungen von Lebensmitteln und Futtermitteln, die vom Menschen nicht gewünscht oder sogar gefährlich für ihn sind (Abb. 4-74). Bezüglich der Wirkung von Mikroorganismen und deren Stoffwechselprodukten auf Menschen und Tiere spricht man von

- pathogen = krankheitserregend oder
- apathogen = nicht krankheitserregend.

Verderb von Lebensmitteln und Futtermitteln

Mikroorganismen können Lebensmittel und Futtermittel verderben, indem sie deren Inhaltsstoffe verstoffwechseln, also als Nahrung nutzen. Sie S. 1
produzieren dabei oft Toxine (Giftstoffe) und ändern dadurch die sensorischen Eigenschaften der Nahrungsmittel (Tab. 4-19).

Veränderungen der sensorischen Eigenschaften sind eine natürliche »Warnung«, diese Speise nicht zu verzehren bzw. die Futtermittel nicht einzusetzen. Der Verzehr dieser veränderten Lebens- und Futtermittel kann die Gesundheit von Mensch und Tier beeinträchtigen.

Tab. 4-19: Sensorische Veränderungen beim Verderb von Lebensmitteln

Sensorische Eigenschaft	Veränderung der Lebensmittel	Beispiel
Konsistenz	Sie zersetzen sich	Obst wird weich und matschig
Aussehen	Sie sehen unappetitlich aus	An der Joghurtoberfläche hat sich ein Schimmelrasen gebildet
Geruch	Sie riechen unangenehm	Ein Stück Fleisch riecht nach Ammoniak; Silage nicht ranzig (nach Buttersäure)
Geräusch	Die Knackigkeit geht verloren	Knäckebrot wird weich und »knackt« beim Durchbrechen nicht mehr
Geschmack	Sie schmecken unangenehm	Ein Stück Brot schmeckt »muffelig« nach Schimmel

Von besonderer Bedeutung in der Landwirtschaft sind Fusarium-Pilze. Sie befallen verschiedene Getreidearten und bilden unter anderem die Pilzgifte Deoxynivalenol (DON) und Zearalenon (ZEA), die bei Menschen und Tieren Erkrankungen des
200 Magen-Darm-Trakts auslösen können. So können ganze Partien weder als Futtermittel noch für die menschliche Ernährung genutzt werden.

Lebensmittelinfektion

Durch ein Lebensmittel werden lebende Mikroorganismen aufgenommen, die sich oft im Darm vermehren und dort Stoffwechsel betreiben. Sind diese Mikroorganismen pathogen, können Giftstoffe freigesetzt werden. Diese können den Körper stark schwächen und bei Menschen mit schwachem Immunsystem bis zum Tod führen.

Auch nach dem Abklingen der Krankheitssymptome werden die Mikroorganismen noch mit dem Stuhl ausgeschieden. Dadurch ist bei mangelnder Hygiene eine Ansteckung anderer Personen möglich.

Durch die Erhitzung der Speisen auf über 70 °C werden die meisten pathogenen Mikroorganismen, die keine Sporen bilden, abgetötet. Ein Problem stellen häufig so genannte Kreuzkontaminationen dar, also die Übertragung von Mikroorganismen von einem Lebensmittel auf ein anderes.

Ein typisches Beispiel ist das Übertragen von Salmonellen von rohem Geflügel auf Salat. Das Fleischstück wird gebraten, gebacken, gekocht oder gegrillt. Die Bakterien können jedoch durch mangelnde Hygiene, wie kontaminierte Untergründe oder Messer, auf Gemüse, Salat und Obst übertragen werden (Abb. 4-75). Ein Verzehren der Rohkost könnte gefährliche Krankheiten, z. B. Salmonellose, auslösen.

Beispiele für Erreger von Lebensmittelinfektionen sind Salmonellen, Campylobacter, *Escherichia coli* (*E. coli*) und Listerien.

Salmonellen

Salmonellen sind fakultativ anaerobe Stäbchen- S. 207
bakterien, die oft in tierischen Lebensmitteln wie S. 205
Geflügel, Eiern, Fleisch und Fisch vorkommen. Vor allem bei Geflügel gibt es häufig Dauerausscheider. Diese Tiere scheiden Salmonellen mit dem Kot aus, weisen aber selbst keine Krankheitssymptome auf.

Salmonellen vermehren sich bei Raumtemperatur sehr schnell und stellen bei niedrigeren Temperaturen ihren Stoffwechsel nahezu ein. Bei über 70 °C sterben sie ab.

Es gibt mehrere Tausend verschiedene Salmonellenarten und -unterarten. Einige davon sind

Abb. 4-75: Hier kann eine Kreuzkontamination vom Geflügel auf das Gemüse stattfinden

sehr aggressiv, d. h., sie können eine Salmonellose auslösen. Fieber, Kopfschmerzen, Durchfall und Erbrechen sind die ersten Anzeichen.

Bei Menschen mit einem gesunden Immunsystem ist diese Erkrankung schnell vorüber. Schwächere Personen wie Kleinkinder, Senioren oder Menschen mit anderen Erkrankungen sind dagegen sehr gefährdet. Eine Salmonellose kann bis zum Tod führen.

Campylobacter

Mit zu den häufigsten Durchfallerregern gehören die
S. 207 mikroaeroben Campylobacter-Bakterien. Obwohl sie schon bei 60 °C abgetötet werden, haben sie ihr Optimum bei 30° bis 45 °C. Sie kommen, ähnlich wie Salmonellen, in Geflügelfleisch, Innereien, Rohmilch und auch im Trinkwasser vor.

Schon der Kontakt mit kontaminierten Tieren (Geflügel, Schweine, Hunde, Katzen usw.) oder mit deren Ausscheidungsprodukten kann zu einer Erkrankung des Menschen führen. Diese äußert sich in Durchfall, Bauchschmerzen und Fieber.

EHEC-Bakterien

Das Darmbakterium *Escherichia coli* (*E. coli*) kommt überall in der Umwelt vor und löst bei gesunden Menschen normalerweise keine Krankheitssymptome aus. Allerdings gibt es Ausnahmen: Die enterohämorrhagischen *Escherichia coli* (EHEC) sind Stämme dieses Bakteriums, die ein Toxin bilden. Sie zerstören die Darmwand und können zu Nierenschädigungen führen. Wässriger Durchfall, kolikartige Bauchschmerzen und Erbrechen sind die ersten Anzeichen.

EHEC-Bakterien werden entweder von Mensch zu Mensch oder über tierische Lebensmittel übertragen. In der Vergangenheit gab es immer wieder große Ausbrüche mit zahlreichen Krankheits- und sogar einigen Todesfällen.

Listerien

Listerien sind Bakterien. Sie kommen sowohl in Lebensmitteln (besonders Hackfleisch und Rohmilch) als auch im Erdboden und im Wasser vor. Ihre Wachstumstemperatur liegt zwischen 0 und 45 °C, wobei sie gegen viele Konservierungsverfahren sehr widerstandsfähig sind; sie überleben Trocknungsverfahren und Tiefgefrieren. Besonders gefährdet sind Schwangere, da eine Listerieninfektion zur Fehlgeburt oder Schädigung des Embryos führen kann.

Lebensmittelvergiftung

Bei einer Lebensmittelvergiftung wurden Toxine (Giftstoffe) über die Ernährung aufgenommen. Folgende Einträge sind möglich:

- Die Toxine kommen natürlicherweise in einer Speise vor (z. B. giftige Pilze).
- Sie sind durch eine Kontamination hineingelangt.
- Sie sind als Stoffwechselprodukte von Mikroorganismen enthalten.

Diese Giftstoffe können natürlich ablaufende Vorgänge im Körper stark beeinflussen. Schlimmstenfalls können tödliche Erkrankungen hervorgerufen werden.

Oft sind die Toxine sehr hitzeresistent. So werden die toxinbildenden Mikroorganismen durch Konservierung der Speisen zwar abgetötet, deren giftige Stoffwechselprodukte jedoch nicht zerstört. Dies gilt für die Lebensmittelvergifter *Staphylococcus aureus* und *Clostridium botulinum*.

Staphylococcus aureus

Das Bakterium *Staphylococcus aureus* kommt überall in der Umwelt des Menschen vor, auch auf dessen Haut. Es löst normalerweise keine Krankheitssymptome aus.

Der kugelförmige Eitererreger produziert jedoch mehrere Toxine. Durch mangelnde Hygiene bei der Zubereitung von Speisen (z. B. nicht abgedeckte offene Wunden) werden diese Keime mit dem Lebensmittel aufgenommen und verursachen Erbrechen und Durchfallerkrankungen.

Die hitzestabilen Gifte können durch Konservieren der Lebensmittel nur schwer zerstört werden. Das

Bakterium ist zusätzlich sehr unempfindlich gegen Austrocknung.

Clostridium botulinum

Das Bakterium *Clostridium botulinum* bildet bei seinem Stoffwechsel ein sehr gefährliches Nervengift. Schlimmstenfalls verläuft die daraus entstehende Erkrankung, Botulismus genannt, tödlich. Botulismus-Clostridien kommen natürlicherweise im Erdreich vor. Sie können Konserven und eingekochte Speisen kontaminieren.

S. 207 Die anaeroben Keime bilden hitzestabile Sporen, die auch Temperaturen bis über 100 °C überleben können. Auch wenn die Erreger selbst abgetötet wurden, verbleibt das Toxin in der Speise. Typisch sind aufgeblähte Konservendosen, Bombagen genannt (Abb. 4-76).

Abb. 4-76: Der Inhalt einer derart aufgeblähten Dose ist wahrscheinlich mit Botulismus-Clostridien kontaminiert

Krankheitsauslöser bei Mensch und Tier

Nicht alle Krankheitserreger werden über die Ernährung aufgenommen. Direkter Kontakt zweier Menschen oder Tiere kann dazu führen, dass Mikroorganismen über die Haut, die Atemwege oder über Körperflüssigkeiten (Tröpfcheninfektion) weitergegeben werden. Dies gilt für viele Erreger von Erkältungskrankheiten.

Auch das Übertragen von Krankheitserregern durch Insektenstiche oder Tierbisse ist möglich. Ein typisches Beispiel ist die Borreliose. Diese Erkrankung entsteht, wenn ein Mensch von einer Zecke gebissen wird und diese Bakterien der Gattung *Borrelia* überträgt. S. 195

Übungsaufgaben

1. Nennen Sie drei Kennzeichen des Lebens.
2. Vergleichen Sie eine Pflanze und ein Tier als Lebewesen. Gehen Sie dabei auf Gemeinsamkeiten und Unterschiede ein.
3. Erklären Sie die generative (geschlechtliche) Fortpflanzung und die vegetative (ungeschlechtliche) Fortpflanzung an je zwei Beispielen.
4. Ordnen Sie folgende Beispiele der generativen Fortpflanzung oder der vegetativen Fortpflanzung zu: Hühnerküken, Erdbeersenker, Pflanzkartoffeln, Kuhkalb nach künstlicher Besamung, Ableger der Johannisbeere, Brutknospen des Brutblatts, geklonten Tieren, Eicheln an der Eiche, Menschenbabys.
5. Beschriften Sie die Teile der in Abbildung 4-77 abgebildeten Zelle. Begründen Sie, warum es sich hier um eine Pflanzenzelle handelt.

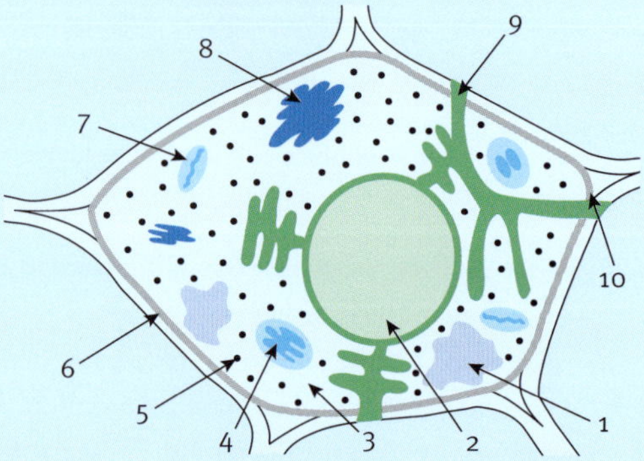

Abb. 4-77: Pflanzenzelle

6. Skizzieren und beschriften Sie eine tierische Zelle.
7. Welche der folgenden Zellbestandteile finden Sie in Pflanzenzellen und welche in tierischen Zellen: Zellkern, Zellplasma, Mitochondrien, Ribosom, Chloroplast, Vakuole, Zellwand?
8. Geben Sie zu folgenden Zellbestandteilen die Funktion an: Zellmembran, Zellplasma, Zellkern, Endoplasmatisches Retikulum, Ribosom, Dictyosom, Mitochondrium, Chloroplast, Vakuole.
9. Benennen Sie den Prozess, der in der folgenden Gleichung dargestellt ist:

$$C_6H_{12}O_6 + 6\,O_2 \longrightarrow 6\,CO_2 + 6\,H_2O + \text{Energie}$$

Traubenzucker + Sauerstoff → Kohlendioxid + Wasser

10. Geben Sie den Zellbestandteil an, in dem die Zellatmung stattfindet und erklären Sie die Bedeutung der Zellatmung für Pflanzen und Tiere.
11. Erklären Sie, warum die Anzahl der Chromosomen bei verschiedenen Lebewesen immer geradzahlig ist (z. B. Haushuhn 48 Chromosomen, Mais 20 Chromosomen).
12. Chromosomen liegen als Desoxyribonukleinsäuren (DNS) vor. Skizzieren und beschreiben Sie den Aufbau der DNS.
13. Bei der Zellteilung wird zwischen der ungeschlechtlichen Teilung der Körperzellen durch Mitose und der Teilung der Geschlechtszellen durch Meiose unterschieden. Beschreiben Sie die Ausgangszellen und die entstehenden Zellen bei beiden Zellteilungsvorgängen. Betrachten Sie dabei auch die Menge der enthaltenen Erbinformation pro Zelle.
14. Erklären Sie den Begriff Befruchtung.
15. Begründen Sie, warum Geschwister sich ähneln, aber nicht gleich (identisch) in ihren Eigenschaften sind.
16. Nennen Sie die drei Mendel'schen Regeln.

17. Vergleichen Sie Modifikation und Mutation. Gehen Sie dabei auf Gemeinsamkeiten und Unterschiede ein und nennen Sie Beispiele.
18. Vergleichen Sie einkeimblättrige Pflanzen und zweikeimblättrige Pflanzen. Wo liegen die Gemeinsamkeiten und wo die Unterschiede?
19. Ordnen Sie folgende Pflanzen den Kategorien Einkeimblättrige und Zweikeimblättrige zu: Ahorn, Apfel, Buschbohne, Erdbeere, Gerbera, Kartoffel, Klee, Knaulgras, Linde, Mais, Porree, Quecke, Rhododendron, Rose, Tulpe, Weidelgras, Weizen, Wiesenfuchsschwanz, Windenknöterich, Windhalm, Zwiebel.
20. Skizzieren und beschriften Sie eine blühende zweikeimblättrige Pflanze.
21. Nennen Sie drei Aufgaben der Pflanzenwurzeln.
22. Skizzieren und beschriften Sie einen Querschnitt durch die Sprossachse einer einkeimblättrigen und einer zweikeimblättrigen Pflanze. Kennzeichnen Sie Gemeinsamkeiten und Unterschiede.
23. Ergänzen Sie die folgenden drei Sätze mit dem richtigen Fachbegriff:
    a) Im __________ werden in Wasser gelöste Stoffe von der Wurzel nach oben bis in die Blätter transportiert.
    b) Im __________ werden Stoffwechselprodukte von den Blättern zu den Orten transportiert, wo sie verbraucht oder gespeichert werden.
    c) Die Leitbündel zweikeimblättriger Pflanzen enthalten ein __________, das das sekundäre Dickenwachstum der Pflanze ermöglicht.
24. Nennen Sie drei Aufgaben der Laubblätter.
25. Geben Sie zwei Aufgaben der Spaltöffnungen an.
26. Erklären Sie den Vorgang der Transpiration.
27. Benennen Sie den Prozess, der in der folgenden Gleichung dargestellt ist.

$$\underset{\text{Kohlendioxid + Wasser}}{6\,CO_2 + 6\,H_2O} \xrightarrow{\text{Sonnenenergie}} \underset{\text{Traubenzucker + Sauerstoff}}{C_6H_{12}O_6 + 6\,O_2}$$

28. Geben Sie den Zellbestandteil an, in dem die Fotosynthese stattfindet.
29. Erklären Sie die Bedeutung der Fotosynthese für die Menschen.
30. Skizzieren und beschriften Sie eine Apfelblüte. Kennzeichnen Sie dabei weibliche und männliche Blütenteile.
31. Erklären Sie folgende Begriffe: eingeschlechtliche Blüte, zwittrige Blüte, diözische Pflanze, monözische Pflanze, Selbstbestäubung, Fremdbestäubung, Windbestäubung, Insektenbestäubung. Nennen Sie auch Beispiele.
32. Blüten werden entweder durch den Wind oder mithilfe von Insekten bestäubt. Wie unterscheidet sich der Blütenaufbau bei Windbestäubern und Insektenbestäubern? Nennen Sie jeweils drei Beispiele.
33. Welche Bedeutung haben Bienen für die Bestäubung von Kultur- und Wildpflanzen einerseits und für die Menschen andererseits? Bewerten Sie diese.
34. Erklären Sie die Entwicklungsvorgänge von der bestäubten Blüte bis zur reifen Frucht.
35. Erklären Sie den Unterschied zwischen Frucht und Samen. Nennen Sie je drei Beispiele für Früchte und Samen.
36. Ordnen Sie folgende Schädlinge den Gruppen Kulturschädlinge, Vorratsschädlinge und Materialschädlinge zu: Ackerschnecke, Blattlaus, Borkenkäfer, Feldmaus, Holzwurm, Kleidermotte, Kornkäfer, Mehlmotte, Minierfliege, Wanderratte.
37. Was bedeutet Metamorphose? Erklären Sie den Begriff am Beispiel des Schädlings Möhrenfliege.
38. Vergleichen Sie Endoparasiten und Ektoparasiten. Welche Gemeinsamkeiten und welche Unterschiede kennen Sie? Nennen Sie jeweils drei Beispiele.
39. Vergleichen Sie Assimilation und Dissimilation. Gehen Sie dabei auf Gemeinsamkeiten und Unterschiede ein.
40. Nennen Sie die Gemeinsamkeiten und die Unterschiede von autotropher Assimilation und heterotropher Assimilation.

41. Zählen Sie sechs mögliche Nahrungsbestandteile auf.
42. Ordnen Sie folgende Nahrungs- und Futtermittel den Kategorien kohlenhydratreich, eiweißreich und fettreich zu: Bohnenmus, Butter, Eier, Grassilage, Magermilchkäse, Maissilage, Nüsse, Oliven, Pellkartoffeln, Schinkenspeck, Schokolade, Sojaextraktionsschrot, Vollkornbrot, Zucker.
43. Nennen Sie vier Aufgaben des menschlichen Verdauungssystems.
44. Zählen Sie die Abschnitte des menschlichen Verdauungssystems – beginnend mit der Mundhöhle – in der Richtung des Nahrungsflusses auf.
45. Warum sollte die Nahrung im Mund gut zerkleinert werden?
46. Geben Sie drei Verdauungssäfte an und nennen Sie deren Aufgabe und den Ort der Absonderung.
47. Beschreiben Sie den Aufbau der Kohlenhydrate, Fette und Eiweiße. Gehen Sie dabei auch auf die Grundbausteine der Makromoleküle ein.
48. Vergleichen Sie die Verdauung beim Menschen (Allesfresser) und beim Rind (Wiederkäuer). Gehen Sie dabei auf Gemeinsamkeiten und Unterschiede ein.
49. Definieren Sie den Begriff Mikroorganismen. Welche allgemeinen Bezeichnungen kennen Sie?
50. Mikroorganismen, die für Futter- und Lebensmittel von Bedeutung sind, werden in drei Gruppen eingeteilt. Welche sind das und wie vermehren sie sich?
51. Warum gehören Viren und Prionen nicht zu den Mikroorganismen? Nennen Sie zwei Gründe.
52. Beschreiben Sie den schematischen Aufbau von Bakterien.
53. Begründen Sie, warum angeschimmelte Lebens- und Futtermittel weder vom Mensch noch vom Tier verzehrt werden sollten.
54. Wie jedes Lebewesen benötigen Mikroorganismen bestimmte Voraussetzungen, um überleben zu können. Nennen Sie fünf.
55. Nennen und erklären Sie Begriffe, die mit der Sauerstoffversorgung von Mikroorganismen zu tun haben.
56. Charakterisieren Sie die Temperaturansprüche der meisten Mikroorganismen. Was passiert mit ihnen, wenn die Temperatur gesenkt wird, und was, wenn sie erhöht wird?
57. Bei welchen pH-Werten fühlen sich die meisten Mikroorganismen am wohlsten?
58. Fassen Sie die Bedeutung der Mikroorganismen für den Menschen allgemein und für Ihren Berufsalltag zusammen.
59. Wo sind Mikroorganismen unerwünscht bzw. schädlich und wo werden sie zur Herstellung von Futter- oder Lebensmitteln dringend gebraucht? Nennen Sie jeweils zwei Beispiele.
60. Was haben die Lebensbedingungen von Mikroorganismen mit der Konservierung von Futter- und Lebensmitteln zu tun?
61. Nennen Sie ideale Bedingungen für die Milchsäuregärung.
62. Wie kommen Sie im persönlichen Leben und im Berufsalltag mit dem Prozess oder mit Endprodukten der Milchsäuregärung in Berührung?
63. Beschreiben Sie zwei unerwünschte Auswirkungen an Futter- und Lebensmitteln, die durch Mikroorganismen verursacht wurden.
64. Erklären Sie den Begriff Kreuzkontamination.
65. Wie kommen Salmonellen in menschliche Nahrungsmittel? Welche Personengruppen sind bei einer Salmonellose besonders gefährdet?
66. Was ist der Unterschied zwischen einer Lebensmittelinfektion und einer Lebensmittelvergiftung?

Bildquellen

S. 9: Lars M. Hänel; S. 39: Pixabay/andibreit; S. 53: Lars M. Hänel; S. 54: Gisela Schäfer, pixelio.de; S. 55: Pixabay/Ralph_Fotos; S. 57, 58: Heidenfelder; S. 62: smart-elements, Wien; S. 74: Heidenfelder; S. 76 (links): Mitas; S. 80: Köckerling; S. 81: Heidenfelder; S. 84: Pixabay/geralt; S. 85: l, pixelio.de; S. 89: Heidenfelder; S. 90: Heidenfelder; S. 94: Block; S. 96: Heidenfelder; S. 101: Lars M. Hänel; S. 111: Suwelack; S. 113: Freund; S. 115: Scheid; S. 119: K+S Aktiengesellschaft, Kassel; S. 120, 125: Scheid; S. 127: Heidenfelder; S. 128: Scheid; S. 129: Lutz Breuer; S. 131: Scheid; S. 163: Lars M. Hänel; S. 164 (oben, unten): Uhlemann, (Mitte): Samy13, pixelio.de; S. 165 (links): Uhlemann; S. 166 (rechts): Pixabay/Ajale; S. 170, 173, 175, 179: Uhlemann; S. 180: Erling; S. 181: Uhlemann; S. 183 (oben links): Uhlemann, (oben rechts): KWS, (Mitte): Uhlemann, (unten): Pixabay/tama66; S. 184 (oben links): Uhlemann, (oben rechts): Pixabay/monika1607; S. 185: Heidenfelder; S. 189 (oben): Uhlemann; S. 189 (unten links): Uhlemann, (unten rechts): Heidenfelder; S. 191 (links): Heidenfelder, (rechts): Uhlemann; S. 193: Andreas Vietmeier, Landwirtschaftskammer Nordrhein-Westfalen; S. 194 (links): Christian Ulrichs, (rechts): Michael Münch, www.insekten-sachen.de; S. 195 (links): Yannick Chaval, (rechts): wikimedia, George Shuklin; S. 199 (rechts): Uhlemann; 201: Uhlemann; S. 204: Pixabay/Leuther Commerce; S. 205: Kristian Peters, Fabelfroh; S. 206: Maja Dumat, pixelio.de; S. 207 (links): Altvater-Frowein; S. 208, 209: Altvater-Frowein; S. 210 (oben links): Uhlemann, (oben rechts): Heidenfelder, (unten): Microbiology textbook, Bauman. 4th edition. Oxford Companion to Beer; S. 212: Heidenfelder; S. 213: Altvater-Frowein, S. 215: Heidenfelder

Fachpublikationen für Landwirtschaft und Gartenbau

Besuchen Sie uns im Internet
www.agrimedia.com

Agrimedia ist eine Marke des
ERLING Verlag GmbH & Co. KG
Klein Sachau 4 · 29459 Clenze

T +49 (0) 58 44 / 97 11 880
mail@agrimedia.com
www.agrimedia.com

AGRIMEDIA

DEULA-Bildungszentren in Ihrer Nähe

DEULA Schleswig-Holstein GmbH
Grüner Kamp 13
24768 Rendsburg
Telefon: +49(0) 4331 8479-10
Telefax: +49(0) 4331 89871
E-Mail: deula-sh@deula.de

DEULA Mecklenburg Vorpommern/UFAT
Schweriner Straße 66
19288 Wöbbelin
Telefon: +49(0) 38753 887-0
Telefax: +49(0) 38753 887-18
E-Mail: info@deula-mv.de

DEULA Westerstede GmbH
Max-Eyth-Straße 12–18
26655 Westerstede
Telefon: +49(0) 4488 8301-0
Telefax: +49(0) 4488 8301-83
E-Mail: deula-westerstede@deula.de

Landesanstalt für Landwirtschaft und Gartenbau Sachsen Anhalt (LLG)
Zentrum für Tierhaltung und Technik
Lindenstraße 18
39606 Iden
Telefon: +49(0) 39390 6-0
Telefax: +49(0) 39390 6-201
E-Mail: poststelle.iden@llg.mule.sachsen-anhalt.de

DEULA Freren GmbH
Bahnhofstraße 25
49832 Freren
Telefon: +49(0) 5902 9339-0
Telefax: +49(0) 5902 9339-33
E-Mail: deula.freren@deula.de

DEULA Hildesheim GmbH
Lerchenkamp 42–48
31137 Hildesheim
Telefon: +49(0) 5121 7832-0
Telefax: +49(0) 5121 516469
E-Mail: info@deula-hildesheim.de

LVGA Großbeeren
Peter-Lenné-Weg 1
14979 Großbeeren
Telefon: +49(0)33701 2297-0
Telefax: +49(0)33701 2297-20
E-Mail: info@lvga-bb.de

DEULA Westfalen-Lippe GmbH
Dr.-Rau-Allee 71
48231 Warendorf
Telefon: +49(0) 2581 6358-0
Telefax: +49(0) 2581 6358-29
E-Mail: info@deula-waf.de

DEULA Baden-Württemberg GmbH
Hahnweidstraße 101
73230 Kirchheim/Teck
Telefon: +49(0) 7021 48558-0
Telefax: +49(0) 7021 48558-15
E-Mail: office@deula-bw.de

DEULA Bayern GmbH
Wippenhauserstraße 65
85354 Freising
Telefon: +49(0) 8161 4878-0
Telefox: +49(0) 8161 4878-48
E-Mail: info@deula-bayern.de

DEULA Rheinland GmbH
Krefelder Weg 41
47906 Kempen
Telefon: +49(0) 2152 2057-70
Telefax: +49(0) 2152 2057-99
E-Mail: deula-rheinland@deula.de

DEULA Witzenhausen GmbH
Am Sande 20
37213 Witzenhausen
Telefon: +49(0) 5542 6003-0
Telefax: +49(0) 5542 6003-16
E-Mail: info@deula-witzenhausen.de

DEULA Rheinland-Pfalz GmbH
Hüffelsheimer Straße 70
55545 Bad Kreuznach
Telefon: +49(0) 671 84420-0
Telefax: +49(0) 671 84420-16
E-Mail: deula-rheinland-pfalz@deula.de

Bundesverband DEULA e. V. Verbandsgeschäftsstelle
Max-Eyth-Straße 12–18
26655 Westerstede
Telefon: +49(0) 4488 8301-50
Telefax: +49(0) 4488 8301-51
E-Mail: bundesverband@deula.de

www.deula.de

DEULA
Lernen und Erleben

Sachwortregister

Wichtige Rechenregeln im Überblick

Bruchrechnen

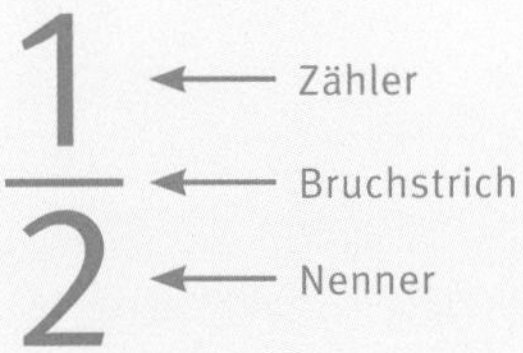

$$\frac{5}{6} - \frac{1}{3} = \frac{5}{6} - \frac{2}{6} = \frac{3}{6} = \frac{1}{2}$$

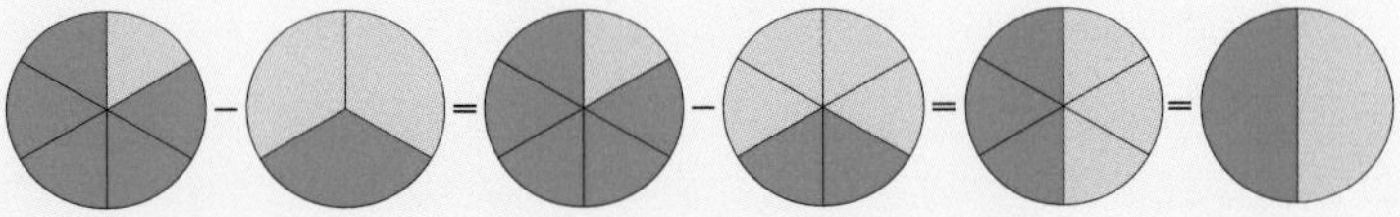

Echter Bruch: Der Zähler ist kleiner als der Nenner, z. B. $\frac{1}{8}$.

Unechter Bruch: Der Zähler ist größer als der Nenner, z. B. $\frac{9}{8}$.

Gemischte Zahl: Eine ganze Zahl wird mit einem echtem Bruch kombiniert, z. B. $1\frac{1}{8}$.

Gleichnamige Brüche: Sie haben die gleichen Nenner.

Ungleichnamige Brüche: Sie haben verschiedene Nenner.

Erweitern: Zähler und Nenner eines Bruchs werden mit derselben Zahl malgenommen.

Kürzen: Zähler und Nenner eines Bruchs werden durch dieselbe Zahl geteilt.

Addition: Zwei Brüche werden zusammengezählt, indem man den Nenner gleichnamig macht und beibehält und den Zähler addiert.

Subtraktion: Man subtrahiert einen Bruch von einem anderen, indem man den Nenner gleichnamig macht und beibehält und die Zähler voneinander abzieht.

Multiplikation: Es gibt es drei Unterscheidungen:
- Man multipliziert einen Bruch mit einer ganzen Zahl, indem man den Zähler mit der ganzen Zahl multipliziert und den Nenner beibehält.
- Man multipliziert zwei Brüche miteinander, indem man Zähler mit Zähler und Nenner mit Nenner multipliziert.
- Man multipliziert einen Bruch mit einer gemischten Zahl, indem man die gemischte Zahl in einen unechten Bruch umwandelt und dann beide Brüche multipliziert.

Dividieren:
- Brüche werden durch eine ganzen Zahl dividiert, indem man den Zähler des Bruchs durch die ganze Zahl dividiert oder den Nenner des Bruchs mit der ganzen Zahl multipliziert.
- Brüche werden durch einen zweiten Bruch dividiert, indem man ihn mit dem Kehrwert des zweiten Bruchs multipliziert.

Umwandeln eines Bruchs in eine Dezimalzahl: Man dividiert seinen Zähler durch seinen Nenner.

Umwandeln einer Dezimalzahl in einen Bruch: Man bildet zunächst einen Dezimalbruch und kürzt diesen wenn möglich.

Rechenregeln

1. Klammern
2. Punkt (· und :)
3. Strich (+ und -)

Rechenzeichen in der Formel	Rechenzeichen beim Umstellen
+	–
–	+
·	:
:	·

Bei Rechnungen mit Punktzeichen (· und :) und Strichzeichen (+ und –) werden immer die Punktrechnungen zuerst ausgeführt. Soll eine Strichrechnung zuerst ausgeführt werden, muss diese in Klammern gesetzt werden.

Die Klammerrechnung ist zuerst auszuführen, wobei Zähler und Nenner jeweils als Klammer verstanden werden dürfen.

Beispiele:

$$\frac{12-4}{2} \dashrightarrow (12-4):2=4$$

$$\frac{12}{2+2} \dashrightarrow 12:(2+2)=3$$

Ist ein Zähler durch mehrere Faktoren im Nenner zu teilen, kann statt der Klammer für den Nenner durch jeden Faktor einzeln dividiert werden, wobei die ÷-Taste zu drücken ist.

Beispiel:

$$\frac{96}{2\cdot 3\cdot 4} \dashrightarrow 96:2:3:4=4$$

- Was auf der einen Seite des Gleichheitszeichens gemacht wird, muss auch auf der anderen Seite gemacht werden.
- Das Vertauschen der beiden Seiten ist immer möglich.
- Um eine Rechenoperation aufzulösen, muss immer das Gegenteil von dem getan werden, was diese Rechenoperation vorsieht (Tabelle oben).
- Strichrechenverknüpfungen werden zuerst aufgelöst, es sei denn, sie stehen in Klammern.

Potenzen

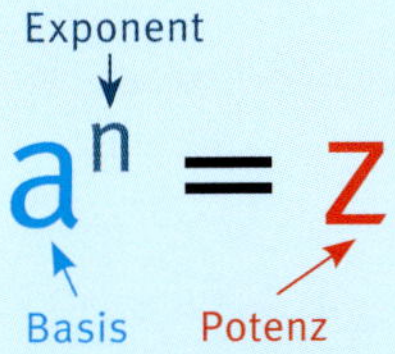

1	=	001,000		
10^2	=	100,000	= 100	(Komma um zwei Stellen nach rechts)
10^4	=	10 000,000	= 10 000	(Komma um vier Stellen nach rechts)

- Eine Potenz besteht aus Basis und Exponent (bzw. Hochzahl): Potenz = $\text{Basis}^{\text{Exponent}}$.
- Eine Zahl (oder eine Variable) hoch 0 ist gleich 1, z. B. $4^0 = 1$.
- Die Basis wird so oft mit sich selbst malgenommen, wie es der Exponent vorschreibt.
- Ist der Exponent negativ, kann man den Ausdruck als Bruch schreiben: $4^{-2} = \frac{1}{4^2}$
- Werden Potenzen multipliziert oder dividiert, kann man sie zusammenfassen: $3^3 \cdot 3^2 \cdot = 3^{3+2} = 3^5$ und $3^3 : 3^2 = 3^{3-2} = 3^1 = 3$

Wurzeln

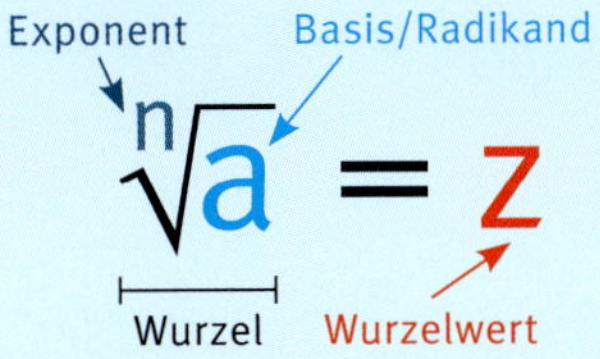

- Eine Wurzel besteht aus Basis/Radikand und Exponent. Wurzeln, bei denen der Exponent 2 ist, heißen Quadratwurzeln. Wird kein Exponent angegeben, ist dieser 2.
- Bei einer Wurzel wird die Zahl gesucht, die mit sich selbst malgenommen zur gegebenen Zahl führt.
- Wird in einem Wurzelausdruck multipliziert oder dividiert, kann man die Wurzeln auftrennen:
  $\sqrt[2]{4 \cdot 9} = \sqrt[2]{4} \cdot \sqrt[2]{9} = 2 \cdot 3 = 6$ und $\sqrt{\frac{16}{4}} = \frac{\sqrt{16}}{\sqrt{4}} = \frac{4}{2} = 2$

Flächen berechnen

Zur Berechnung des Flächeninhalts und des Umfangs der meisten Flächen gibt es Formeln, mit denen das Ergebnis leicht zu ermitteln ist. In der Tabelle sind die Flächen, die am häufigsten vorkommen, und die entsprechenden Formeln zusammengestellt.

Die wichtigsten Formeln zur Flächenberechnung: A = Fläche, U = Umfang, l = Länge, b = Breite, d = Durchmesser, r = Radius

Name	Skizze	Formel zur Flächenberechnung	Formel zur Umfangsberechnung
Quadrat	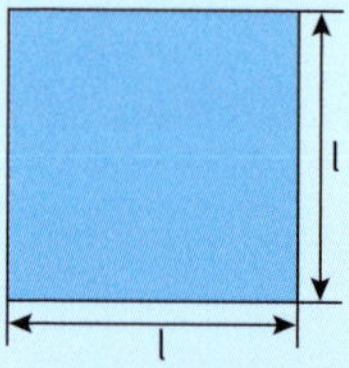	$A = l \cdot l = l^2$	$U = 4 \cdot l$
Rechteck	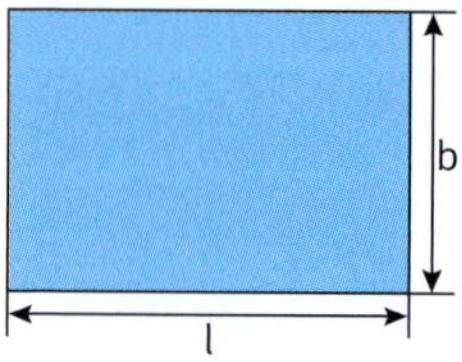	$A = l \cdot b$	$U = 2 \cdot (l + b)$
Parallelogramm	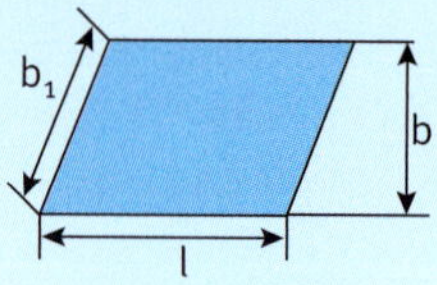	$A = l \cdot b$	$U = 2 \cdot (l + b_1)$
Trapez	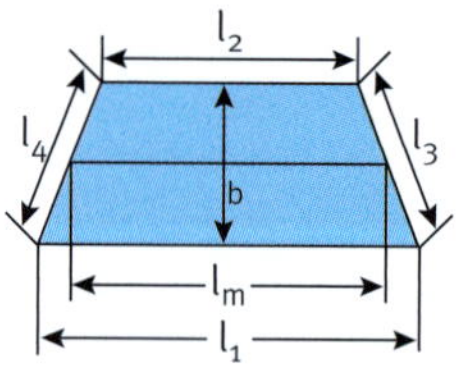	$A = \frac{l_1 + l_2}{2} \cdot b$	$U = l_1 + l_2 + l_3 + l_4$
Dreieck	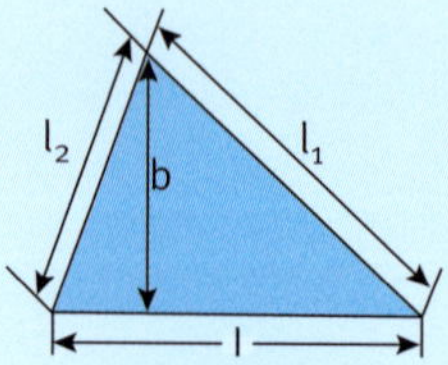	$A = \frac{l \cdot b}{2}$	$U = l_1 + l_2 + l_3$
Kreis	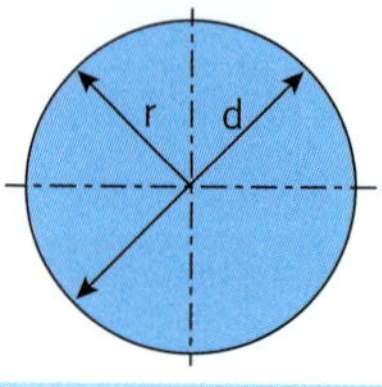	$A = \frac{d^2 \cdot \pi}{4}$	$U = d \cdot \pi$

Volumen- und Oberflächenberechnung

Zur Berechnung von Volumina und Oberflächen der wichtigsten Körper werden die in der Tabelle zusammengestellten Formeln verwendet.

Die wichtigsten Formeln zur Berechnung von Körpern: V = Volumen, A = Fläche, U = Umfang, l = Länge, b = Breite, h = Höhe, d = Durchmesser

Name	Skizze	Formel zur Volumenberechnung	Formel zur Oberflächenberechnung
Würfel	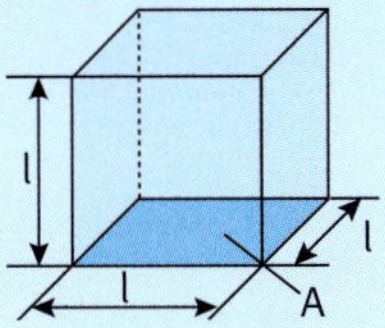	$V = l \cdot l \cdot l = l^3$	$A_o = 6 \cdot l \cdot l = 6 \cdot l^2$
Quader	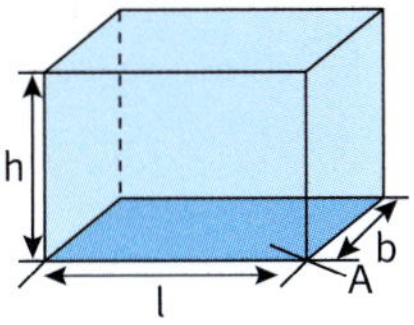	$V = A \cdot h = l \cdot b \cdot h$	$A_o = 2 \cdot (l \cdot b + l \cdot h + h \cdot b)$
Zylinder	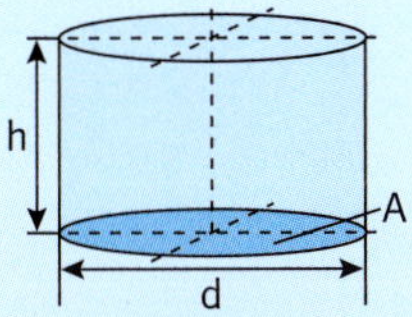	$V = A \cdot h = \frac{d^2 \cdot \pi}{4} \cdot h$	$A_o = 2 \cdot \frac{d^2 \cdot \pi}{4} + d \cdot \pi \cdot h$
Pyramide	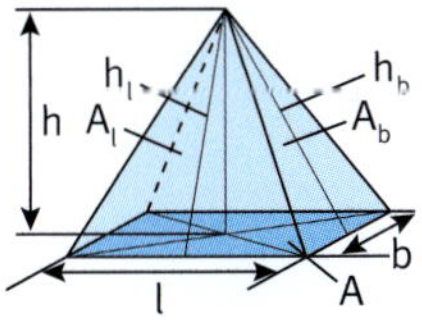	$V = \frac{l \cdot b \cdot h}{3}$	$A_o = l \cdot b + l \cdot h_l + b \cdot h_b$
Kegel	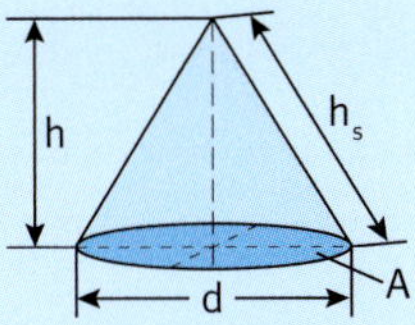	$V = \frac{A \cdot h}{3} = \frac{d^2 \cdot \pi \cdot h}{12}$	$A_o = \frac{d^2 \cdot \pi}{4} + \frac{d \cdot \pi \cdot h_s}{2}$
Kugel	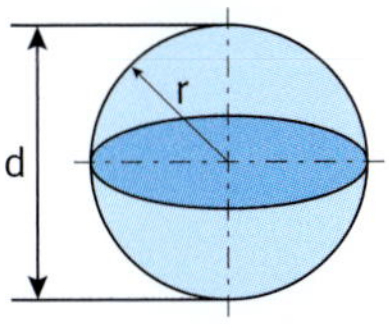	$V = \frac{d^3 \cdot \pi}{6}$	$A_o = d_2 \cdot \pi$

Dreisatz

Beim Rechnen mit dem Dreisatz, müssen rechts und links immer die gleichen Rechenoperationen durchgeführt werden.

Vorgehensweise:

- Ansatz notieren (dabei auf die Seite achten: rechts steht die gesuchte Größe!)
- Zwischenschritt einfügen und normieren, z. B. auf 1
- gesuchte Größe berechnen (gleich Rechenoperationen durchführen!)

Möglichkeit 1:

	l	€	
	2,00	2,49	
:2	1,00	$\frac{2{,}49}{2} = 1{,}245$	:2
· 0,75	0,75	$1{,}245 \cdot 0{,}75 \approx 0{,}93$	· 0,75

Möglichkeit 2:

A ⟶ B

X ⟶ Y (?)

»Wenn A sich zu B verhält, wie verhält sich dann X zu Y?«

2,00 Liter ⤫ 2,49 €

0,75 Liter ⤫ x €

$$x = \frac{2{,}49\,€ \cdot 0{,}75\,l}{2{,}00\,l} = 0{,}93\,€$$

Prozentrechnen

Prozentwert		**Grundwert**		**Prozentsatz**
60 Schüler	von	75 Schülern	sind	80 %

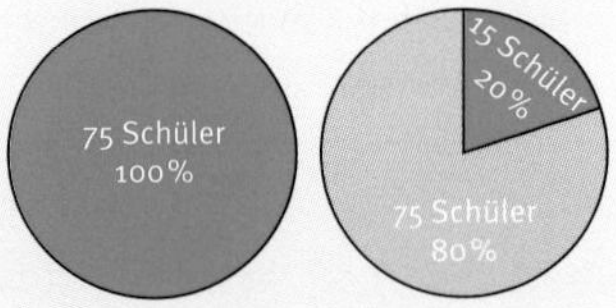

Der **Grundwert *G*** ist die Grundgesamtheit, auf die sich die Aufgabe bezieht. Diese Grundgesamtheit erhält den Prozentsatz 100 %.
Der **Prozentwert *W*** ist ein Teil des Grundwerts. Er hat immer die gleiche Einheit wie der Grundwert.
Der **Prozentsatz *p*** ist der relative Anteil in Prozent, den der Prozentwert am Grundwert hat.

Die Formeln der Prozentrechnung lauten:

Grundwert $G = \frac{W \cdot 100}{p}$

Prozentwert $W = \frac{G \cdot p}{100}$

Prozentsatz $p = \frac{W \cdot 100}{G}$

Der **vermehrte Grundwert** ist der neue Grundwert nach einem **Prozentaufschlag**. Er ist somit immer größer als 100.
Der **verminderte Grundwert** ist der neue Grundwert nach einem **Prozentabzug**. Er ist also immer kleiner als 100.

Mischungskreuz

Das Mischungskreuz ist eine Methode, mit der man auf einfache Weise die Mengenanteile für eine Mischung berechnen kann.

- Links werden die bekannten Ausgangskonzentrationen angegeben.
- Rechts erhält man die Anteile der Lösungen, mit denen man die Zielkonzentration herstellen kann.

Beispiel:
Man hat eine 30-prozentige Lösung A und möchte daraus eine 14-prozentige Lösung B herstellen.

Differenz zwischen A und B ergibt C.

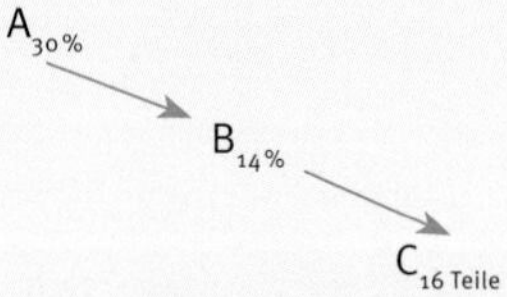

Zum Verdünnen der 30-prozentige Lösung nimmt man z. B. Wasser D (= 0 %)

Differenz von D nach B ergibt E.

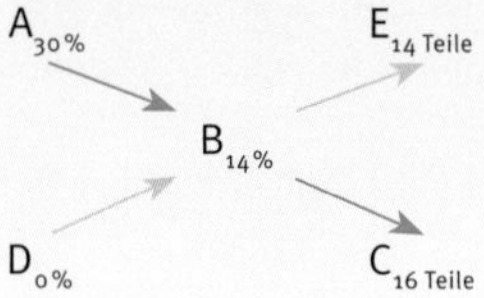

Nimmt man 14 Teile von Lösung A (30 %) und gibt 16 Teile von Lösung D (0 %) hinzu, erhält man eine 14-prozentige Lösung.

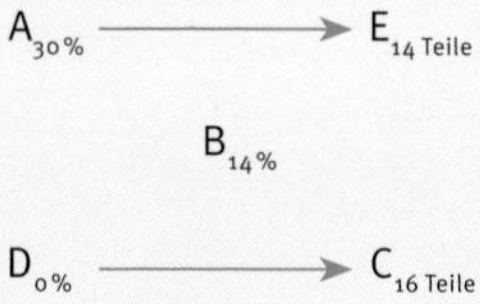

Will man 1 000 ml von einer 14-prozentigen Lösung herstellen, teilt man 1 000 ml durch 30 Teile (14 + 16 Teile). Das ergibt 33,33 Teile.

$14 \cdot 33{,}33 = 466{,}62$ ml 30-prozentige Lösung
$16 \cdot 33{,}33 = 533{,}28$ ml Wasser

Um 1 000 ml 14-prozentige Lösung herzustellen, benötigt man 466,62 ml 30-prozentige Lösung und 533,28 ml Wasser.

Exkurs: Taschenrechner

Wer mit dem Taschenrechner rechnet, sollte einige Dinge beachten:

- Ein Taschenrechner kann die Verständlichkeit von Ergebnissen nicht selbst beurteilen. Eine Überschlagsrechnung im Kopf zwecks Prüfung der Ergebnisse ist daher wichtig.
- Ein Taschenrechner kann notwendige Klammern nicht selbständig setzen. Punkt vor Strich kennt er.
- Ein Taschenrechner gibt in der Regel keine Bruchstrich-Brüche aus. Bei nur wenigen Modellen kann man gemischte Brüche eingeben. Die Eingabe eines gemischten Bruches erfolgt in Form einer Summe. Die Dezimalbrüche werden dann in Bruchstrich-Brüche umgewandelt.
- Ein Taschenrechner kann nur dann genau rechnen, wenn alle Zwischenergebnisse so genannte Taschenrechner-Zahlen sind (zwischen 0 und zehnstellig).
- Ein Taschenrechner kann nicht sinnvoll runden. Die meisten Taschenrechner geben bis zu 10 gültige Ziffern aus, die zehnte wird gerundet.
- Ein Taschenrechner weiß nicht, dass Bruchstriche den Zähler und den Nenner klammern. Er weiß auch nicht, dass nach dem Divisionszeichen sehr oft Klammern gesetzt werden müssen.
- Ein Taschenrechner kann keine Gleichungen umformen.
- Ein Taschenrechner kennt nur wenige Potenzregeln.
- Ein Taschenrechner wandelt Potenzen mit negativen Exponenten nicht in Bruchstrichbrüche um.
- Ein Taschenrechner wandelt Potenzen mit gebrochenen Exponenten nicht in Wurzeln um.

Periodensystem der Elemente

Ordnungszahl — 1 | 1,0079 — Massenzahl
H — Symbol
Wasserstoff — Element
-259 — Schmelzpunkt (in °C)
Elektronegativität — 2,1 | -252 — Siedepunkt (in °C)

I	II	IIIA	IVA	VA	VIA	VIIA	VIIIA	
1 1,0079 H Wasserstoff -259 2,1 -252								
3 6,491 Li Lithium 180 1,0 1342	4 9,0212 Be Beryllium 1287 1,5 2469							
11 22,989 Na Natrium 97,72 1,0 883	12 24,305 Mg Magnesium 650 1,2 1090							
19 39,098 K Kalium 63,38 0,9 759	20 40,078 Ca Calcium 842 1,0 1484	21 44,955 Sc Scandium 1541 1,2 2830	22 47,867 Ti Titan 1668 1,3 3287	23 50,941 V Vanadium 1910 1,5 3407	24 51,996 Cr Chrom 1907 1,6 2671	25 54,938 Mn Mangan 1246 1,6 2061	26 55,845 Fe Eisen 1538 1,6 2861	27 58,933 Co Cobalt 1495 1,7 2927
37 85,457 Rb Rubidium 39,31 0,9 688	38 87,62 Sr Strontium 777 1,0 1382	39 88,905 Y Yttrium 1526 1,1 3336	40 91,224 Zr Zirconium 1857 1,2 4409	41 92,906 Nb Niob 2477 1,2 4744	42 95,94 Mo Molybdän 2623 1,3 4639	43 98,906 Tc Technetium 2157 1,4 4265	44 101,07 Ru Ruthenium 2334 1,4 4150	45 102,90 Rh Rhodium 1964 1,5 3695
55 132,90 Cs Caesium 28,44 0,9 671	56 137,32 Ba Barium 727 1,0 1870	La bis Lu	72 178,49 Hf Hafnium 2233 1,2 4603	73 180,94 Ta Tantal 3017 1,3 5458	74 183,84 W Wolfram 3422 1,4 5555	75 186,20 Re Renium 3186 1,5 5596	76 190,23 Os Osmium 3130 1,5 5000	77 192,21 Ir Iridium 2466 1,6 4428
87 233,01 Fr Francium 27 0,9 677	88 226 Ra Radium 700 1,0 1737	Ac bis Lr	104 261,01 Rf Rutherfordium 2100 5500	105 262,11 Db Dubnium 2500 5500	106 263,11 Sg Seaborgium	107 262,12 Bh Bohrium	108 265 Hs Hassium	109 268 Mt Meitnerium

Lanthanoide	57 138,90 La Lanthan 920 1,1 3470	58 140,12 Ce Cer 795 1,1 3360	59 140,90 Pr Praseodym 935 1,1 3290	60 144,24 Nd Neodym 1024 1,1 3100	61 145 Pm Promethium 1042 1,1 3000	62 150,36 Sm Samarium 1072 1,1 1803	63 151,96 Eu Europium 826 1,0 1527
Actinoide	89 227,02 Ac Actinium 1050 1,0 3300	90 232,04 Th Thorium 1755 1,1 4788	91 261,01 Pa Protactinium 1568 1,1 4026	92 238,03 U Uran 1133 1,2 3930	93 237,04 Np Neptunium 639 1,2 3930	94 244,06 Pu Plutonium 638 1,2 3230	95 243,06 Am Americium 1176 1,2 2607

Hauptgruppen

I	Alkalimetalle
II	Erdalkalimetalle
III	Borgruppe
IV	Kohlenstoffgruppe
V	Stickstoffgruppe
VI	Sauerstoffgruppe
VII	Halogene
VIII	Edelgase

Nebengruppen

IIIA	Scandiumgruppe
IVA	Titangruppe
VA	Vanadiumgruppe
VIA	Chromgruppe
VIIA	Mangangruppe
VIIIA	Eisen-Platin-Gruppe
IA	Kupfergruppe
IIA	Zinkgruppe

	IA	IIA	III	IV	V	VI	VII	VIII
								2 4,002 He Helium -272 -268
			5 10,81 B Bor 2076 3927 2,0	6 12,011 C Kohlenstoff 3547 4830 2,5	7 14,006 N Stickstoff -210 -196 3,7	8 15,999 O Sauerstoff -218 -183 3,5	9 18,998 F Fluor -219 -118 4,1	10 20,179 Ne Neon -248 -268
			13 26,981 Al Aluminium 660 2467 1,5	14 28,085 Si Silicium 1410 2355 1,7	15 30,973 P Phosphor 44 277 1,7	16 32,06 S Schwefel 115 445 2,4	17 35,45 Cl Chlor -101 -34 2,8	18 39,948 Ar Argon -189 -185
28 58,693 Ni Nickel 1455 2730 1,8	29 63,546 Cu Kupfer 1085 2927 1,8	30 65,409 Zn Zink 420 907 1,7	31 69,723 Ga Gallium 29,76 2204 1,8	32 72,63 Ge Germanium 938 2820 2,0	33 74,921 As Arsen 817 614 2,2	34 78,96 Se Selen 221 685 2,5	35 79,904 Br Brom -7,3 59 2,7	36 38,798 Kr Krypton -157 -153
46 106,42 Pd Palladium 1555 2963 1,4	47 107,86 Ag Silber 962 2162 1,8	48 112,41 Cd Cadmium 321 767 1,5	49 114,81 In Indium 157 2072 1,5	50 118,701 Sn Zinn 231 2602 1,7	51 121,750 Sb Antimon 631 1587 1,8	52 127,60 Te Tellur 449 988 2,0	53 126,90 I Iod 114 184 2,2	54 131,293 Xe Xenon -111 -108
78 195,08 Pt Platin 1768 3825 1,4	79 196,96 Au Gold 1064 2856 1,4	80 200,59 Hg Quecksilber -39 357 1,5	81 204,38 Tl Thallium 304 1473 1,4	82 207,2 Pb Blei 327 1749 1,6	83 208,980 Bi Bismut 271 1564 1,7	84 209,88 Po Polonium 254 962 1,8	85 209,98 At Astat 302 370 2,0	86 222 Rn Radon -71 -62 2,2
110 281 Ds Darmstadtium	111 280 Rg Röntgenium	112 277 Cn Copernicium	113 287 Uut Ununtrium	114 289 Uuq Ununquadium	115 288 Uup Ununpentium	116 289 Uuh Ununhexium	117 294 Uus Ununseptium	118 294 Uuo Ununoctium

64 157,25 Gd Gadolinium 1312 3250 1,1	65 158,92 Tb Terbium 1356 3230 1,1	66 162,50 Dy Dysprosium 1407 2567 1,1	67 164,93 Ho Holmium 1461 2720 1,1	68 167,25 Er Erbium 1529 2868 1,1	69 168,93 Tm Thulium 1545 1950 1,1	70 173,04 Yb Ytterbium 824 1196 1,1	71 174,96 Lu Lutetium 1652 3402 1,1
96 247,07 Cm Curium 1340 3110 1,2	97 247,10 Bk Berkelium 986 1,2	98 251,10 Cf Californium 900 1,2	99 254,10 Es Einsteinium 860 996 1,2	100 257,10 Fm Fermium 900 3000 1,2	101 258 Md Mendelevium 827 1,2	102 259 No Nobelium 827 1,2	103 262 Lr Lawrencium 1627 1,2

Symbole
- Feststoffe
- Gase
- Flüssigkeiten

- Alkalimetalle
- Erdalkalimetalle
- Übergangsmetalle
- Nichtsmetalle
- Halbmetalle

- Halogene
- Edelgase
- Metalle
- Lanthanoide
- Actinoide